高等职业教育系列教材

计算机控制技术

第3版

主　编　李江全
副主编　朱学飞
参　编　李丹阳　王玉巍

机械工业出版社

本书从工程实际出发，系统地介绍了计算机控制系统中各种软、硬件的应用技术。本书分为基础知识篇和项目实训篇。基础知识篇包括计算机控制系统概述、总线接口与过程通道、计算机控制系统的硬件、计算机控制系统的软件、计算机控制系统设计与调试。项目实训篇选取了当前工控领域常用的监控组态软件 MCGS 作为开发软件，通过 9 个工程实训项目详细介绍了计算机控制系统的设计步骤及实现方法。

本书可作为高等职业院校自动化和计算机相关专业的教材，也可供从事计算机控制系统研发的工程技术人员参考。

本书配套电子资源包括 101 个微课视频、电子课件、习题解答、源程序等，需要的教师可登录www.cmpedu.com免费注册，审核通过后下载，或联系编辑获取（微信：13261377872，电话：010-88379739）。

图书在版编目（CIP）数据

计算机控制技术 / 李江全主编．—3 版．—北京：机械工业出版社，2022.8

高等职业教育系列教材

ISBN 978-7-111-71461-3

Ⅰ．①计…　Ⅱ．①李…　Ⅲ．①计算机控制-高等职业教育-教材　Ⅳ．①TP273

中国版本图书馆 CIP 数据核字（2022）第 153804 号

机械工业出版社（北京市百万庄大街 22 号　邮政编码 100037）

策划编辑：李文轶　　责任编辑：李文轶

责任校对：张艳霞　　责任印制：常天培

北京机工印刷厂有限公司印刷

2023 年 2 月第 3 版・第 1 次印刷

184mm×260mm・13 印张・325 千字

标准书号：ISBN 978-7-111-71461-3

定价：49.90 元

电话服务　　网络服务

客服电话：010-88361066　　机 工 官 网：www.cmpbook.com

010-88379833　　机 工 官 博：weibo.com/cmp1952

010-68326294　　金 书 网：www.golden-book.com

机工教育服务网：www.cmpedu.com

Preface

前　言

近年来，随着电子技术、信息技术及自动控制技术的飞速发展，计算机控制技术已广泛应用于工农业生产、交通运输及国防建设等领域，发挥着越来越重要的作用。建立计算机控制系统的概念，了解和初步掌握计算机控制系统的基本理论和基本设计方法，已成为当前高职高专院校工科类学生适应新形势、新技术发展的当务之急。

本书从工程实际出发，系统地介绍了计算机控制系统中各种软、硬件的应用技术。全书分为基础知识篇和项目实训篇。基础知识篇包括计算机控制系统概述、总线接口与过程通道，计算机控制系统的硬件、计算机控制系统的软件、计算机控制系统设计与调试，该部分内容主要从计算机控制系统设计出发，介绍了计算机控制系统的主要组成部分及设计中需要了解的知识。项目实训篇选取了当前工控领域常用的监控组态软件 MCGS 作为开发软件，通过 9 个工程实训项目详细介绍了计算机控制系统的设计步骤及实现方法。

为适应“计算机控制技术”课程教学改革和发展的需要，本书在改版过程中突出了以下几个特点。

1）内容新颖：以个人计算机或工控机作为主机，以工控领域常用的监控组态软件 MCGS 作为开发软件，符合计算机控制系统的发展趋势。

2）注重实践：以“理论精炼、突出实践”和“精讲多练”为原则，内容的组织可操作性强，融理论于实践，从实践中获取知识，是一本理论与实训二合一的教材。

3）讲究实战：在介绍典型计算机控制系统设计的过程中，针对工程中的实际测控任务进行训练，使技能培养与岗位实际紧密结合。

4）便于自学：提供的实训项目都有详细完整的操作步骤，读者只需按照给定的步骤进行设计，就可实现计算机控制系统的基本功能。

本书淡化理论，旨在建立控制系统整体概念，以实践应用为主，突出软件设计，重在功能实现，各项测控任务均用监控组态软件实现。

本书可作为高等职业院校自动化类和计算机应用等相关专业学生学习计算机控制技术的教材，也可供从事计算机控制系统研发的工程技术人员参考。

本书由李江全担任主编，朱学飞担任副主编，李丹阳、王玉巍参编。其中，李江全编写第 1 章、第 2 章、实训 1 和实训 2；朱学飞编写第 3 章、实训 3、实训 4 和实训 5；李丹阳编写第 4 章、实训 6 和实训 7；王玉巍编写第 5 章、实训 8 和实训 9。深圳昆仑通态科技有限责任公司、北京研华科技发展有限公司为本书的编写提供了技术支持和帮助，在此致以诚挚的谢意。

目前，计算机控制技术的理论与实训二合一的教材还不多见，编者做了一些大胆尝试，由于水平有限，书中难免存在疏漏和不足之处，敬请广大读者批评指正。

编　者

目 录 Contents

项目实训篇

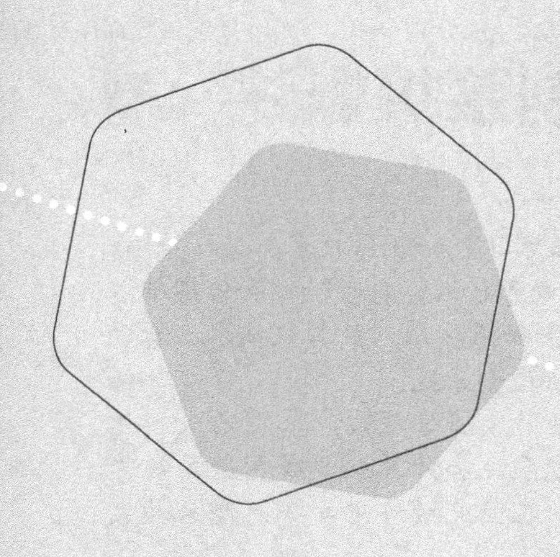

基础知识篇

第1章 计算机控制系统概述

计算机控制技术是一门综合性技术，它是计算机技术（包括软件技术、接口技术、通信技术、网络技术、显示技术）、自动控制技术、微电子技术、自动检测和传感技术有机结合、综合发展的产物。它主要研究如何将检测和传感技术、计算机技术、自动控制技术应用于工业生产过程并设计出所需要的计算机控制系统。

随着科学技术的迅速发展，计算机控制技术的应用领域日益广泛，在冶金、化工、电力、自动化机床、工业机器人控制、柔性制造系统和计算机集成制造系统等工业控制领域已取得了令人瞩目的研究与应用成果，在国民经济中发挥着越来越大的作用。

1.1 计算机控制系统的含义与工作原理

1.1.1 计算机控制系统的含义

自动控制就是在没有人直接参与的情况下，应用控制装置自动地、有目的地控制或操纵机器设备或生产过程，使它们具有或达到一定的状态或性能。

按照任务的不同，控制系统可以分为3大类，即检测系统、控制系统和测控系统。

1）检测系统：单纯以检测为目的的系统，主要实现数据的采集，又称为数据采集系统。

2）控制系统：单纯以控制为目的的系统，主要实现对生产过程的控制。

3）测控系统：测控一体化的系统，即通过对大量数据进行采集、存储、处理和传输，使控制对象实现预期要求的系统。

所谓计算机控制，就是利用传感器将被监控对象中的物理参量（如温度、压力、液位、速度等）转换为电信号（如电压、电流等），再将这些代表实际物理参量的电信号送入输入装置中转换为计算机可识别的数字量，并且在计算机的显示器中以数字、图形或曲线的方式显示出来，从而使操作人员能够直观而迅速地了解被监控对象的变化过程。

计算机还可以将采集到的数据存储起来，随时进行分析、统计和显示，并制作各种报表。如果还需要对被监控对象进行控制，则由计算机中的应用软件根据采集到的物理参量的大小和变化情况与工艺要求的设定值进行比较判断，然后在输出装置中输出相应的电信号，驱动执行装置（如调节阀、电动机）动作，从而完成相应的控制任务。

计算机控制系统就是利用计算机来实现生产过程自动控制的系统，有时称之为计算机测控系统或计算机监控系统，这些称呼虽然在应用场合上存在一定的区别，但结构和工作过程没有本质区别，一般习惯上都称为计算机控制系统。

计算机控制系统作为当今工业控制的主流系统，已取代常规的模拟检测、调节、显示、记录等仪器设备和大部分操作管理的人工职能，并具有较高级、复杂的计算方法和处理方法，以完成各种参数检测、过程控制、人机交互、数据通信以及操作管理等任务。

图 1-1 所示为某火电厂计算机控制室，操作员可以通过显示终端对生产过程进行监督和操作。键盘和显示屏替代了庞大的控制仪表盘以及大量的开关和按钮，控制室已变得越来越小，只需很少几个人就能完成对生产过程进行监督和操作的任务。

图 1-1　某火电厂计算机控制室

计算机控制系统包含的内容十分广泛，它包括各种数据采集和处理系统、自动测量系统、生产过程控制系统等，广泛用于航空、航天、科学研究、工厂自动化、农业自动化、实验室自动测量和控制以及办公自动化、商业自动化、楼宇自动化、家庭自动化等人们工作生活的各个领域。

计算机在控制领域中的应用，有力地推动了自动控制技术的发展，扩大了控制技术在工业生产中的应用范围，使大规模的工业生产自动化系统进入崭新的阶段。

1.1.2　计算机控制系统的结构形式

1. 控制系统的结构形式

工业生产中的自动控制系统随控制对象、控制算法和采用的控制器结构的不同而有所差别。其结构形式一般分为闭环和开环两种形式。

图 1-2 是控制系统的闭环控制形式，它是自动控制的基本形式。图中，系统通过测量装置（传感器）对被控对象的被控量（如温度、压力、流量、液位、位置及速度等物理量）进行测量，再由变送装置将这些量转换成一定形式的电信号，反馈给控制器。控制器将反馈信号对应的工程量与系统给定的设定值工程量比较，并依据比较的误差产生控制信号来驱动执行机构进行工作，使被控量的值与给定值保持一致。

这种控制，由于控制量是控制系统的输出，使被控量的变化值又反馈到控制系统的输入端，与作为系统输入量的设定值相减，所以称为闭环负反馈系统。

图 1-3 是控制系统的开环控制形式，它与闭环形式的控制系统的区别在于：它不需要

控制对象的反馈信号，是直接根据给定信号去控制被控对象工作的。这种系统不会自动消除被控参数与给定值的误差，其控制结构简单，常用在一些要求不高的控制场合。

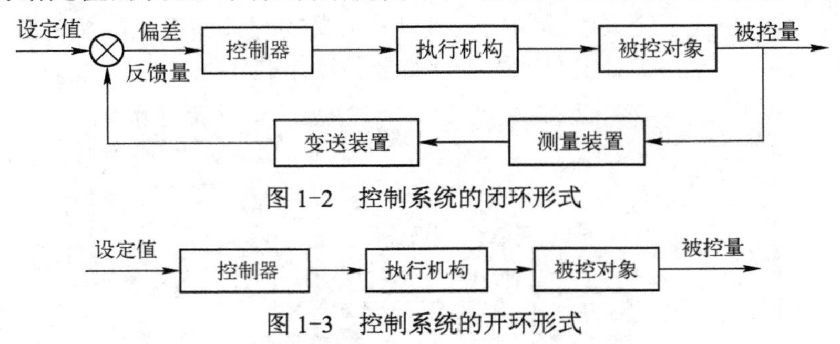

图 1-2 控制系统的闭环形式

图 1-3 控制系统的开环形式

自动控制系统的各个环节中，控制器是最重要的部分，决定了控制系统的性能和应用范围。

2. 计算机控制系统的基本结构

控制系统中引进计算机，可以充分运用计算机强大的运算、逻辑判断和记忆等功能。

如果把图 1-2 中的控制器用计算机系统代替，就构成计算机控制系统，其基本框图如图 1-4 所示。计算机控制系统在结构上，与一般自动控制系统一样，同样分为开环系统和闭环系统两种。

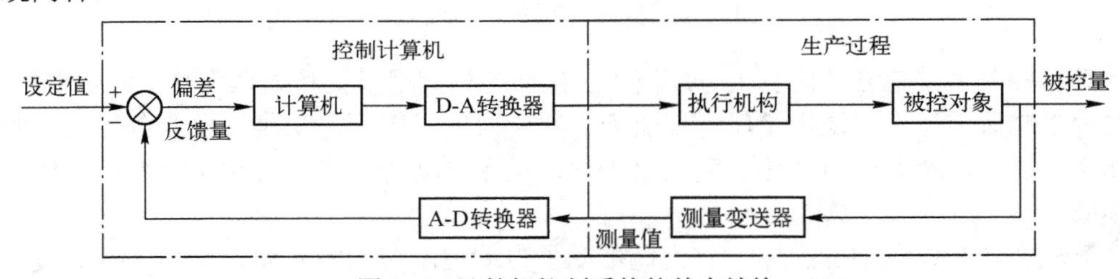

图 1-4 计算机控制系统的基本结构

计算机控制系统由控制计算机和生产过程两大部分组成，控制计算机是指按生产过程控制的特点和要求设计的计算机系统；生产过程包括被控对象、测量变送器、执行机构等装置。

由于生产过程的各种物理量一般都是模拟量，而计算机的输入和输出均采用数字量，因此在计算机控制系统中，对于信号输入，需使用 A-D 转换器将连续的模拟信号转换成计算机能接收的数字信号；对于信号输出，需使用 D-A 转换器将计算机输出的数字信号转换成执行机构所需的连续模拟信号。

1.1.3 计算机控制系统的工作原理

下面以一个计算机温度控制系统为例，简要说明计算机控制系统的工作原理，图 1-5 为其系统组成示意图。

根据工艺要求，该系统要求加热炉的炉温控制在给定的范围内并且按照一定的时间曲线变化。在计算机显示器上用数字或图形实时地显示温度值。

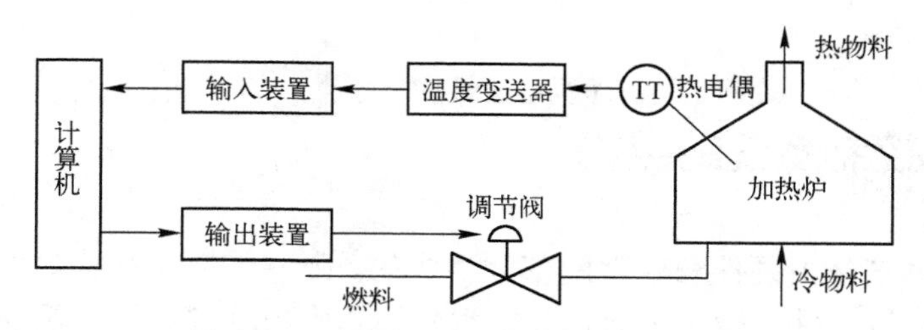

图 1-5　计算机温度控制系统组成示意图

假设加热炉使用的燃料为重油，并使用调节阀作为执行机构，使用热电偶来测量加热炉内的温度。热电偶把检测信号送入温度变送器，将其转换为标准电压信号（1～5V），再将该电压信号送入输入装置。输入装置可以是一个模块，也可以是一块板卡，它将检测得到的信号转换为计算机可以识别的数字信号。

计算机中的软件根据该数字信号按照一定的控制算法进行计算。计算出来的结果通过输出装置转换为可以推动调节阀动作的电流信号（4～20mA）。通过改变调节阀的阀门开度即可改变燃料流量的大小，从而达到控制加热炉炉温的目的。

同时，计算机中的软件还可以将与炉温相对应的数字信号以数值或图形的形式在计算机显示器上显示出来。操作人员可以利用计算机的键盘和鼠标输入炉温的设定值，由此实现计算机监控的目的。

上述计算机温度控制系统对生产过程实现的自动控制过程可以分为以下 4 步：

1）生产过程的被控参量（过程信号）通过测量环节转化为相应的电量或电参数，再由变送器或放大器转换成标准的电压或电流信号。

2）电压或电流信号经过 A-D 转换后变成计算机可以识别的数字信号，并将其转换为人们易于理解的工程量（测量值）。

3）计算机根据测量值与给定值的偏差，输出控制信号。

4）控制信号作用于执行机构，通过调节物料流量或能量的大小来实现对生产过程的调节。

以上这 4 个步骤是周而复始进行的。

计算机控制系统的工作过程可归纳为以下 3 步。

1）实时数据采集：对来自测量变送器的被控量的瞬时值进行检测和输入。

2）实时控制决策：对采集到的被控量进行分析、比较和处理，按预定的控制规律运算，进行控制决策。

3）实时输出控制：根据控制决策，实时地向执行机构发出控制信号，完成系统控制任务或输出其他有关信号，如报警信号等。

上述过程不断重复，使整个系统按照一定的品质指标正常、稳定地运行，一旦被控量和设备本身出现异常状态，计算机能够实时监督并迅速做出处理。

计算机控制系统中，生产过程和计算机直接连接并受计算机控制，这样的方式称为“在线方式”或“联机方式”。如生产过程不和计算机相连，不受计算机直接控制，而是靠人工进行联系并执行相应操作的方式，称为“离线方式”或“脱机方式”。

如果计算机能够在工艺要求的时间范围内及时对被控参数进行测量、计算和控制输出，则称为实时控制。

实时的概念不能脱离具体过程，一个在线的系统不一定是一个实时系统，但一个实时控制系统必定是在线系统。

1.2 计算机控制系统的组成

计算机控制系统是由硬件和软件两部分组成的。硬件包括计算机主机硬件和各种控制设备；软件包括系统软件（操作系统、开发软件）和应用软件。计算机控制系统组成框图如图 1-6 所示。

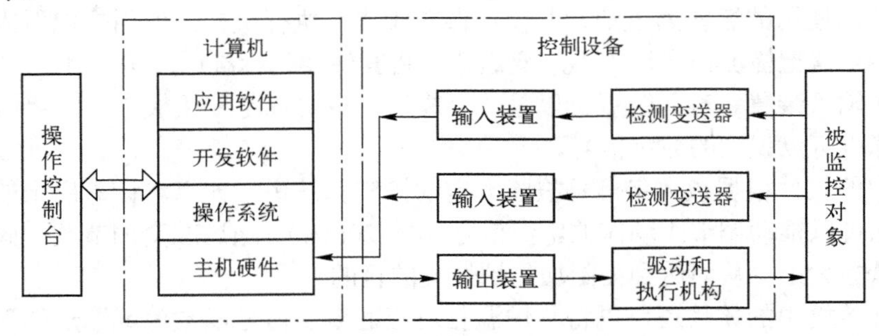

图 1-6 计算机控制系统组成框图

计算机控制系统的硬件是计算机控制系统的躯体，是完成控制任务的设备基础，硬件质量的好坏直接决定了控制系统的工作性能。

而计算机的操作系统和各种应用程序是执行控制任务的关键，统称为软件。计算机控制系统的软件程序不仅决定其硬件功能的发挥，而且也决定了控制系统的控制品质和操作管理水平。

1.2.1 计算机控制系统的硬件组成

计算机控制系统的硬件部分主要由计算机主机、传感器、信号调理器、输入装置、输出装置、驱动电路、执行机构、人机设备和通信接口等部分组成，如图 1-7 所示。

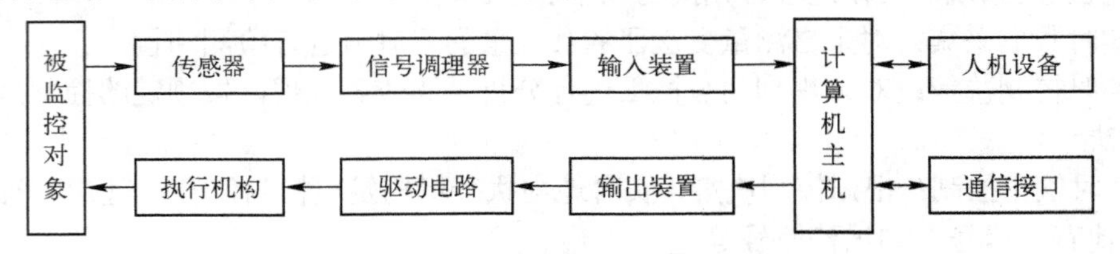

图 1-7 计算机控制系统硬件组成框图

1. 计算机主机

计算机主机是整个计算机控制系统的核心，它的性能直接影响到系统的优劣。它通过输入装置发送来的工业对象的生产工况参数，按照人们预先安排的程序，自动地进行信息处理、分析和计算，并做出相应的控制决策或调节，以信息的形式通过输出装置及时发出控制命令，以实现对被控对象的自动控制，实现良好的人机联系。

2. 传感器

计算机控制系统借助传感器从生产过程中收集信息，对被控对象进行监视并提供控制信号。

生产过程的参数大小是由传感器进行检测的。传感器输出与被测物理量（如温度、压力、流量和液位等）成一定比例（一般为正比）的电信号，一般为模拟电压或电流。

还有一类测量值是关于被控过程的状态信息。例如，阀门是否关闭、容器是否注满、泵是否打开等。这些信息是以开关量的形式提供给计算机的。

3．信号调理器

信号调理器的作用是对传感器输出的电信号进行加工和处理，转换成便于输送、显示和记录的电信号（电压或电流）。例如，传感器输出信号是微弱的，就需要放大电路将微弱信号加以放大，以满足过程通道的要求；为了与计算机接口方便，需要 A-D 转换电路将模拟信号变换成数字信号等。

4．输入/输出装置

被测量的电信号在进入计算机之前需要进行一系列转换处理，变成计算机能识别和接收的数字量；要驱动执行装置（如调节阀、电动机）动作，计算机输出的数字量还必须转换成可对执行装置进行控制的电信号。因此，构成一个工业控制系统，还需要配备具有各种用途的 I/O 接口产品，即输入/输出装置。

5．驱动电路

要想驱动执行机构，一方面必须具有较大的输出功率，即向执行机构提供大电流、高电压驱动信号，以带动其动作；另一方面，由于各种执行机构的动作原理不尽相同，有的用电动，有的用气动或液动，如何使计算机输出的信号与之匹配，也是执行机构必须解决的重要问题。因此为了实现与执行机构的功率配合，一般都要在计算机输出装置与执行机构之间配置驱动电路。

6．执行机构

对生产装置的控制通常是通过对阀门或伺服机构等执行机构进行调节，对泵和电动机进行控制来实现的。执行机构的作用是接收计算机发出的控制信号，并把它转换成相应的动作，使生产过程按预先规定的要求正常运行，即控制生产过程。

7．人机设备

人机设备包括操作台和各种外围设备。生产过程的操作人员通过操作台向计算机输入和修改控制参数，发出各种操作命令；程序员使用操作台检查程序；维修人员利用操作台判断故障等。外围设备主要是为了扩大计算机主机的功能而配置的。它用来显示、存储、打印和记录各种数据，如显示系统运行状态、运行参数，发出报警信号等。

此外，计算机控制系统还必须为管理人员和工程师提供各种信息。例如，生产装置每天的工作记录以及历史情况的记录、各种分析报表等，以便掌握生产过程的状况和做出改进生产状况的各种决策。

8．通信接口

外部设备和被控对象不能直接由计算机主机控制，必须由“接口”来传送相应的信息和命令。I/O 接口是主机和通道以及外部设备进行信息交换的纽带。

现今的工业过程控制系统一般都采用分级分散式结构，即由多台计算机组成计算机网络，共同完成上述的各种任务。因此，各级计算机之间必须通过网络通信接口及时地交换信息。

1.2.2 计算机控制系统的软件组成

计算机只有在配备了所需的各种软件后，才能构成完整的控制系统。在计算机控制系统中，许多功能都是通过软件来实现的，即在基本不改变系统硬件的情况下，只需修改计算机中的应用程序便可实现不同的控制功能。

计算机控制系统的软件由系统软件和应用软件组成。

1．系统软件

系统软件是计算机运行操作的基础，用于管理、调度和操作计算机的各种资源，实现对系统的监控和诊断，提供各种开发支持的程序。系统软件包括操作系统和开发软件等。

操作系统提供了程序运行的环境，是计算机控制系统信息的指挥者和协调者，并具有数据处理、硬件管理等功能，如各种版本的 Windows 操作系统、UNIX 操作系统等。

开发软件是用于开发控制系统的应用软件，它是各种语言的汇编、解释和编译程序，包括面向机器的汇编语言（如 MASM），面向过程的语言（如 C），面向对象的语言（如 Visual C++、Visual Basic 等），组态监控软件（如 KingView、MCGS、FIX 等），虚拟仪器软件（如 LabVIEW、LabWindows/CVI 等），数字信号处理软件（如 MATLAB 等），各种数据库软件（如 SQL、Sybase）等。

系统软件通常由计算机厂商和专门软件公司研制，可以从市场上购置。计算机控制系统的设计人员一般没有必要自行研制系统软件，因为它们只是开发应用软件的工具。但是需要了解和学会使用系统软件，才能更好地开发应用软件。

2．应用软件

应用软件是计算机在系统软件支持下实现各种应用功能的专用程序。应用软件是软件公司或用户为解决某类应用问题而专门研制的软件，主要包括科学和工程计算软件、文字处理软件、数据处理软件、图形和图像处理软件、数据库软件、事务管理软件、辅助设计类软件和控制类软件等。

计算机控制类软件属于应用软件，它主要实现企业对生产过程的实时控制和管理以及对企业整体生产的管理控制。

计算机控制类应用软件是设计人员根据某一具体生产过程的控制对象、控制要求、控制任务，为实现高效、可靠、灵活的控制而自行编制的各种控制和管理程序。其性能优劣直接影响控制系统的控制品质和管理水平。

控制对象的差异性使对应用软件的要求也有很大的差别。一般在工业控制系统中，针对每个控制对象，为完成相应的控制任务，都要求配置相应的专门控制软件才能使整个系统实现预定的功能。

计算机控制系统的应用软件一般包括过程输入和输出接口程序、控制程序、人机接口程序、显示程序、打印程序、报警和故障诊断程序、通信和网络程序等。

1.3 计算机控制系统的典型结构

工业控制计算机系统与所控制的生产过程的复杂程度密切相关，不同的控制对象和不同的控制要求，有不同的控制方案。下面从应用特点、控制目的出发介绍几种典型的结构。

1.3.1 数据采集系统

数据采集系统（Data Acquisition System，DAS）如图 1-8 所示，系统对生产过程或控制对象的大量参数做巡回检测、处理、分析、记录以及参数的超限报警。通过对大量参数的积累和实时分析，可以实现对生产过程进行各种趋势分析。这是计算机应用于工业生产过程最早和最简单的一类系统。

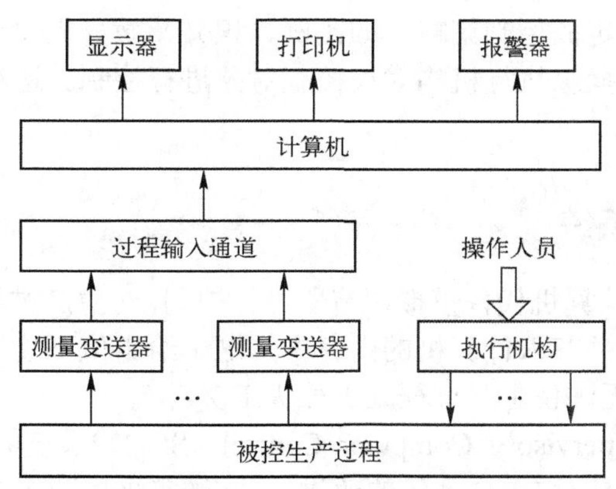

图 1-8 数据采集系统

被控生产过程的参数经测量变送器、过程输入通道，送入计算机，由计算机对来自现场的数据进行分析和处理后，根据一定的控制规律或管理方法进行计算，然后通过显示器或打印机输出操作指导信息供操作人员参考。所以数据采集系统又称为操作指导控制系统。

数据采集系统的输出不直接作用于生产过程的执行机构，不直接影响生产过程的进行。它的输出只作用于有关的外部设备和人机接口，为操作人员的分析、判断提供信息的显示。

这是一种开环控制系统，仅对生产过程进行监视，不对生产过程进行自动控制。

1.3.2 直接数字控制系统

直接数字控制（Direct Digital Control，DDC）系统如图 1-9 所示，计算机通过过程输入通道对控制对象的多个参数做巡回检测，根据测得的参数按照一定的控制算法运算后获得控制信号量，经过过程输出通道作用到执行机构，从而实现对被控参数的自动调节，使被控参数稳定在设定值上。

直接数字控制系统与模拟调节系统有很大的相似性，直接数字控制系统以计算机取代多台模拟调节器的功能。由于计算机具有很强的计算和逻辑功能，因此可以实现对各种复杂规律的控制。

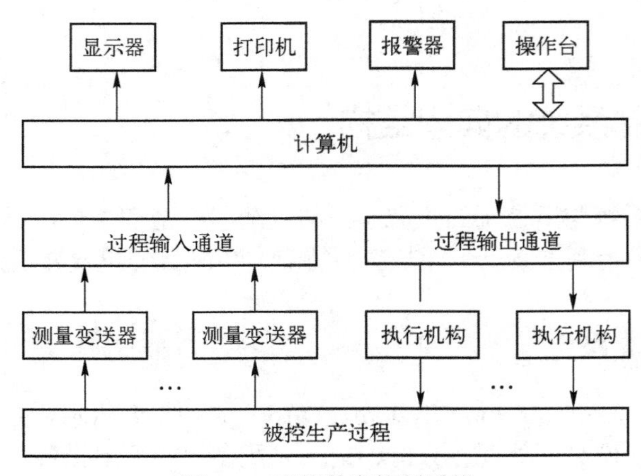

图1-9 直接数字控制系统

DDC系统是闭环控制系统。它对被控制变量和其他参数进行巡回检测，与给定值比较后求得偏差，然后按事先规定的控制策略，如比例、积分、微分规律进行控制运算，最后发出控制信号，通过接口直接操纵执行机构对被控制对象进行控制。这种控制方式在工业生产中应用最普遍。

1.3.3 监督控制系统

在DDC系统中是用计算机代替模拟调节器进行控制，对生产过程产生直接影响的被控参数给定值是预先设定的，并存入计算机的内存中，这个给定值不能根据生产工艺信息的变化及时修改，故DDC系统无法使生产过程处于最优工况。

计算机监督控制（Supervisory Computer Control，SCC）系统如图1-10所示，它是计算机和调节器的混合系统，是对DDC系统的改进。它通常采用两级控制形式。

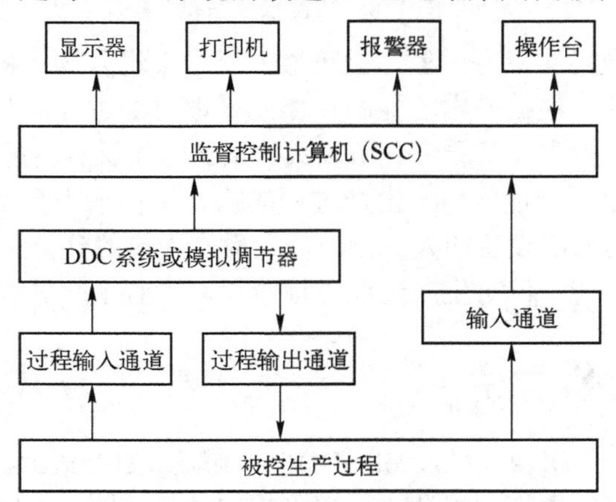

图1-10 计算机监督控制系统

所谓监督控制，指的是根据原始的生产工艺数据和现场采集到的生产工况信息，一方面按照描述被控过程的数字模型和某种最优目标函数，计算出被控过程的最优给定值，输出给下一级DDC系统或模拟调节器；另一方面对生产状况进行分析，做出故障的诊断与预报。所以SCC系统并不直接控制执行机构，而是给出下一级的最优给定值，由它们去控制执行机构。

当下一级采用模拟调节器时，SCC 中的计算机对各物理量进行巡回检测，并按一定的数学模型对生产过程进行分析计算后得出控制对象各参数最优的给定值，然后送调节器，使工况保持在最优状态。当 SCC 计算机出现故障时，可由模拟调节器独立完成操作。

当下一级采用 DDC 系统时，其计算机（称为下位机）完成前面所述的直接数字控制功能，SCC 中的计算机（称为上位机）则完成高一级的最优化分析与计算，给出最优化的给定值，送给 DDC 级执行过程控制。

1.3.4　集散控制系统

集散控制系统（Distributed Control System，DCS）又称为分布式控制系统，其基本思想是集中操作管理，分散控制。

集散控制系统本质上是一种基于计算机网络的分层式的计算机监控系统，它的体系结构特点是层次化，把不同层次的多种监测、控制和管理功能有机地、层次分明地组织起来，使系统的性能大为提高。

集散控制系统适用于大型、复杂的控制过程，在我国许多大型石油化工企业就是依赖各种形式的集散控制系统保证它们的生产高质量地连续不断进行。

一般把集散控制系统分成 3 个层次，如图 1-11 所示，每一层有一台或多台计算机，同一层次的计算机以及不同层次的计算机都通过网络进行通信，相互协调，构成一个严密的整体。

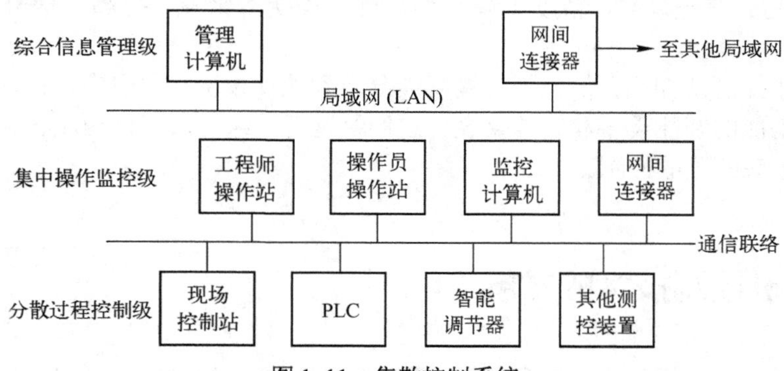

图 1-11　集散控制系统

在计算机控制应用于工业过程控制的初期，因为计算机价格高，所以采用的是集中控制方式，以充分利用计算机。但这种控制方式由于任务过分集中，一旦计算机出现故障，就要影响整个系统。

DCS 由若干台微机分别承担任务，从而代替了集中控制的方式，由于分散了控制，也就分散了危险，因此系统的可靠性大大提高；并且 DCS 是积木式结构，构成灵活，易于扩展；采用液晶显示技术和智能操作台，操作、监视方便；采用数据通信技术，处理信息量大；与计算机集中控制方式相比，电缆和敷缆成本较低，便于施工。

1.3.5　现场总线控制系统

计算机技术、通信技术和计算机网络技术的发展，推动着工业自动化系统体系结构的变革，模拟和数字混合的集散控制系统逐渐发展为全数字系统，由此产生了工业控制系统用的现场总线。

现场总线控制系统（Fieldbus Control System，FCS）是继 DCS 之后兴起的新一代工业控制系统。它将当今网络通信与管理的概念引入工业控制领域，是一个开放式的互联式网络，既可以与同层网络互联，也可以与不同层的网络互联；在现场设备中，以微处理器为核心的现场智能设备可方便地进行设备互联、互操作，其结构如图 1-12 所示。

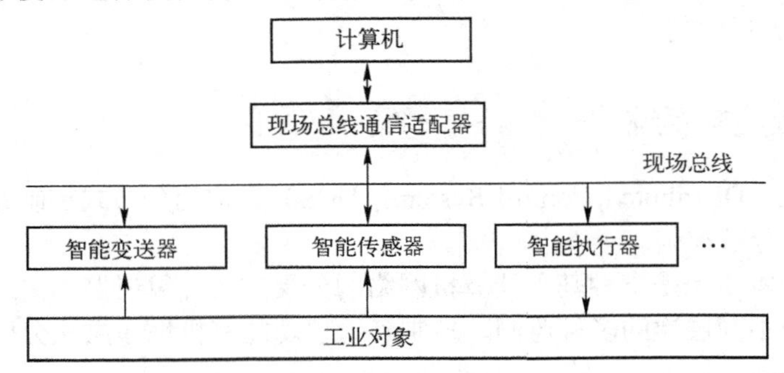

图 1-12　现场总线控制系统

从控制的角度看，FCS 有两个显著特点：

一是信号传输实现了全数字化。FCS 把通信线一直延伸到生产现场中的生产设备，构成用于现场设备和现场仪表互连的现场通信网络。全数字化避免了传统系统中模拟信号传输过程中难以避免的信号衰减、精度下降和容易受到干扰等缺点，提高了信号传输的精度和可靠性。

二是实现了控制的彻底分散。把控制功能分散到现场设备和仪表中，使现场设备和仪表成了具有综合功能的智能设备和智能仪表，它们经过统一组态，可以构成各种所需的控制系统，从而实现彻底的分散控制。

1.4 计算机控制技术的发展

微电子技术、计算机技术、信息技术、通信技术和自动控制理论的飞速发展，极大地推动了计算机控制技术的进步。计算机控制系统已经成为当前自动控制系统的主流，并且随着相关技术和工艺水平的发展，也在日益发展，具有很强的生命力和应用前景。在不久的将来，绝大多数自动控制系统都会采用计算机控制系统。

计算机控制技术的发展具有如下几个特点。

1. 智能化

现代的检测和控制系统已或多或少地趋向于智能化。所谓智能，是指能随外界条件的变化，具有确定正确行动的能力，即具有人的思维能力以及推理、做出决策的能力。

智能化的仪表或系统，可以在个别的部件上，也可以在局部或整体系统上具有智能的特征。例如智能化的测试仪表，能在被测参数变化时自动选择测量方案，进行自校正、自补偿、自检、自诊断等，以获取最佳测试结果。

有的系统则直接运用人工智能、专家系统技术设计智能控制器。它是通过对误差及其变化率的检测，判断被测量的现状和变化趋势，根据专家系统中的知识库、决策控制模式和控制策略，取得优良的控制性能，解决常规控制不易实现的问题。

在以微机为核心的一般检测与控制系统中，软件的功能也可实现初级的智能检测与控制功能，若采用智能计算机、系统工程、知识库以及人工智能工程，则可以实现更为高级的智能化。

2．综合化与集成化

电子测量仪器、自动化仪表、自动化测试系统、数据采集和控制系统在过去是分属各学科和领域独立发展的。由于生产自动化的要求，使它们在发展中相互靠近，功能互相覆盖，差异逐渐缩小，体现为一种“信息流”综合管理与控制系统。其综合的目的是提高人们对生产过程全面的监视、检测、控制与管理等多方面的能力。

计算机集成制造系统（Computer Integrated Manufacturing Systems，CIMS）日渐成为制造工业的热点。其原因不仅在于 CIMS 具有提高生产率、缩短生产周期以及提高产品质量等一系列极有吸引力的优点，也不完全在于一些公司采用 CIMS 取得了显著的经济效益，最为根本的原因在于 CIMS 是在新的生产组织原理和概念指导下形成的一种新型生产模式。

3．系统化与标准化

现代检测与控制的任务，更多地涉及系统的特征。所谓系统，是指若干相互间具有内在关联的要素，构成一个整体，由它来完成规定的功能，以达到某个给定的目的。因而在系统内部，若要设立多台微机，并且这些微机需要构成相互联系的整体，这就形成了各种多微机的系统。即使使用单独微机进行集中控制，也要通过标准总线和各个部件发生联络。

在向系统化发展的同时，还需要涉及系统部件接口的标准化、系列化和模块化，用户只需选用符合标准的产品，而不必再考虑能否与现有系统连接，能否与现有系统进行数据通信等问题。

4．微型化与大型化

嵌入式系统也是计算机控制技术的一个发展方向。所谓嵌入式系统，是指计算机控制系统是与被监控对象一体的，即计算机控制系统是嵌入在被监控对象之中的。微处理芯片技术、液晶显示技术、大容量电子存储器件技术的发展为嵌入式系统的开发提供了可靠的保证。另外，家用电器中以及一些特殊场合的应用也对计算机控制系统的微型化提出了要求。

与微型化相反的一个方向是大型化。大型化有两大特点：一是控制系统中监控的参量非常多，可以达到数万个甚至数十万个；二是控制的地域非常宽广，面积可达数十平方千米，距离可达数万千米。由于大型化的需求以及计算机网络技术的日渐成熟，基于计算机网络的计算机控制系统越来越多。

5．多媒体化与网络化

多媒体技术正在迅速地从家庭、办公室向计算机控制技术应用的各个领域扩散。通过应用多媒体技术，不仅使得操作人员能够获取丰富的现场信号，同时，还使原本枯燥乏味的工作变得有趣。

坐在办公室里能够轻松地遥控或监测数万千米以外的现场，已经不是梦想。互联网技术已经越来越多地应用在计算机控制技术上。当一个人出门在外时，通过他手中的便携式计算机，经过互联网甚至直接利用移动电话，监控家中的电冰箱、微波炉或热水器也已成为现实。

习题与思考题

1-1 测控系统计算机化的重要意义是什么？
1-2 计算机控制系统能完成哪些任务？
1-3 计算机控制系统有哪些特点？
1-4 对计算机控制系统有哪些基本要求？
1-5 为什么大多数控制系统采用闭环负反馈控制系统？
1-6 如何理解计算机控制系统的实时性？
1-7 按应用领域和设备形式，计算机控制系统可分为哪几种？
1-8 什么是智能控制？有哪几种典型的智能控制方法？
1-9 通过查阅文献，了解当前计算机控制技术中的现代控制理论。

警句互勉：

无一事而不学，无一时而不学，无一处而不学，成功之路也。

——［宋］朱熹

第 2 章　总线接口与过程通道

在计算机控制系统中，是利用总线实现主机与外部设备之间、系统与系统之间的连接与通信的。

计算机控制系统的各类外部设备都通过各种接口电路连接到计算机系统的总线上。

如图 2-1 所示，被监控对象的状态信息经过输入装置转换后通过总线与接口送入计算机；计算机将控制信号通过总线与接口送入输出装置，然后驱动执行机构动作。也就是说，输入/输出装置必须通过总线与接口和计算机主机进行信息交换。

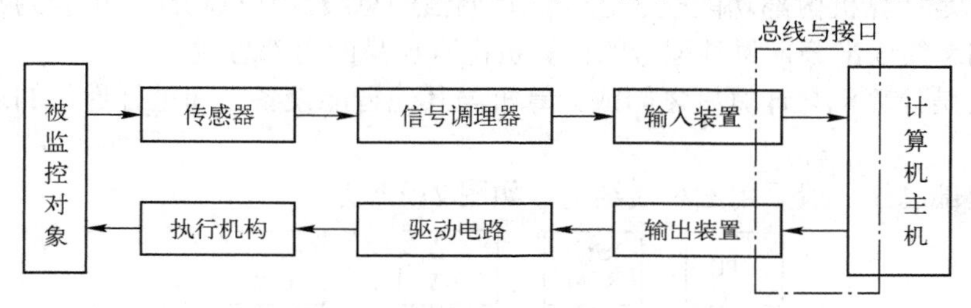

图 2-1　计算机控制系统中的总线与接口

用户可根据不同用途，选择不同类型的外部设备，设置相应的接口电路，把它挂接到系统总线上，构成不同用途、不同规模的计算机控制系统。

2.1　总线

2.1.1　总线的含义与类别

1. 总线的含义

计算机作为控制设备在测试与控制领域中得到了广泛应用并形成了多种类型的应用系统。在应用系统内部，有各种单元模块，如 I/O 接口、A-D、D-A 等。这些模块之间必然要进行信息交换，而在各个独立的应用系统之间，也需要进行必要的信息交换。

无论信息传送的方式如何，都必须遵循某种原则，如内部插件的几何尺寸应相同，插头、插座的规格应统一，针数应相同，各个插针的定义应统一，控制插件应相同，信号定义和工作时序应相同等，这就导致了“总线”的诞生。

所谓总线，就是在模块和模块之间或设备与设备之间的一组进行互连和传输信息的信号线，是一种在各模块间传送信息的公共通道。

总线就是一组信号线的集合，用这个集合可以组成系统的标准信息通道，它定义了各引线的信号、电气、机械特性，使计算机内部各组成部分之间以及不同的计算机之间建立信号联系，进行信息传送。它可以把计算机或控制系统的模板或各种设备连成一个整体以便彼此间进行信息交换。

总线是计算机控制系统的重要组成部分。总线的性能对计算机控制系统的性能具有举足轻重的作用。采用总线技术，可大大简化系统结构，增加系统的开放性、兼容性、可靠性和可维护性。

2. 总线的类别

总线的类别很多，按照功能和用途可分为内部总线和外部总线；按应用的场合可分为芯片总线、板内总线、机箱总线、设备互连总线、现场总线及网络总线等；按总线的作用域可分为全局总线和本地总线；按标准化程度可分为标准总线和非标准（专用）总线等；按其传送数据的方式可分为串行总线和并行总线。

内部总线是计算机内部功能模板之间进行通信的总线，它按功能又可分为数据总线、地址总线和控制总线3部分，每种型号的计算机都有自身的内部总线。

外部总线是计算机与计算机之间或计算机与其他智能设备之间进行通信的连线，又称为通信总线。

计算机内部总线一般采用三总线结构，如图2-2所示。

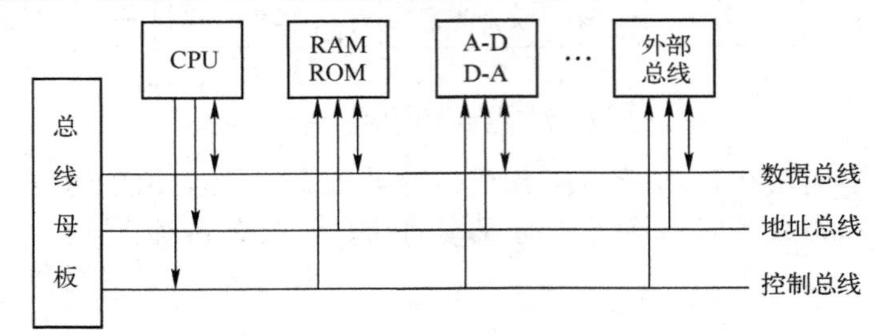

图2-2 三总线结构示意图

（1）数据总线

数据总线用于CPU与其他部件之间传送信息（数据和指令代码），是双向传输的，即CPU通过数据总线可以接收来自其他部件的信息，也可以通过数据总线向其他部件发送信息。数据线的宽度表示总线数据传输的能力，反映了总线的性能。

（2）地址总线

地址总线用于传送CPU要访问的存储单元或I/O接口地址信号。地址信号一般由CPU发往其他芯片，属于单向总线。

地址总线的数据位数决定了该总线构成的微机系统的寻址能力。地址总线的宽度视CPU所能直接访问的存储空间的容量而定。

（3）控制总线

控制总线用于传输控制命令和状态信息。比如，I/O读写信号、存储器读写信号和中断信号等。根据不同的使用条件，控制总线有的为单向，有的为双向。

2.1.2 总线的优点

总线是联系计算机及控制设备的纽带。由于总线中每一条线、每一个信号都有严格的定义，因此总线标准就是系统的结构法规。一旦选中某种总线，任何厂家和用户都要严格遵守这个法规，这就使系统设计、生产、使用和维护上具有很多优越性。

总之采用总线有以下优点：

（1）简化系统结构

所有的模块都做成相同的接插板通过总线连接，使系统的结构清晰，简单明了，节省了连接线，简化了系统的设计和制造工序。用户可根据需要直接选用符合总线标准的功能板卡，而不必考虑板卡插件之间的匹配和兼容问题。

（2）简化硬件与软件的设计

由于面向总线的结构中总线是严格定义的，挂在总线上的模块或设备只需满足总线标准并辅以相应的软件即可正常工作。因此，可以分别对各个模块或设备进行设计，而无须考虑其他模块或设备。

由于硬件是积木式接插件结构，也给整个软件设计带来了特有的模块性，每一块插件在系统中仅与总线打交道，从而使硬件的调试简单，调试周期短，节省工时。

加之模块化程序设计可供多个用户重复使用，提高了效率，降低了成本，缩短了研制周期。

（3）便于系统的扩展与更新

由于总线的标准具有国际性，规范是公开的，因此各国厂商都可根据市场的需要，设计和生产符合某总线标准的功能模块和配套软件。接插板由多个厂家生产，用户有了选择的余地，并能选到最优的产品，从而有利于产品的更新换代。

如果要扩展规模，只需往总线上多插几块同类型的插件；如果要变换功能，用户只需选择相应的功能板卡插在总线插槽上即可构成新的系统，无需重新设计；如果要扩充新功能，只要根据总线标准，设计制造新的模块即可。

随着电子技术的发展，产品的更新换代是必然的。如果采用总线结构，在要提高产品性能时，只要更换新型器件，不必对系统做出大的更改，有时只需更换个别模块即可。

（4）便于组织生产，提高产品质量，降低产品造价

由于采用总线的系统产品模块化，各模块间可通过总线规约进行联系，又由于各模块有一定的独立性，方便组织专业化生产，使产品的性能和质量得到进一步提高。

模块的单一性可简化设备的调试，降低对调试工人的技术要求，便于组织大规模生产，降低产品的造价。

（5）可维护性好

采用总线标准模块化设计的产品，一般都有较好的诊断软件，很容易诊断到模块级的故障，因此，一旦发现故障可立即更换模块，系统很快就可修复。

2.1.3　总线标准

总线是计算机系统的组成基础和重要资源，是联系计算机内部各部分资源的高速公路，是联系计算机及控制设备的纽带。因此，计算机系统中总线结构性能的好坏、速度的高低和总线结构的优化合理程度将直接影响到计算机的性能。

总线标准的建立对计算机应用和普及是至关重要的。总线标准就是系统的结构法规。

总线上的各个单元，如芯片之间、扩展卡之间以及系统之间，如果要进行正确的连接与传输信息，就应遵守一定的协议与规范，即总线标准。

为了可靠有效地进行各种信息交换而对总线信号传送规则及传送信号的物理介质所做的一系列物理规定称为总线规约，某一标准化组织批准或推荐的总线规约称为某种总线标准。

总线标准包括：总线系统的结构、各个信号线（接口引脚）的功能定义、总线工作的时钟频率、传输速率的设定、信息格式的约定、信号的逻辑电平规定、时序的安排和要求、电路驱动能力、抗干扰能力、机械规范（包括接插件的几何形状与尺寸）和实施总线协议的驱动与管理程序等。

常用的外部总线标准有 IEEE-481 并行总线和 RS-232C 串行总线。对于远距离通信、多站点互联通信，还有 RS-422 和 RS-485 总线标准。最典型的内部总线标准有 ISA 总线、PCI 总线等。

图 2-3 是某型号计算机主板上的 PCI 和 ISA 插槽示意图。其中有 5 个短的、白色的 PCI 插槽，2 个长黑色的 ISA 插槽。

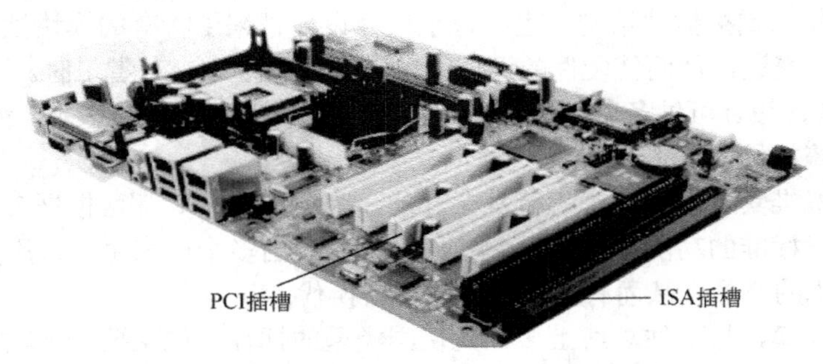

图 2-3 计算机主板上的 PCI 和 ISA 插槽示意图

在系统设计中，具体选择哪一种总线标准，要根据通信距离、速率、系统拓扑结构、通信协议等要求来综合分析确定。

2.2 I/O 接口

2.2.1 I/O 接口与 I/O 设备

1. I/O 接口

微机接口技术是采用硬件与软件相结合的方法，使微处理器与外部设备进行最佳的匹配，实现 CPU 与外部设备之间高效、可靠的信息交换的一门技术。

接口技术是工业实时控制、数据采集中非常重要的微机应用技术，它可实现 CPU 与存储器、I/O 设备、控制设备、测量设备、通信设备、A-D 和 D-A 转换器等的信息交换。

所谓接口，就是微处理器与外部连接的部件，是 CPU 与外部设备进行信息交换的中转站。如源程序或数据要通过接口从输入设备送入计算机，运算结果要通过接口向输出设备送出；控制命令通过接口发出，现场状态通过接口取进来等。

接口是计算机系统中一个部件与另一些部件的相互联系，它是系统各部分之间进行信息交换的桥梁。

接口可以抽象地定义为一个部件（Unit）或一台设备（Device）与周围环境的理想分界面。这个假设的分界面可以切断该部件或设备与周围环境的一切联系，当一个组件或设备与外界环境进行任何信息交换和传输时，必须通过这个假想的分界面，通常称这个分界面为接口（Interface）。

所谓标准接口，就是指明确定义了几何尺寸、信号功能、信号电平等的接口。有了标准接口，可以使不同类型、不同生产厂家的数据终端和数据通信设备之间方便地进行通信。

图 2-4 中给出了几种常用接口。其中接口 1 为程序存储器 ROM 接口，接口 2 为数据存储器 RAM 接口，接口 3 为打印机接口，接口 4 为显示器接口，接口 5 为键盘接口，接口 6 为系统间接口（如 RS-232C 串行接口 COM）。

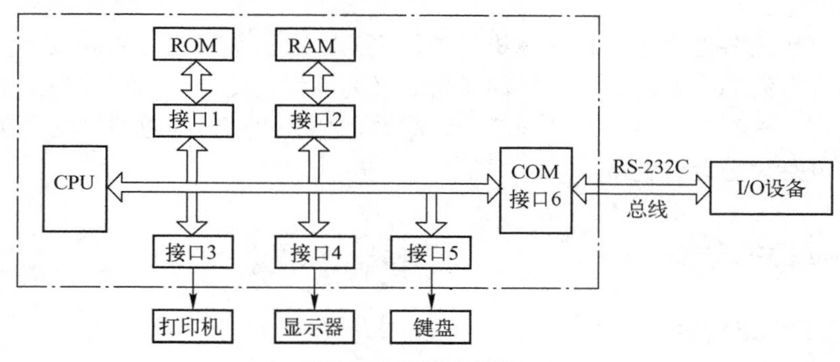

图 2-4　几种常用接口

2．I/O 设备

为了将计算机应用于数据采集、参数检测和实时控制等领域，必须向计算机输入反映控制对象的状态和变化的信息，经过中央处理器处理后，再向控制对象输出控制信息。

这些输入信息和输出信息的表现形式是千差万别的，可能是开关量或数字量，更可能是各种不同性质的模拟量，如温度、湿度、压力、流量和浓度等，因此需要把各种传感器和执行机构与微处理器或微机连接起来。所有这些设备统称为外部设备（简称外设）或输入/输出设备，即 I/O 设备。

I/O 设备一般不与微机内部直接相连，而是必须通过 I / O 接口与微机内部进行信息交换。

首先，微机和 I/O 设备两者的信息类型和格式可能不一样。外设种类繁多，信号类型十分复杂，它既可以是机械式的、电动式的或电子式的，也可以是其他形式的；所使用的信号可以是数字量或模拟量，也可以是开关量，即使是数字量，也可能与微机在信号线的功能定义、逻辑定义上都不一致，所以必须通过 I/O 接口实现微机与外部设备的隔离和信号转换。

其次，微机和 I/O 设备信号传输处理的速度往往不匹配，信号时序有很大差别，必须通过 I/O 接口来进行缓冲和协调。

再次，随着计算机技术的发展，I/O 设备的种类日益丰富，一台多媒体微机可能要配置数十个 I/O 设备，若不通过接口，而由 CPU 直接对 I/O 设备的操作实施控制，就会使 CPU 一直忙于与外设打交道，大大降低 CPU 的效率。

最后，若 I/O 设备直接由 CPU 控制，也会使外设的硬件结构依赖于 CPU，对外设本身的发展不利。I/O 接口的引入，使得 CPU 对 I/O 设备的操作转化为对 I/O 接口的操作。

可见，I/O 接口是微机与外部 I/O 设备之间进行信息交换的中转站，是任何微机应用系统必不可少的重要组成部分。

3. 接口电路

由于I/O设备和CPU之间可能存在工作上逻辑时序的不一致，I/O设备处理的数据类型（包括数字量、模拟量和开关量）比CPU处理的数据类型（只有数字量）要复杂和广泛，并且工作速度比CPU慢，因此计算机和I/O设备之间需要一个接口电路来做桥梁，以实现信息的交换。

CPU通过总线与接口电路连接，接口电路再与外部设备连接，因此CPU总是通过接口与外部设备发生联系。

为了使组件与组件之间以及设备之间进行有效和可靠的信息交换及传输，必须选用和设计合适的接口电路。

在计算机系统内各部件之间或计算机与外设之间，或智能设备与智能设备之间的联系实际上都是部件与总线的联系，这样，接口又可定义为部件（此处所指部件小至单一元件，大至一个智能系统）与某一具体总线之间的一切联系，介于该部件与总线之间为实现这种联系所必需的全部电路称为接口电路。

2.2.2 接口的分类

1. 按接口的功能划分

按接口的功能划分可分为如下3种：

1）人机对话接口。这类接口主要为操作者与计算机之间的信息交换服务，如键盘接口、显示器接口、图形设备接口和语音输入/输出接口等。

2）过程控制接口。这类接口是对生产过程进行检测与控制的接口。它一般包括传感器接口和控制接口两部分，前者输入各种外界信息，以实现对生产过程的检测，后者输出经计算机处理后的控制信号，以实现对生产过程的控制。所以过程控制接口是计算机应用于控制系统的关键部分。

3）通用外设接口（标准接口）。这类接口是通用外设（如打印机、磁盘机、绘图仪等）与计算机之间的接口。

图2-5是某型号个人计算机后面板上提供的外设接口示意图。

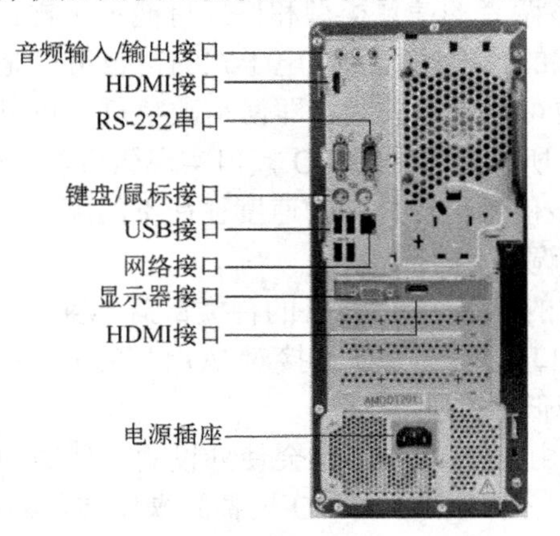

图2-5 个人计算机的外设接口示意图

2. 按接口与总线的关系划分

接口是某一部件与总线的联系，它与总线密切相关，据此可分为如下 3 种：

1）元件级接口。元件级接口反映计算机系统内部某一具体元件，如存储器、定时器、中断控制器等，与内部总线之间的联系。元件级接口是接口电路的基本部分，任何接口都必须涉及元件级接口，因为它是实现各种接口电路的基础。

2）插板级接口。插板级接口又称为系统内接口，它反映系统某一部分与系统内总线之间的一切联系，如键盘接口、显示器接口、打印机接口、磁盘驱动器接口等，这种接口都比较复杂。

3）系统间接口。系统间接口又称为通信接口，它反映计算机系统与另外一系统或智能设备之间的联系，因这种联系就是数据的通信联系，故常称之为通信接口。

数据信息都是通过总线传输的，因此通信接口是一种总线与另一种总线之间的接口，即计算机系统总线与通信总线之间的接口。例如 RS-232C 接口、IEEE-488 接口、USB 接口等。

此外，按照信息的流向可以将接口分为输入接口和输出接口；按照接口与外设交换信息的方式可以将接口分为并行接口和串行接口等。

2.2.3　接口信息与接口地址

1. 接口信息

计算机系统与 I/O 外部设备之间交换信息通常需要以下一些接口信息。

（1）数据信息

在计算机中，数据一般有 8 位、16 位、32 位、64 位等。计算机与外部设备之间的数据传送主要有并行传送（如打印机等）和串行传送（如键盘、异步通信口等）两种传送方式。

（2）状态信息

状态信息反映了当前外设或接口本身所处的工作状态。计算机在输入与输出过程中，外部设备的数据是否准备好，外部设备是否准备好接收数据等，都要通过一定的数据量来表示，才能实现计算机与外部设备之间的正确“握手”。

（3）控制信息

控制信息主要是指起动、停止外部设备之类的接口信息。CPU 通过发送控制信息控制外设的工作。

2. 接口地址

为了区分不同的接口电路，也必须像存储器一样给它们编号，这就是接口电路的地址，这样 CPU 就可以像访问存储单元一样按地址访问这些接口电路，从而与外设发生联系。

一个接口电路中根据需要可能有多个存储器，如数据寄存器、状态寄存器和命令寄存器等，为了区别它们，也给予不同的地址，以便 CPU 能正确找到它们。

为了将这些地址和存储器地址区别开，称它们为接口地址。CPU 通过这些地址向接口电路中的寄存器发送命令，读取状态和传送数据。

有时也将上述接口中可被 CPU 直接访问的一些寄存器称为端口。一个接口常有几个端口，如数据端口、状态端口、命令端口等，每个端口的地址叫作端口地址。

如何实现对这些接口地址和端口地址的访问，就是 I/O 地址的寻址问题。

2.3 串口通信

目前计算机的串口通信应用十分广泛，串口（串行接口）已成为计算机的必需部件和接口之一。串口技术简单成熟，性能可靠，价格低廉，所要求的软硬件环境或条件都很低，广泛应用于计算机控制相关领域，遍及调制解调器、串行打印机、各种监控模块、PLC（Programmable Logic Controller，可编程逻辑控制器）、摄像头云台、数控机床、单片机及相关智能设备等。

2.3.1 串口通信的基本概念

1．通信与通信方式

什么是通信？简单地说，通信就是两个人之间的沟通，也可以说是两个设备之间的数据交换。人类之间的通信使用了诸如电话、书信等工具进行，而设备之间的通信则是使用电信号。最常见的信号传递就是使用电压的改变来表示不同状态。

以计算机为例，高电位代表一种状态，而低电位则代表另一种状态，组合成很多电位状态后可完成两种设备之间的通信。

最简单的信息传送方式，就是使用一条信号线路来传送电压的变化而达到传送信息的目的，只要准备沟通的双方事先定义好何种状态代表何种意思，那么通过这一条线就可以让双方进行数据交换。

在计算机内部，所有的数据都是使用“位”来存储的，每一位都是电位的一个状态（计算机中以 0、1 表示）；计算机内部使用组合在一起的 8 位数据代表一般所使用的字符、数字及一些符号，例如 01000001 就表示一个字符。

数据传输可以通过两种方式进行：并行通信和串行通信。

（1）并行通信

如果一组数据的各数据位在多条线上同时被传送，则这种传输称为并行通信，如图 2-6 所示，使用了 8 条信号线一次性将一个字符 11001101 全部传送完毕。

并行数据传送的特点是：各数据位同时传送，传送速度快、效率高，多用在实时、快速的场合，打印机端口就是一个典型的并行传送的例子。

并行传送的数据宽度可以是 1～128 位，甚至更宽，但是有多少数据位就需要多少根数据线，因此传送的成本高。在集成电路芯片的内部、同一插件板上各部件之间、同一机箱内各插件板之间的数据传送都是并行的。

并行数据传送只适用于近距离的通信，通常小于 30m。

（2）串行通信

串行通信是指通信的发送方和接收方之间数据信息的传输是在一根数据线上进行，每次以一个二进制的 0、1 为最小单位逐位进行传输，如图 2-7 所示。

串行数据传送的特点是：数据传送按位顺序进行，最少只需要一根传输线即可完成，节省传输线。与并行通信相比，串行通信还有较为显著的优点：传输距离长，可以从几米到几千米；在长距离时，串行数据传送的速率会比并行数据传送速率快；串行通信的通信时钟频率容易提高；串行通信的抗干扰能力十分强，其信号间的互相干扰完全可以忽略。但是串行通信传送速度比并行通信慢得多。正是由于串行通信的接线少、成本低，因此它在数据采集和控制系统中得到了广泛的应用，产品也多种多样。

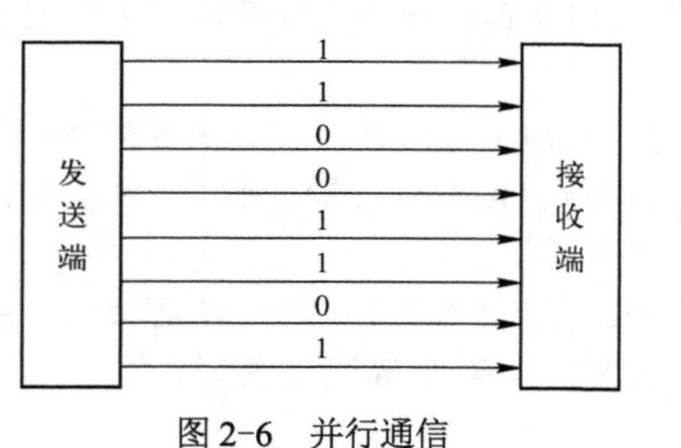

图 2-6　并行通信

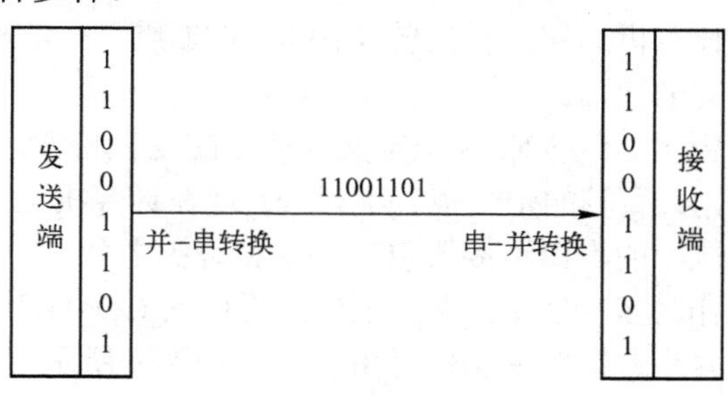

图 2-7　串行通信

2. 串口通信参数

串行端口的通信方式是将字节拆分成一个接着一个的位再传送出去。接到此电位信号的一方再将一个一个的位组合成原来的字节，如此形成一个字节的完整传送。在数据传送时，应在通信端口初始化时设置几个通信参数。

（1）波特率

串行通信的传输受到通信双方设备性能及通信线路特性的影响，收、发双方必须按照同样的速率进行串行通信，即收、发双方采用同样的波特率。

通常将传输速度称为波特率，指的是串行通信中每一秒所传送的数据位数，单位是 bit/s。

（2）数据位

当接收设备收到起始位后，紧接着就会收到数据位，数据位的个数可以是 5、6、7 或 8 位数据。在字符数据传送的过程中，数据位从最低有效位开始传送。

（3）起始位

在通信线上，没有数据传送时处于逻辑“1”状态。当发送设备要发送一个字符数据时，首先发出一个逻辑“0”信号，这个逻辑低电平就是起始位。起始位通过通信线传向接收设备，当接收设备检测到这个逻辑低电平后，就开始准备接收数据位信号。因此，起始位所起的作用就是表示字符传送的开始。

（4）停止位

在奇偶校验位或者数据位（无奇偶校验位时）之后是停止位。它可以是 1 位、1.5 位或 2 位，停止位是一个字符数据的结束标志。

（5）奇偶校验位

数据位发送完之后，就可以发送奇偶校验位。奇偶校验位用于有限差错检验，通信双方在通信时约定一致的奇偶校验方式。就数据传送而言，奇偶校验位是冗余位，但它表示数据的一种性质，这种性质虽然只用于检错，但很容易实现。

2.3.2　串口通信标准

1. RS-232C 串口通信标准

目前 RS-232C 是 PC 与通信工业中应用最广泛的一种串行接口，在 PC 上的 COM1、COM2

接口，就是RS-232C接口。

利用RS-232C串行通信接口可实现两台个人计算机的点对点通信；可与其他外设（如打印机、逻辑分析仪、智能调节仪、PLC等）近距离串行连接；连接调制解调器可远距离地与其他计算机通信；将其转换为RS-422或RS-485接口，可实现一台个人计算机与多台现场设备之间的通信。

由于RS-232C并未定义连接器的物理特性，因此，出现了DB-25和DB-9各种类型的连接器，其引脚的定义也各不相同。现在计算机上一般只提供DB-9连接器，都为公头。相应的连接线上的串口连接器也有公头和母头之分，如图2-8所示。

作为多功能I/O卡或主板上提供的COM1和COM2两个串行接口的DB-9连接器，它只提供异步通信的9个信号引脚，如图2-9所示，各引脚的信号功能描述见表2-1。

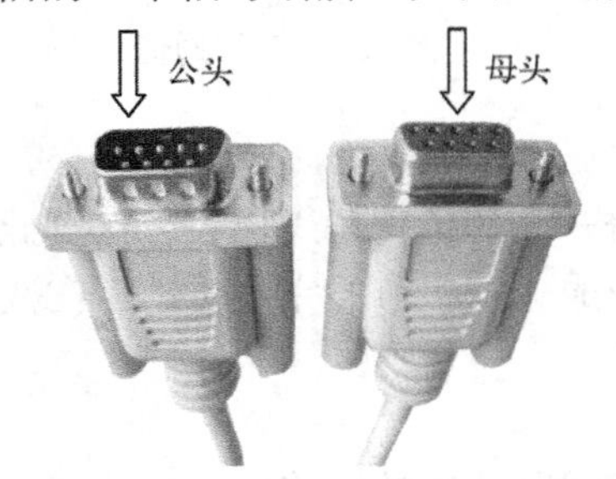

图2-8 公头与母头串口连接器

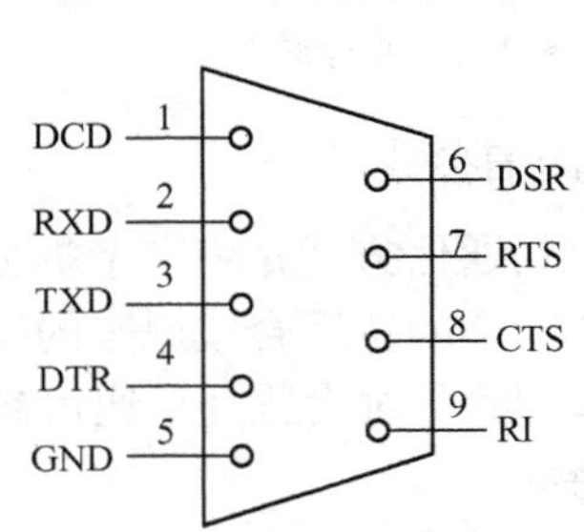

图2-9 DB-9串口连接器

表2-1 9针串口的引脚功能

引脚	符号	通信方向	功 能
1	DCD	计算机 → 调制解调器	载波检测
2	RXD	计算机 ← 调制解调器	接收数据
3	TXD	计算机 → 调制解调器	发送数据
4	DTR	计算机 → 调制解调器	数据终端准备好
5	GND	计算机 = 调制解调器	信号地线
6	DSR	计算机 ← 调制解调器	数据准备好
7	RTS	计算机 → 调制解调器	请求发送
8	CTS	计算机 ← 调制解调器	清除发送
9	RI	计算机 ← 调制解调器	振铃指示

从功能来看，全部信号线分为3类，即数据线（TXD、RXD）、地线（GND）和联络控制线（DSR、DTR、RI、DCD、RTS、CTS）。

RS-232C的每一支引脚都有它的作用，也有它信号流动的方向。

如果从计算机的角度来看这些引脚的通信状况的话，流进计算机端的，可以看成数字输入；而流出计算机端的，则可以看成数字输出。

数字输入与数字输出的关系是什么呢？从工业应用的角度来看，所谓的输入就是用来“监测”，而输出就是用来“控制”的。

2．RS-485 串口通信标准

RS-485 采用二线与四线方式，二线制可实现真正的多点双向通信。其主要特点如下。

1）RS-485 的接口信号电平比 RS-232 降低了，不易损坏接口电路的芯片，且该电平与 TTL 电平兼容，可方便与 TTL 电路连接。

2）RS-485 接口组成的半双工网络一般只需两根连线，所以 RS-485 接口均采用屏蔽双绞线传输。

3）RS-485 接口抗噪声干扰性好，抗干扰性能大大高于 RS-232 接口，因而通信距离远，其最大传输距离大约为 1200m。

RS-485 协议可以看作是 RS-232 协议的替代标准，与传统的 RS-232 协议相比，其在通信速率、传输距离、多机连接等方面均有了非常大的提高，这也是工业系统中使用 RS-485 总线的主要原因。

RS-485 总线工业应用成熟，而且大量的已有工业设备均提供 RS-485 接口，因而时至今日，RS-485 总线仍在工业应用领域中具有十分重要的地位。

3．认识 PC 上的串行接口

在 PC 主机箱后面板上，有各种各样的接口，其中有两个 9 针的接头区，如图 2-10 所示，这就是 RS-232 串行通信端口。PC 上的串行端口有多个名称：232 口、串口、通信口、COM 口和异步口等。

图 2-10　PC 上的串行端口 COM

2.3.3　串口通信线路连接

1．近距离通信线路连接

当两台 RS-232 串口设备通信距离较近时（<15m），可以用电缆线直接将两台设备的 RS-232 端口连接；若通信距离较远（>15m）时，则需附加调制解调器。

当通信距离较近时，通信双方不需要调制解调器，可以直接连接。最简单的情况是，在通信中只需 3 根线（发送线 TXD、接收线 RXD、信号地线 GND）便可实现全双工异步串行通信。

图 2-11a 是两台串口通信设备之间的最简单连接（即三线连接），其中的 2 号接收引脚与 3 号发送引脚交叉连接是因为在直连方式时，把通信双方都当作数据终端设备看待，双方都可发也可收。

如果只有一台计算机，并且没有两个串行通信端口可以使用，那么将第 2 引脚与第 3 引脚外部短路，如图 2-11b 所示，那么第 3 引脚的输出信号会被传送到第 2 引脚，从而送到同一串行端口的输入缓冲区，编程时只要再对相同的串行端口上进行读取的操作，即可将数据读入，一样可以形成一个测试环境。

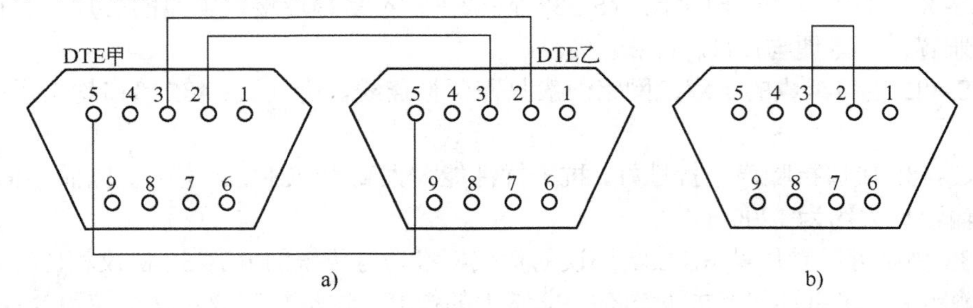

图 2-11 串口设备最简单连接

a) 三线连接 b) 一台计算机、一个端口时将两个引脚短接

2．远距离通信线路连接

一般 PC 采用 RS-232 通信接口，当 PC 与串口设备通信距离较远时，二者不能用电缆直接连接，可采用 RS-485 总线。

当 PC 与多个具有 RS-232 接口的设备远距离通信时，可使用 RS-232/RS-485 通信接口转换器将计算机上的 RS-232 通信接口转为 RS-485 通信接口，在信号进入设备前再使用 RS-485/RS-232 转换器将 RS-485 通信接口转为 RS-232 通信接口，再与设备相连。图 2-12 所示为具有 RS-232 接口的 PC 与 n 个带有 RS-232 通信接口的设备相连。

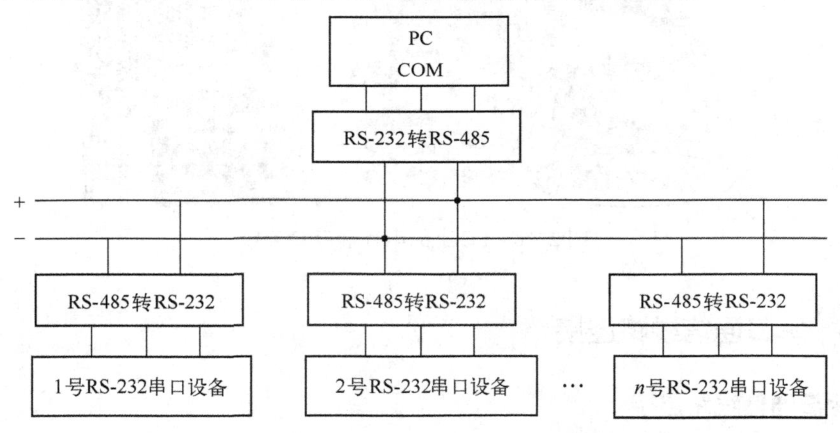

图 2-12 PC 与多个 RS-232 串口设备远距离连接

当 PC 与多个具有 RS-485 接口的设备通信时，由于两端设备接口电气特性不一，不能直接相连，因此，也采用 RS-232/RS-485 通信接口转换器将 RS-232 接口转换为 RS-485 信号电平，再与串口设备相连。图 2-13 所示为具有 RS-232 接口的 PC 与 n 个带有 RS-485 通信接口的设备相连。

工业 PC（IPC）一般直接提供 RS-485 接口，与多台具有 RS-485 接口的设备通信时不用转换器可直接相连。图 2-14 所示为具有 RS-485 接口的 IPC 与 n 个带有 RS-485 通信接口的设备相连。

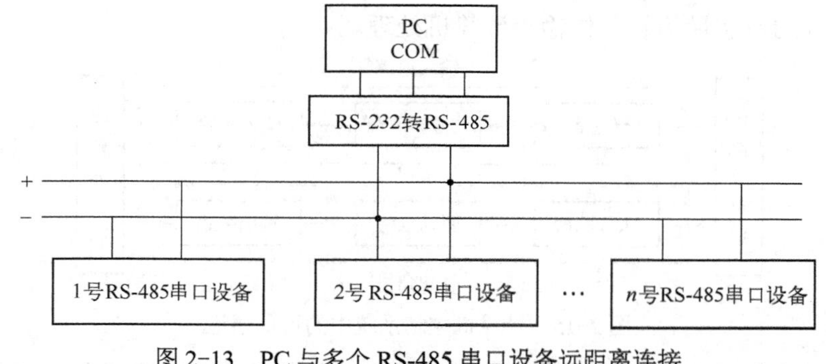

图 2-13 PC 与多个 RS-485 串口设备远距离连接

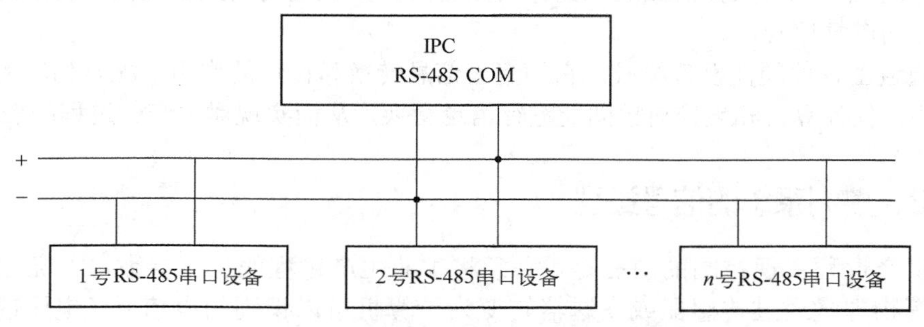

图 2-14 IPC 与多个 RS-485 串口设备远距离连接

RS-485 接口只有两根线要连接，有+、-端（或称 A、B 端）区分，用双绞线将所有串口设备的接口并联在一起即可。

2.4 过程通道

在计算机控制系统中，计算机需要从生产过程中得到现场情况的信息，接受操作人员的控制，向操作人员报告现场情况和操作结果，还要把相应的控制信息传送给生产过程，有时还需要从其他外部设备输入相关的信息，从而实现对过程的控制。以上任务的实现，都需要通过过程通道来完成。

2.4.1 过程通道的含义和作用

过程通道是计算机控制系统中计算机与被监控过程的现场设备之间进行信息传递和变换的连接装置。这种连接装置就称为输入/输出过程通道，即从现场设备（传感器、信号调理电路和输入装置等）到计算机（主要指 CPU）或从计算机到现场设备（输出装置、驱动电路和执行机构等）的物理信息通道。根据信息传送方向，分为输入通道和输出通道，如图 2-15 所示。

如果将计算机控制系统视为一个人体系统，计算机就类似于人体的大脑，它接收外部信息，并对接收到的信息进行加工处理。

输入通道就类似于人体的五官，其作用是将传感器或信号调理器的电流/电压信号转换为计算机可以识别的数字量信号并传输给计算机处理。

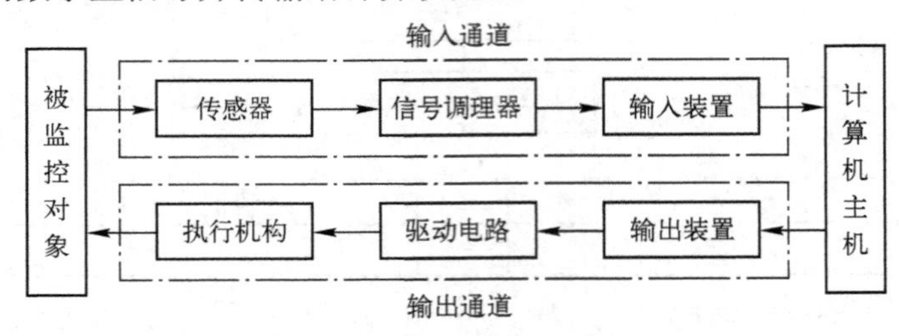

图 2-15 计算机控制系统中的过程通道

输出通道就类似于人体的四肢，其作用则是将计算机输出的数字量信号转换为可直接推动执行机构的电气信号。

过程通道由各种硬件设备组成，它们起着信息转换和传递的作用，配合相应的输入、输出控制程序，使计算机和被控对象间能进行信息交换，从而实现对生产、过程的控制。

2.4.2 控制系统的信号类型

工业生产过程实现控制的前提是，必须将工业生产过程的工艺参数、工况逻辑和设备运行状况等物理量经过传感器或变送器转变为计算机可以识别的电信号（电压或电流）或逻辑量。

针对某个生产过程设计一套计算机控制系统，必须了解输入/输出信号的规格、接线方式、精度等级、量程范围、线性关系和工程量换算等诸多要素。

在实际工程中，通常将计算机控制系统的输入输出信号分为模拟量信号、数字量信号和脉冲量信号 3 大类。

1．模拟量信号

在工业生产控制过程中，特别是在连续型的生产过程(如化工生产过程)中，经常会要求对一些物理量如温度、压力、流量等进行控制。这些物理量都是随时间而连续变化的。在控制领域，把这些随时间连续变化的物理量称为模拟量。

模拟信号是指随时间连续变化的信号，这些信号在规定的一段连续时间内，其幅值为连续值，即从一个量变到下一个量时中间没有间断。

模拟信号有两种类型：一种是由各种传感器获得的低电平信号；另一种是由仪器、变送器输出的 4～20mA 的电流信号或 1～5V 的电压信号。这些模拟量信号经过采样和 A-D 转换输入计算机后，常常要进行数据正确性判断、标度变换、线性化等处理。

模拟量信号非常便于传送，但它对干扰信号很敏感，容易使传送中的信号的幅值或相位发生畸变。因此，有时还要对模拟信号进行零漂修正、数字滤波等处理。

模拟量信号的常用规格有如下 2 种：

（1）1～5V 电压信号

此信号规格有时称为 DDZ-III型仪表电压信号规格。1～5V 电压信号通常用于计算机控制系统的过程通道。工程量的量程下限值对应的电压信号为 lV，工程量的量程上限值对应的电压信号为 5V，整个工程量的变化范围与 4V 的电压变化范围相对应。过程通道也可输出 1～5V 电压信号，用于控制执行机构。

（2）4～20mA 电流信号

4～20mA 电流信号是常用于过程通道和变送器之间的传输信号。工程量或变送器的量程下限值对应的电流信号为 4mA，量程上限对应的电流信号为 20mA，整个工程量的变化范围与 16mA 的电流变化范围相对应。过程通道也可输出 4～20mA 电流信号，用于控制执行机构。

有的传感器的输出信号是毫伏级的电压信号，如 K 型热电偶在 1000℃时输出信号为 41.296mV。这些信号要经过信号调理器转换成标准信号（4～20mA）再送给过程通道。热电阻传感器的输出信号是电阻值，一般要经过信号调理器转换为标准信号（4～20mA），再送到过程通道。对于采用 4～20mA 电流信号的系统，只需采用 250Ω 电阻就可将其变换为 1～5V 直流电压信号。

有必要说明的是，以上两种标准都不包括零值在内，这是为了避免和断电或断线的情况混淆，使信息的传送更为确切。这样也同时把晶体管器件的起始非线性段避开了，使信号值与被测参数的大小更接近线性关系，所以受到国际的推荐和普遍的采用。

当控制系统输出模拟信号需要传输较远的距离时，一般采用电流信号而不是电压信号，因为电流信号在一个回路中不会衰减，因而抗干扰能力比电压信号好；当控制系统输出模拟信号需要传输给多个其他仪器仪表或控制对象时，一般采用直流电压信号而不是直流电流信号。

2．数字量信号

与模拟量相对的是数字量。数字量又称为开关量。在数字量中，只有两种状态，相对于开和关一样，可用“0”和“1”表达。

图 2-16 所示为模拟量和开关量随时间而变化的图示。

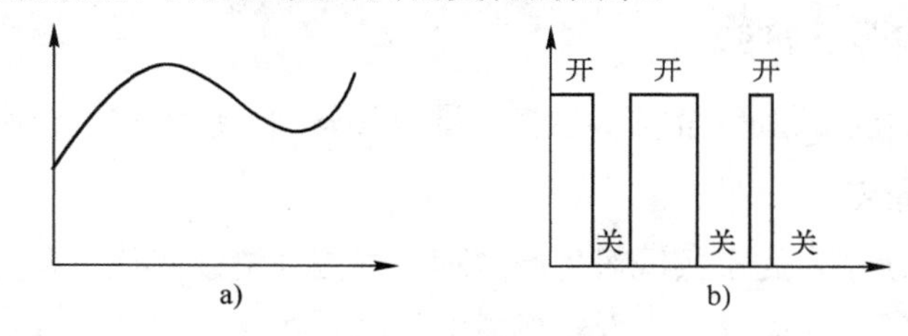

图 2-16　模拟量与开关量

a) 模拟量　b) 开关量

有许多的现场设备往往只对应于两种状态，例如，按钮、行程开关的闭合和断开，电动机的起动和停止、指示灯的亮和灭、继电器或接触器的释放和吸合、晶闸管的通和断、阀门的打开和关闭等，可以用开关量输出信号去控制或者对开关量输入信号进行检测。

开关量信号是指在有限的离散瞬时上取值间断的信号。在二进制系统中，数字量信号是由有限字长的数字组成，其中每位数字不是 0 就是 1。

开关量信号反映了生产过程、设备运行的现行状态、逻辑关系和动作顺序。例如：行程开关可以指示出某个部件是否达到规定的位置，如果已经到位，则行程开关接通，并向工控机系统输入 1 个开关量信号；又如工控机系统欲输出报警信号，则可以输出 1 个开关量信号，通过继电器或接触器驱动报警设备，发出声光报警。如果开关量信号的幅值为 TTL/CMOS 电平，有时又将一组开关量信号称为数字量信号。

开关量输入信号有触点输入和电平输入两种方式。触点又有常开和常闭之分，其逻辑关系正好相反，犹如数字电路中的正逻辑和负逻辑。工控机系统实际上是按电平进行逻辑运算和处理的，因此工控机系统必须为输入触点提供电源，将触点输入转换为电平输入。开关量输出信号也有触点输出和电平输出两种方式。输出触点也有常开和常闭之分。

一般把触点输入/输出信号称为开关量信号，把电平输出/输入信号称为数字量信号。它们的共同点是都可以用“0”和“1”表达。

对于开关量输出信号，可以分为两种形式：一种是电压输出，另一种是继电器输出。电压输出一般是通过晶体管的通断来直接对外部提供电压信号，继电器输出则是通过继电器触点的通断来提供信号。电压输出方式的速度比较快且外部接线简单，但带负载能力弱；继电器输出方式则与之相反。

3．脉冲量信号

脉冲量信号和电平形式的开关量类似，当开关量按一定频率变化时，则该开关量可以视为脉冲量，也就是说脉冲量具有周期性。

测量频率和转速等参数的传感器都是以脉冲频率的方式反映被测值的，有一些测流量的传感器或变送器也是以脉冲频率为输出信号。在运动控制中，编码器送出的信号也是脉冲信号，根据脉冲的数目，可以获得电动机角位移以及转速的信息。另外，也可以通过输出脉冲来控制步进电动机的转角或速度。

脉冲量通道或脉冲输入/输出板卡对脉冲量的上升时间和下降时间有一定的要求，对于上升时间和下降时间较长的脉冲信号，必须增加整形电路，改善脉冲信号的边沿，以确保脉冲量通道能有效识别所输入的脉冲量信号。

2.4.3 过程通道的种类

无论是何种形式的过程通道，都应具备模拟量输入/输出、数字量输入/输出等几个基本功能。

1．模拟量输入通道

在计算机控制系统中，为了实现对生产过程、周围环境或其他设备的检测和控制，首先必须对各种模拟量参数，如温度、压力、流量、成分、速度、距离等进行采集。为此，要用传感器和信号调理电路（或变送器）将采集的物理量变成相应的电信号（或标准电信号），通过A-D转换器转换成计算机能接收和处理的数字量信号，这就需要用到模拟量输入通道。

图2-17中，由传感器、信号调理器（或变送器）和模拟量输入装置构成模拟量输入通道，其中，模拟量输入装置主要由滤波放大、A-D转换器以及与计算机的接口等组成。

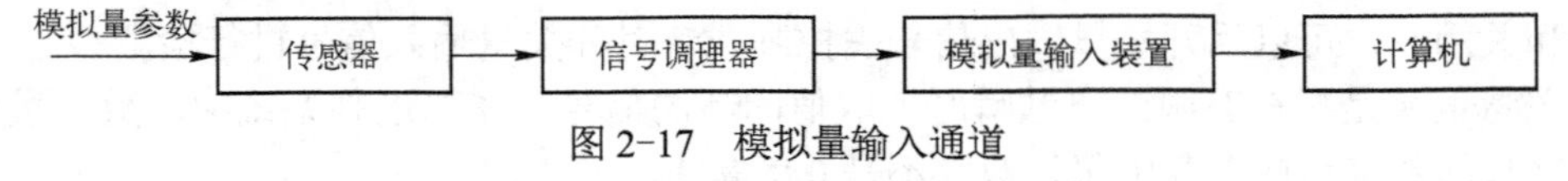

图2-17 模拟量输入通道

模拟量输入通道是计算机用于工业控制、自动测试等必需的模拟数据处理系统。

建立模拟量输入通道的目的，通常是为了进行参数测量或数据采集。它的核心部件是A-D转换器和与计算机的接口。

2．模拟量输出通道

在计算机控制系统中，被采样的过程参数经运算处理后输出控制量，计算机输出的控制信号是数字量信号，对于生产中使用的执行机构（如电动、气动执行机构，液压伺服机构等），其控制信号往往是模拟量电压或电流信号。此时，计算机输出的数字量信号必须经 D-A 转换器变为模拟电信号后，才能驱动执行机构工作。

模拟量输出通道的作用就是将计算机输出的数字量转换为执行机构能接收的模拟电压或模拟电流，去驱动相应的执行机构，以达到用计算机实现控制的目的。

图 2-18 中，由模拟量输出装置、驱动电路和执行机构构成模拟量输出通道，其中，模拟量输出装置主要由 D-A 转换器、V/I 转换电路以及与计算机的接口等组成，驱动电路主要由功率放大电路组成。

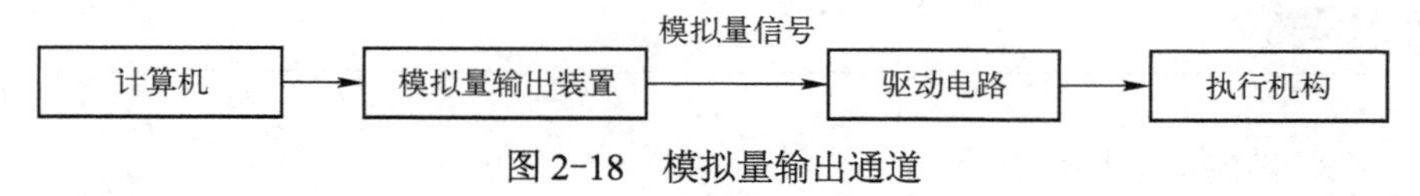

图 2-18　模拟量输出通道

3. 数字量输入通道

数字量输入通道的任务主要是将现场输入的数字量信号和设备的状态信号转换成二进制逻辑值送入计算机。

图 2-19 中，由传感器、信号调理器和数字量输入装置构成数字量输入通道，其中，数字量输入装置主要由滤波电路、电平转换电路、隔离和整形电路以及与计算机的接口等组成。

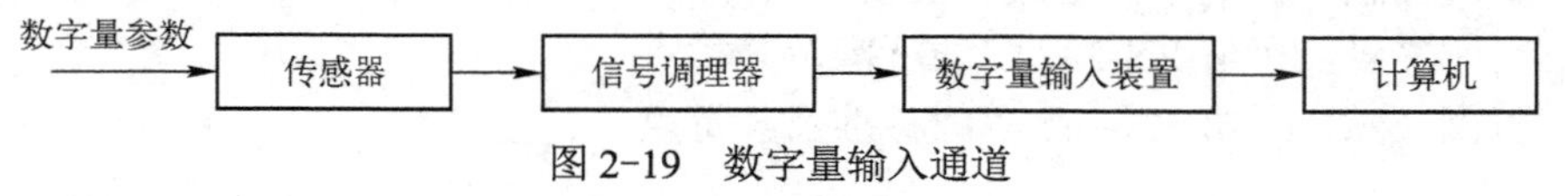

图 2-19　数字量输入通道

数字量输入通道在控制系统中主要起以下作用：

1）定时记录生产过程中某些设备的状态，例如电动机是否在运转、阀门是否开启等。

2）对生产过程中某些设备的状态进行检查，以便发现问题进行处理。若有异常，及时向主机发出中断请求信号，申请故障处理，保证生产过程的正常运转。

由于数字信号是计算机直接能接收和处理的信号，所以数字量输入通道比较简单，主要是解决信号的缓冲和锁存问题。因为在多通道的系统中，计算机要处理多路信号，而外部设备的工作速度比较慢，所以需要对各路的信号加以锁存，以便计算机能接收和处理，防止信号的丢失。

4. 数字量输出通道

对于只有“0”和“1”两种工作状态的执行机构或器件，通常用计算机控制系统输出数字（开关）量来控制它们，例如控制电动机的起动和停止，信号指示灯的亮和灭，电磁阀的打开与关闭，继电器的接通与断开，步进电动机的运行和停止等。

数字量输出通道的任务就是把计算机输出的数字（开关）信号传送给执行机构。

图 2-20 中，由数字量输出装置、驱动电路和执行机构构成数字量输出通道，其中，数字量输出装置主要由数字量信号锁存电路、光电隔离电路以及与计算机的接口等组成，驱动电路主要由功率放大电路组成。

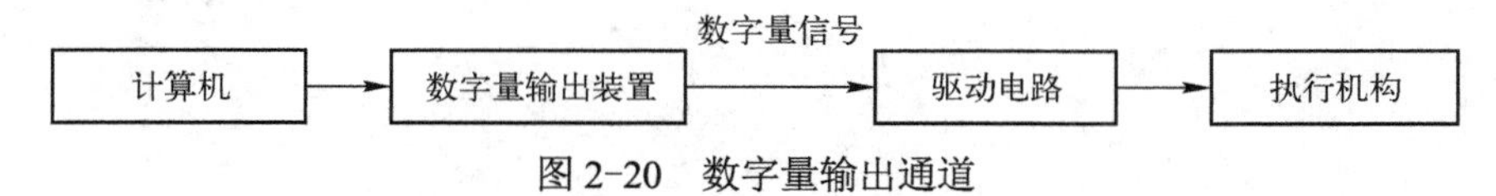

图 2-20　数字量输出通道

驱动被控执行机构不但需要一定的电压，而且需要一定的电流。一般同计算机直接连接的 TTL 电路或 CMOS 电路的驱动能力是有限的，如果执行机构需要较大的驱动电流，就必须在数字量输出通道的末端配接能够提供足够驱动功率的输出驱动电路。

数字量输出电路中最主要的干扰是来自控制设备起动、停止时的冲击干扰，为避免干扰信号窜入计算机，输出电路往往使用光电隔离技术，隔断计算机与执行机构之间的直接电气联系。光电隔离的主要器件是光隔离器。

习题与思考题

2-1 总线有哪些基本操作？

2-2 总线有哪些性能指标？

2-3 I/O 接口的功能是什么？

2-4 I/O 接口有哪几种实现方式？

2-5 串口通信有哪几种工作模式？

2-6 如何查看计算机上的串口设备信息？

2-7 查阅文献，了解 PCI 总线标准及其特点。

2-8 查阅文献，了解 RS-232 总线标准及其特点。

2-9 查阅文献，了解 RS-485 总线标准及其特点。

警句互勉：

人之为学有难易乎？学之，则难者亦易矣；不学，则易者亦难矣。

——［清］彭端淑

第3章 计算机控制系统的硬件

硬件是计算机控制系统的躯体，是完成控制任务的物质基础，硬件质量的好坏直接决定了控制系统的工作性能。在计算机控制系统中常用的硬件有计算机主机、传感器、输入/输出装置以及各种执行机构等，这些硬件在其他课程中已有详细讲述，读者可查阅相关文献和资料。本章只是从设计与应用的角度对计算机控制系统的主要硬件加以概述。

3.1 计算机主机

计算机主机是整个计算机控制系统的核心（见图3-1），它的性能直接影响到系统的优劣。计算机主机通过输入装置发送来的工业对象的生产工况参数，按照人们预先安排的程序，自动地进行信息处理、分析和计算，并做出相应的控制决策或调节，以信息的形式通过输出装置及时发出控制命令，以实现对被控对象的自动控制，实现良好的人机联系。

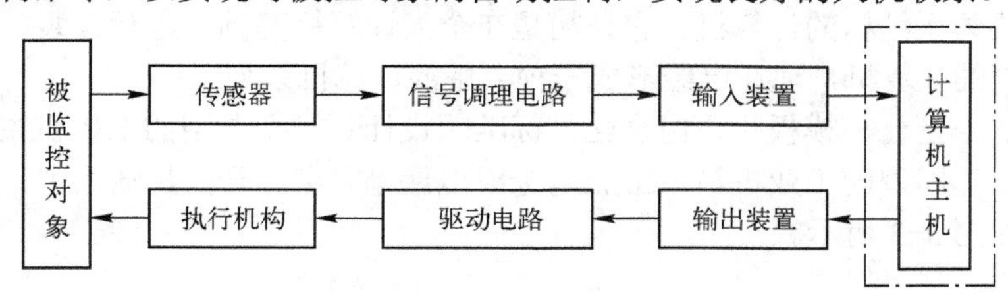

图3-1　计算机控制系统中的计算机主机

目前，在计算机控制系统中采用的计算机主机有PC（或IPC）、单片机和PLC等。

3.1.1 PC与IPC

1. PC

个人计算机，简称PC，指在大小、性能以及价位等多个方面适合于个人使用，并由最终用户直接操控的计算机的统称。它由硬件系统和软件系统组成，是一种能独立运行，完成特定功能的设备。

台式机、笔记本计算机和平板计算机等均属于PC的范畴。

（1）台式机

台式机主要部件包括主机、显示器、键盘、鼠标等，一般需要放置在相应的桌子或者专门的工作台上，因此命名为台式机或桌面机。台式机体积较大，性能较强，价格相对便宜。

（2）笔记本计算机

笔记本计算机也称手提计算机或膝上型计算机，是一种小型、可携带的个人计算机。它和台式机架构类似，但是提供了台式机无法比拟的绝佳的便携性——包括液晶显示器、较小的体积、较轻的重量。笔记本计算机除了键盘外，还提供了触控板，提供了更好的定位和输入功能。

（3）平板计算机

平板计算机是一款无须翻盖、没有键盘、大小不等、形状各异、功能完整的计算机。其构成组件与笔记本计算机基本相同，但它是利用触笔在屏幕上书写，而不是使用键盘和鼠标输入。它支持手写输入或语音输入，移动性和便携性比笔记本计算机更胜一筹。

在计算机控制领域，主要采用台式机，在某些室外场合使用笔记本计算机。

图3-2所示依次为台式机、笔记本计算机、平板计算机产品图。

图3-2 台式机、笔记本计算机、平板计算机产品图

2. IPC

工业控制计算机（Industrial Personal Computer，IPC）是一种面向工业控制、采用标准总线技术和开放式体系结构的计算机。它最初是在个人计算机基础上进行改装、加固并用于工业生产过程控制的计算机，现在已经形成一种专用的计算机系列。

工控机按照小型化、模板化、组合化、标准化设计。一个典型的工控机主要由一体化主板、无源母板、加固型的工业机箱、工业电源模拟量输入卡、开关量输出卡、光驱和硬盘、风扇等组成，如图3-3所示。

图3-3 某工控机主机安装示意图

与其他类型的计算机监控系统的主计算机相比较，工控机具有可靠性高、实时性好、环境适应能力强、系统开放性好等特点，在过程监控、数据采集等方面得到广泛应用。

3.1.2 单片机与智能仪表

1. 单片机

单片微型计算机是将微处理器、存储器及I/O接口电路等集成在一块大规模集成电路芯片上构成的微型计算机，简称单片机。

单片机的应用从 4 位机开始，历经 8 位、16 位、32 位等。但在小型测控系统与智能化仪器仪表的应用领域里，8 位单片机因其品种多、功能强、价格廉，目前仍然是单片机系列的主流机种。

图 3-4 是某型号单片机产品图。

单片机的应用软件编写可以采用面向机器的汇编语言，但这需要较深的计算机软硬件知识，而且汇编语言的通用性与可移植性差。随着高效率结构化语言的发展，面向单片机结构的高级语言越来越受欢迎，如 Keil C51 编程语言。

图 3-4　单片机产品图

单片机除了具备一般微型计算机的功能外，为了提高实时控制能力，绝大部分单片机的芯片上还集成有定时器、计数器，某些单片机还带有 A-D 转换器等功能部件。

单片机的设计主要是面向控制，因此，它的硬件结构、指令系统和 I/O 接口能力等方面均有其独特之处，其特点之一就是具有非常强的控制功能。

以单片机为核心的控制系统，由于内部资源有限，满足不了控制功能的需求时，需要对单片机的资源进行扩展。如图 3-5 所示，单片机通过总线，在外部扩展了程序存储器 EPROM、数据存储器 RAM、串/并行接口、A-D 转换器及 D-A 转换器，以满足各种系统对控制功能的不同需求。

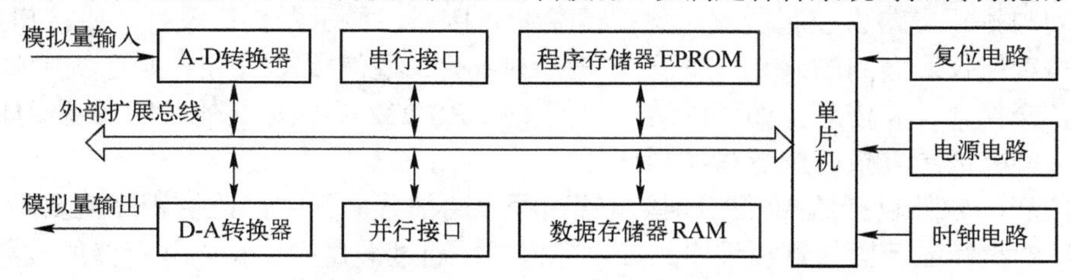

图 3-5　单片机扩展系统结构图

设计者可以根据实际需要开发、设计单片机控制系统，在单片机的基础上扩展所需要的 I/O 设备，开发应用软件，构成完整的控制系统来满足各种应用领域的需要。

2. 智能仪表

单片机自问世不久，就被引进到电子测量和仪器仪表领域，其作为核心控制部件很快取代了传统仪器仪表的常规电子线路。借助单片机强大的软件功能，可以很容易地将计算机技术与测量控制技术结合在一起，组成新一代的全新的微机化产品，即“智能仪表”，从而开创了仪器仪表的一个崭新的时代。图 3-6 是某型号智能仪表产品图。

智能仪表具有功能强、性能好、自动化程度高、使用维护简单和可靠性高等优点。

智能仪表一般是指采用了单片微型计算机（即单片机）的电子仪器，其组成结构如图 3-7 所示。

图 3-6　智能仪表产品图

由智能仪表的基本组成可知，在物理结构上，单片机包含于电子仪器中，微处理器及其支持部件是智能仪表的一个组成部分；从计算机的角度来看，测试电路与键盘、通信接口及显示器等部件，可看作是计算机的外围设备。因此，智能仪表实际上是一个专用的微型计算机系统，主要由硬件和软件两大部分组成。

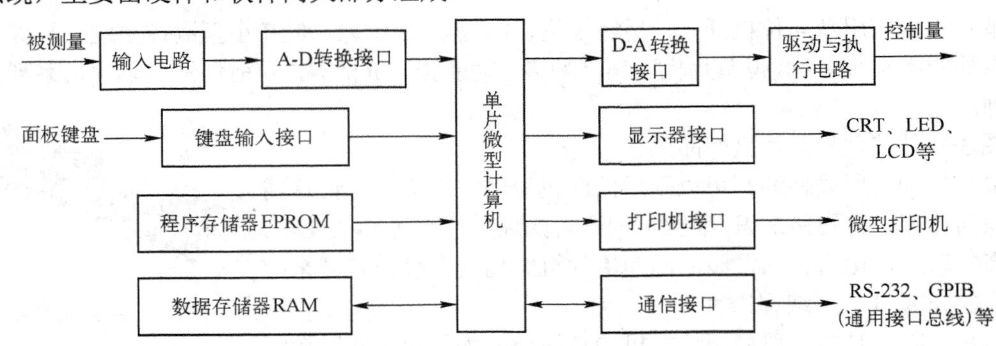

图 3-7　智能仪表硬件组成结构图

智能仪表的主机电路是由单片机及其扩展电路（程序存储器 EPROM、数据存储器 RAM 及输入/输出接口等）组成的。主机电路是智能仪表区别于传统仪器的核心部件，用于存储程序、数据，执行程序并进行各种运算、数据处理和实现各种控制功能。输入电路和 A-D 转换接口构成了输入通道，外部的输入信号（被测量）先经过输入电路进行变换、放大、整形和补偿等处理，然后再经模拟量通道的 A-D 转换接口转换成数字量信号送入单片机；而 D-A 转换接口及驱动电路则构成了输出通道，单片机输出的数字量经 D-A 转换成模拟量信号输出，并经过驱动与执行电路去控制被控对象；键盘输入接口、显示器接口及打印机接口等用于沟通操作者与智能仪表之间的联系，属于人-机接口部件；通信接口则用来实现智能仪表与其他仪器或设备交换数据和信息，如可以通过通信接口 RS-232 实现与其他智能设备（如 PC）进行数据通信，完成更复杂的测量与控制任务。

智能仪表的软件包括监控程序和接口管理程序两部分。其中，监控程序主要是面向仪器操作面板、键盘和显示器的管理程序。其内容包括：通过键盘操作输入并存储所设置的功能、操作方式与工作参数；通过控制 I/O 接口电路对数据进行采集；对仪器进行预定的设置；对所测试和记录的数据与状态进行各种处理；以数字、字符、图形等形式显示各种状态信息以及测量数据的处理结果等。接口管理程序主要面向通信接口，其作用是接收并分析来自通信接口总线的各种有关信息、操作方式与工作参数的程控操作码，并通过通信接口输出仪器的现行工作状态及测量数据的处理结果来响应计算机的远程控制命令。

3.1.3 PLC

可编程序逻辑控制器（PLC）是在传统的顺序控制器的基础上引入了微电子技术、计算机技术、自动控制技术和通信技术而形成的一代新型工业控制装置，在开关量逻辑控制、运动控制、过程控制等方面具有优势已广泛应用于钢铁、石油、化工、电力、机械制造、汽车、轻纺及交通运输等各个行业。

PLC 是基于微处理器技术的通用工业自动化控制设备。它的设计思路与计算机类似，实际上就是一种特殊的工业控制专用计算机，只不过它的最主要的功能是开关（数字）量逻辑控制。

图 3-8 是某型号 PLC 产品图。

图 3-8　PLC 产品图

1．PLC 的组成

PLC 具有与通用的微型个人计算机相类似的硬件结构，主要由中央处理器（CPU）、存储器、输入/输出接口、智能接口模块和编程器等部分构成。其结构如图 3-9 所示。

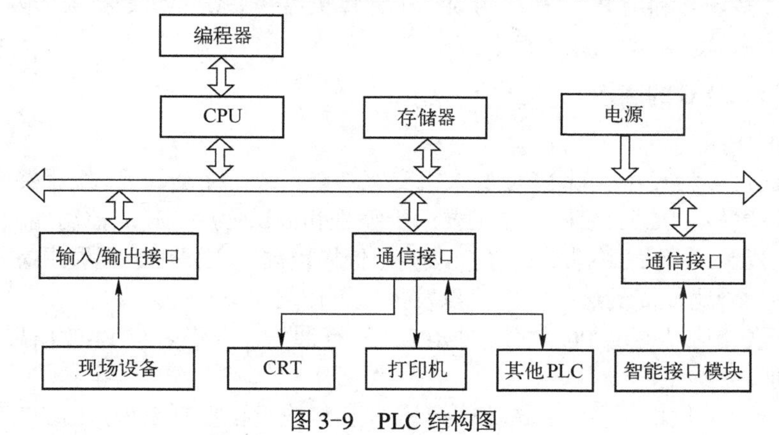

图 3-9　PLC 结构图

CPU（中央处理器）是整个 PLC 的核心组成部分，是系统的控制中枢。它的主要功能是实现逻辑运算、数学运算，协调控制 PLC 内部的各部分工作。存储器主要用于存放系统程序、用户程序以及工作时产生的数据。输入/输出接口是 PLC 与现场各种信号相连接的部件。编程器是 PLC 重要的外部设备，可以利用编程器输入程序、调试程序和监控程序运行，它是人机交互的接口。为了进一步提高 PLC 的性能，各大 PLC 厂商除了提供以上输入/输出接口外，还提供各种专用的智能接口模块，用以满足各种控制场合的要求。

PLC 的软件系统由系统程序和用户程序两部分组成。系统程序包括监控程序、编译程序和诊断程序等，主要用于管理全机，将程序语言翻译成机器语言，诊断机器故障等。PLC 的用户程序是设计人员根据控制系统的工艺控制要求，通过 PLC 编程语言进行编制和设计的。

PLC 的编程语言主要包括图形化编程语言（梯形图、功能块图和顺序功能图）和文本化编程语言（指令表和结构化文本）。

2．PLC 控制系统的特点

PLC 主要是为现场控制而设计的，其人机界面主要由开关、按钮、指示灯等组成，因其良好的适应性和可扩展能力而得到越来越广泛的应用。但是，PLC 也有不易显示各种实时图表 / 曲线（趋势线）和汉字、无体验感良好的用户界面、不便于监控等缺点。

经过几十年的发展，PLC 增加了许多功能。例如，通信功能、模拟量控制功能、远程数据采集功能等。

现代 PLC 的通信功能很强，可以实现 PLC 与计算机、PLC 与 PLC、PLC 与其他智能控制装置之间的通信联网。

PLC 与计算机联网，可以发挥各自所长。许多 PLC 都配备有计算机通信接口，通过总线将一台或多台 PLC 与计算机相连。计算机作为上位机可以提供良好的人机界面，进行系统的监控和管理，进行程序编制、参数设定和修改、数据采集等，既能保证系统性能，又能使系统操作简便，便于生产过程的有效监督；而 PLC 用于现场设备的直接控制，作为下位机，执行可靠有效的分散控制。

PLC与PLC联网能够扩大控制地域，提高控制系统规模，还可以实现PLC之间的综合协调控制；PLC与智能控制装置（如智能仪表）联网，可以有效地对智能装置实施管理，充分发挥这些装置的效益。除此之外，联网可极大节省配线，方便安装，提高可靠性，简化系统维护等。

现在，在许多场合利用PLC网络构成一个计算机监控系统，或是将其作为集散控制系统的一个下位机子系统，基本上成为首选方案。

3．计算机与PLC的连接

（1）连接的作用

通常可以通过4种设备实现PLC的人机交互功能。这4种设备是：编程终端、显示终端、工作站和个人计算机（PC）。编程终端主要用于编程和调试程序，其监控功能较弱。显示终端主要用于现场显示。工作站的功能比较全，但是价格也高，主要用于配置组态软件。

PC是一种性价比较高的选择，它可以发挥以下作用：

1）通过开发相应功能的PC软件，与PLC进行通信，实现多个PLC信息的集中显示、报警等监控功能。

2）以PC作为上位机，多台PLC作为下位机，构成小型控制系统，由PC完成PLC之间控制任务的协同工作。

3）把PC开发为协议转换器实现PLC网络与其他网络的互联。例如，可把下层的控制网络接入上层的管理网络。

（2）连接的基础

1）PC和PLC均具有异步通信接口，可进行RS-232、RS-422或RS-485通信，否则，要通过转换器转接以后才可以互连。

2）异步通信接口相连的双方要进行相应的初始化工作，设置相同的波特率、数据位数、停止位数、奇偶校验等参数。

3）用户参考PLC的通信协议编写计算机的通信部分程序，大多数情况下不需要为PLC编写通信程序。

（3）连接方式

PC与PLC的联网一般有两种形式：一种是点对点方式，即一台PC的COM接口与PLC的异步通信接口之间直接用电缆相连，连接方式如图3-10所示；另一种是多点结构，即一台PC与多台PLC通过一条通信总线连接。以PC为主站，PLC为从站，进行主从式通信，连接方式如图3-11所示。通信网络可以有多种，如RS-422、RS-485、各个公司的专门网络或工业以太网等。

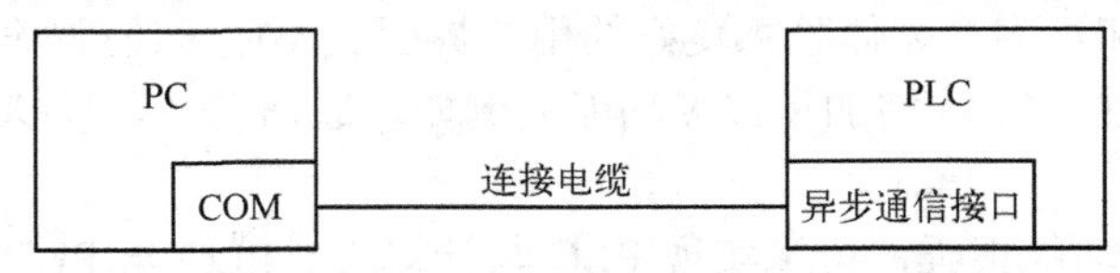

图3-10　PC与PLC连接的点对点方式

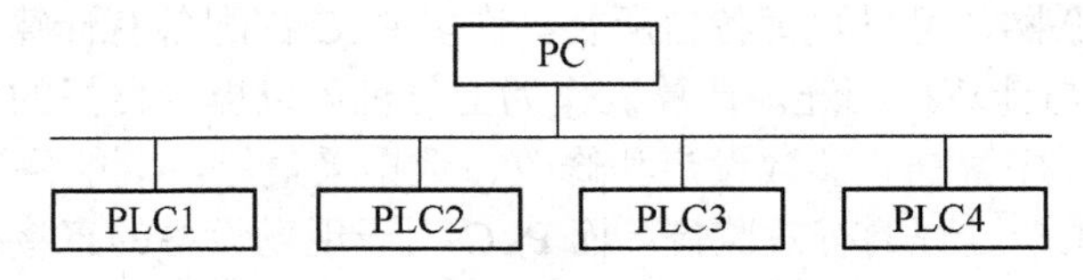

图3-11　PC与PLC的多点连接方式

3.1.4　计算机主机的选择

工控机（IPC）具有可靠性高、实时性好、环境适应能力强、完善的 I/O 通道、系统开放性好、性能价格比高等特点，它既能满足不同层次、不同控制对象的需要，又能在恶劣的工业环境中可靠地运行，因而，它广泛应用于各种控制场合，尤其是十几个到几十个回路的中等规模的控制系统中。

如果控制现场环境比较好，对可靠性的要求又不是特别高，可以选择 PC，否则还是选择 IPC 为宜。

单片机具有体积小、集成度高、功耗低、性能可靠、面向控制、功能强、抗干扰能力强、价格低廉、功能扩展容易、使用方便灵活、易于产品化等诸多优点，特别是强大的面向控制的能力，使它在工业控制、智能仪表、外设控制、家用电器、机器人、军事装置等方面得到了极为广泛的应用。

采用 PLC 的控制系统或装置具有可靠性高、适应性强、通用性好、易于控制、系统设计构成灵活、编程使用简单、性价比高、安装方便、扩展容易、有良好的抗干扰能力等特点，使其不仅在顺序控制领域中具有优势，而且在运动控制、过程控制、网络通信领域方面也毫不逊色。

在实际应用中，应根据应用规模、控制目的和控制需要等选用性能价格比高的计算机主机。

对于小型控制系统、智能仪表及智能化接口，尽量采用单片机模式；对于新产品开发或用量较大，为降低成本，也可采用单片机模式；对于中等规模的控制系统，为加快系统的开发速度，可以选用 PLC 或 IPC，应用软件可自行开发；对于大型的生产过程控制系统，最好选用 IPC、专用集散控制系统（DCS）或现场总线控制系统（FCS），软件可自行开发或购买现成的组态软件。

为便于教学，开展项目实训，本书选择 PC 作为计算机主机。

3.2　传感器与信号调理器

计算机控制系统要实现自动控制，首先要实现过程数据的自动检测，这个任务是由传感器来完成的。

一般来说，传感器输出的信号不便于输送、显示和记录，需要配备相应的信号调理电路进行加工和处理。

图 3-12 表示了传感器与信号调理器在计算机控制系统中的地位。

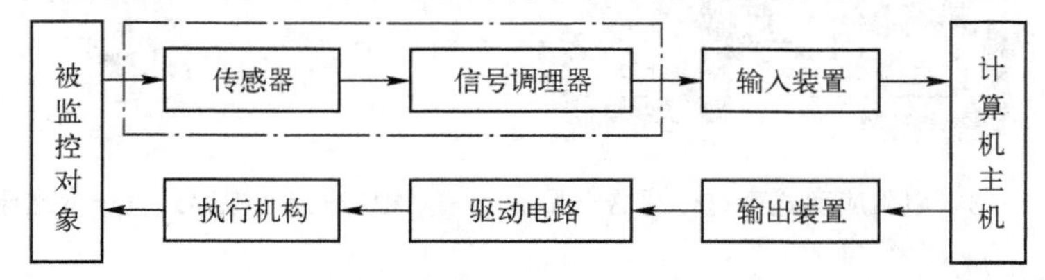

图 3-12　计算机控制系统中的传感器与信号调理器

3.2.1 传感器的种类与选择

生产过程的参数大小是由传感器进行检测的。传感器是一种将各种被测物理量（如温度、压力、流量和液位等）转换成电信号的测量装置或元件。电信号一般为模拟电压或电流。

1. 传感器的地位

现代信息技术的三大支柱是信息的采集、传输和处理技术，即传感技术、通信技术和计算机技术，它们分别构成了信息技术系统的“感官”“神经”和“大脑”。信息采集系统的首要部件是传感器，它置于系统的最前端。

在一个现代控制系统中，如果没有传感器，就无法监测与控制表征生产过程中各个环节的各种参量，也就无法实现自动控制。传感器是现代控制技术的基础。

传感器主要应用于生产过程的测量与控制、报警与环境保护、自动化设备和机器人、交通运输和资源探测、医疗卫生和家用电器等各个领域。

2. 传感器的种类

（1）电阻式传感器

电阻式传感器种类繁多，应用广泛。它的基本原理是将被测非电信号的变化转换成电阻的变化。导电材料的电阻不仅与材料的类型、尺寸有关，还与温度、湿度和形变等因素有关。不同导电材料，对同一非电物理量的敏感程度不同，甚至差别很大。因此，利用某种导电材料的电阻对某一非电物理量具有较强的敏感特性，就可制成测量该物理量的电阻式传感器。

常用的电阻式传感器有电位器式、电阻应变式、热敏电阻、气敏电阻、光敏电阻、湿敏电阻等类型。利用电阻式传感器可以测量应变、力、位移、荷重、加速度、压力、转矩、温度、湿度、气体成分及浓度等。图 3-13 是电阻应变式荷重传感器产品图。

（2）电容式传感器

电容式传感器是以各种类型的电容器作为敏感元件，将被测物理量的变化转换为电容量的变化，再由测量电路转换为电压、电流或频率的变化，以达到检测的目的。因此，凡是能引起电容量变化的有关非电信号，均可用电容式传感器进行电测变换。

根据变换原理的不同，电容式传感器有变极距型、变面积型和变介质型 3 种。该类传感器不仅能测量荷重、位移、振动、角度和加速度等机械量，还能测量压力、液位、物位和成分含量等热工量。图 3-14 是电容式差压变送器产品图。这种传感器具有结构简单、灵敏度高、动态特性好等一系列优点，在机电控制系统中占有十分重要的地位。

图 3-13　电阻应变式荷重传感器产品图

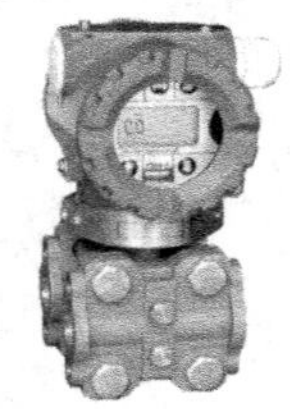

图 3-14　电容式差压变送器产品图

（3）电感式传感器

电感式传感器是利用线圈自感或互感系数的变化来实现非电信号测量的一种装置。电感式传感器一般分为自感式、互感式和电涡流式 3 大类。习惯上将自感式传感器称为电感式传感器，而互感式传感器由于是利用变压器原理，又往往做成差动式，故常称为差动变压器式传感器。

电感式传感器能对位移、压力、振动、应变和流量等参数进行测量。它具有结构简单、灵敏度高、输出功率大、输出阻抗小、抗干扰能力强及测量精度高等一系列优点，因此在机电控制领域中得到广泛的应用。它的主要缺点是响应速度较慢，不宜用于快速动态测量。图 3-15 是电感式传感器产品图。

图 3-15　电感式传感器（差动式和电涡流式）产品图

（4）压电式传感器

压电式传感器利用某些电介质材料具有压电效应而制成。当有些电介质材料在一定方向上受到外力（压力或拉力）作用而变形时，在其表面上会产生电荷；当外力去掉后，又回到不带电状态，这种将机械能转换成电能的现象，称为压电效应。

压电材料常选择晶体材料，但自然界中多数晶体压电效应太微弱，没有实用价值，只有石英晶体和人工制造的压电陶瓷具有良好的压电效应。压电传感器主要用来测量力、加速度和振动等动态物理量。图 3-16 是压电式力和加速度传感器产品图。

图 3-16　压电式力和加速度传感器产品图

a) 力传感器　b) 加速度传感器

（5）光电式传感器

光电式传感器是将光信号转化为电信号的一种传感器。它的理论基础是光电效应，光电效应大致可分为如下 3 类：

第一类是外光电效应，即在光照射下，能使电子逸出物体表面，利用这种效应做成的器件有真空光电管、光电倍增管等；第二类是内光电效应，即在光线照射下，能使物质的电阻率改变，这类器件包括各类半导体光敏电阻；第三类是光生伏特效应，即在光线作用下，物体内产生电动势的现象，此电动势称为光生电动势，这类器件包括光电池、光电二极管和光电晶体管等。

光电开关是一种利用感光元件对变化的入射光进行接收，再产生光电转换，并加以某种形式的放大和控制从而获得最终的控制输出为“开”“关”信号的器件。图 3-17 是光电开关产品图。

光电开关广泛应用于工业控制、自动化包装线及安全装置中作为光控制和光探测装置，也可在自动控制系统中用作物体检测、产品计数、料位检测、尺寸控制、安全报警及计算机输入接口等。

图3-17 光电开关产品图

（6）热电式传感器

热电式传感器主要用来检测温度变化，其包括热电偶传感器和热电阻传感器两种。

热电偶传感器的测温原理是热电效应。常用的热电偶有铂铑10-铂（分度号为S）、镍铬-镍硅（分度号为K）、镍铬-铜镍（分度号为E）等，因为K型热电偶稳定性好，价格便宜，因而工业中得到广泛应用。图3-18是热电偶传感器产品图。

热电阻传感器测温基于热电阻现象，即导体或半导体的电阻率随温度的变化而变化的现象。利用物质的这一特性制成的温度传感器有金属热电阻传感器（简称热电阻）和半导体热电阻传感器（简称热敏电阻）。

工业中使用最多的热电阻是铂电阻和铜电阻，常用的分度号是Pt100和Cu50。

（7）数字式传感器

机电控制系统对检测技术提出了数字化、高精度、高效率和高可靠性等一系列要求。数字式传感器能满足这种要求。它具有很高的测量精度，易于实现系统的快速化、自动化和数字化，易于与微处理机配合，组成数控系统，在机械工业的生产、自动测量以及机电控制系统中得到广泛的应用。常用的数字式传感器有光栅式、码盘式、磁栅式和感应同步器等。图3-19是数字式传感器产品图。

图3-18 热电偶传感器产品图

图3-19 数字式传感器产品图

3. 传感器的选用

现代传感器的原理与结构千差万别，即便对于相同种类的测量对象也可采用不同工作原理的传感器，如何根据具体的测量条件、使用条件以及传感器的性能指标合理地选用传感器是进行某个物理量测量时首先要解决的问题。当传感器确定之后，与之配套的测量方法和测量设备也就可以确定了。测量结果的准确与否，在很大程度上取决于传感器的选用是否合理。可以从以下几个方面来选用传感器。

（1）类型

进行一个具体的测量工作前，首先要考虑采用何种原理的传感器，这需要分析多方面的因素之后才能确定。因为，即使是测量同一物理量，也有基于不同测量原理的传感器可供选用，哪一种传感器更为合适，则需要根据被测量的特点和传感器的使用条件考虑以下一些具体问题：量程的大小；测量位置对传感器体积的要求；测量方式为接触式还是非接触式；信号的引出方法，有线或是非接触测量；传感器的来源，是国产还是进口；价格能否承受；购买还是自行研制等。在考虑了上述问题之后，就能确定选用何种类型的传感器，然后再考虑传感器的具体性能指标。

（2）灵敏度

通常在传感器的线性范围内，希望传感器的灵敏度越高越好。因为只有灵敏度高，被测量变化时所对应的输出信号的值才比较大，有利于信号处理。但要注意的是，传感器的灵敏度高，与被测量无关的外界噪声也容易混入，也会被放大系统放大，影响测量精度。因此，要求传感器本身应具有较高的信噪比，尽量减少从外界引入的干扰信号。

（3）精度

精度是传感器的一个重要的性能指标，它关系到整个测量系统的测量精度，是一个重要指标。传感器的精度指标常与经济性联系在一起，精度越高，其价格越昂贵，因此，传感器的精度只要满足整个测量系统的精度要求就可以，不必选得过高。这样就可以在满足同一测量目的的诸多传感器中选择比较便宜和简单的传感器。

如果测量目的是定性分析，选用重复精度高的传感器即可；如果是为了定量分析，必须获得精确的测量值，就需选用精度等级能满足要求的传感器。

（4）线性度

线性度反映了输出量与输入量之间保持线性关系的程度。一般来说，人们都希望输出量与输入量之间呈线性关系。因为在线性情况下，模拟量仪表的刻度就可以做成均匀刻度，而数字量仪表就可以不必加入线性化环节；此外，当线性的传感器作为控制系统的一个组成部分时，它的线性性质常常可使整个系统的设计分析得到简化。

实际上，任何传感器都不能保证绝对的线性，其线性度是相对的。当所要求测量精度比较低时，在一定的范围内，可将非线性误差较小的传感器近似看成线性的，这会给测量带来极大的方便。

（5）稳定性

传感器使用一段时间后，其性能保持不变的能力称为稳定性。通常在不指明影响量时，它反映的是传感器不受时间变化影响的能力。稳定性有短期稳定性和长期稳定性之分。

影响传感器长期稳定性的因素除传感器本身的结构外，主要是传感器的使用环境。因此要使传感器具有良好的稳定性，必须使其有较强的环境适应能力。

在某些要求传感器能长期使用而又不能轻易更换或标定的场合，稳定性要求更严格，要能够经受住长时间的考验。

（6）频率响应特性

传感器的频率响应特性决定了被测量的频率范围，必须在允许频率范围内保持不失真的测量条件。实际上传感器的响应总有一定延迟，我们希望延迟时间越短越好。

传感器的频率响应越高，可测量的信号频率范围越宽。在动态测量中，应根据信号的特点（稳态、瞬态和随机等）来确定所需传感器的频率响应特性，以免产生过大的误差。

系统设计者应从传感器的基本工作原理出发，根据现场的具体要求、工艺过程信号的检测原理、安装环境等诸多因素选择合适的传感器。

3.2.2 信号调理器与变送器

1. 信号调理器

信号调理器的作用是对传感器输出的电信号进行加工和处理，转换成便于输送、显示和记录的电信号（电压或电流）。例如，传感器输出信号是微弱的，就需要放大电路将微弱信号加以放大，以满足过程通道的要求；为了与计算机接口方便，需要A-D转换电路将模拟信号变换成数字信号等。

常见的信号调理器包括：电桥电路、调制解调电路、滤波电路、放大电路、线性化电路、A-D（D-A）转换电路、隔离电路等。

下面举两个实例来说明信号调理器的结构和工作原理。

（1）霍尔开关传感器的输出信号调理器

图3-20是霍尔开关传感器的输出信号调理器，主要由放大器、晶体管等组成，其作用是将霍尔开关传感器输出的电压信号转换为高、低电平信号输出。

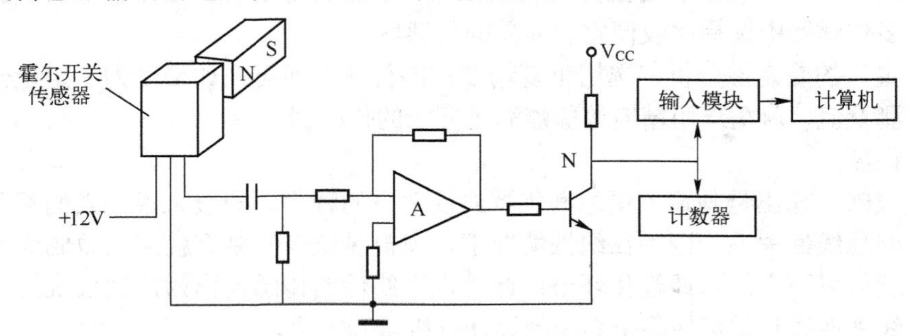

图3-20 霍尔开关传感器输出信号调理器

当磁铁距离霍尔开关传感器较远时，穿过霍尔开关传感器中霍尔元件的磁场较弱，输出电压较小，晶体管基极电位较低，晶体管处于截止状态，N点处于高电平。

当磁铁靠近传感器时，穿过传感器中霍尔元件的磁场变强，传感器可输出峰值为20mV的脉冲电压，该电压经运算放大器A放大后，使电路中晶体管基极电位升高，晶体管导通，其集电极N点变为低电平。

该电平信号可以送入计数器进行计数，或者通过输入模块送入计算机，由计数程序进行计数。

（2）光电隔离及电平转换电路

在大功率系统中，需要从电磁离合器等大功率器件的接点S输入信号，这种情况下，为了使接点工作可靠，接点的两端至少要加24V或24V以上的直流电压，如图3-21所示。

一般的机电系统既包括弱电控制部分，又包括强电控制部分，所以工作环境中常常包含电磁干扰。为了防止电网电压等对测量回路的损坏，防止电磁等干扰造成的系统不正常运行，需要隔绝电气方面的联系，既实行弱电和强电隔离，又保证系统内部控制信号的联系，使系统工作稳定，保证设备与操作人员的安全。

图3-21中信号输入设备与计算机输入设备采用光隔离器进行隔离。同时，将DC 24V电平信号转换为DC 5V电平信号。

光隔离器是以光为媒介传输信号的电路，发光二极管和光电晶体管封装在同一个管壳内，发光二极管的作用是将电信号转变为光信号，光电晶体管接收光信号再将它转变为电信号。

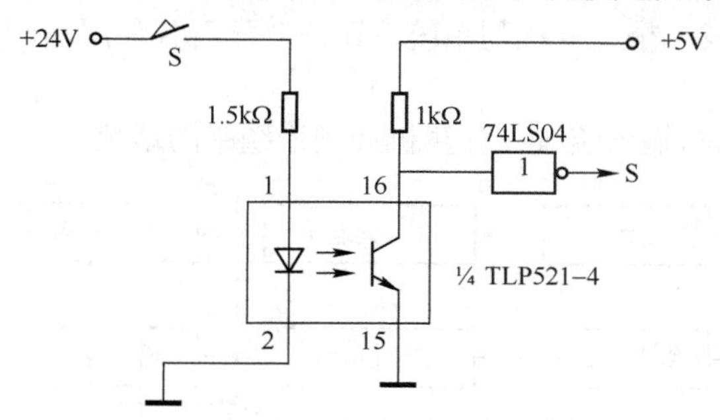

图3-21　光电隔离及电平转换电路

光隔离器的特点是：输出信号与输入信号在电气上完全隔离，抗干扰能力强，隔离电压可达千伏以上；无触点、寿命长、可靠性高；响应速度快，易与TTL电路配合使用。

2．变送器

在工业控制领域，传感器信号在进入输入装置之前，首先要转换成一种标准形式，通常是把传感器的输出信号转换成4～20mA标准电流或1～5V标准电压，实现这个转换的是各种变送器。

某型号压力变送器产品如图3-22所示，某型号温度变送器产品如图3-23所示。

图3-22　压力变送器产品图

图3-23　温度变送器产品图

变送器实际就是把传感器信号转换为标准电信号的信号调理器。变送器的输出信号一般与被测变量成线性比例关系。

采用变送器的原因主要有两个：一是目前的计算机输入装置，如数据采集卡、远程I/O模块以及PLC的模拟量输入扩展模块等的输入端口要求输入标准电信号；二是用计算机编写程序时便于对工程量进行标度变换。

常用的变送器有温度变送器、压力变送器、流量变送器、液位变送器和差压变送器和各种电量变送器等。

系统设计人员可根据被测参数的种类、量程、被测对象的介质类型和环境来选择变送器的具体型号。

3.3　输入与输出装置

反映被测量的电信号在进入计算机之前需要进行一系列转换处理，变成计算机能识别接收的数字量；要驱动执行机构动作，计算机输出的数字量还必须转换成可对执行机构进行控制的电信号。因此，构成一个工业控制系统，还需要配备各种用途的 I/O 接口装置，即输入与输出装置。

图 3-24 表示了输入与输出装置在计算机控制系统中的地位。

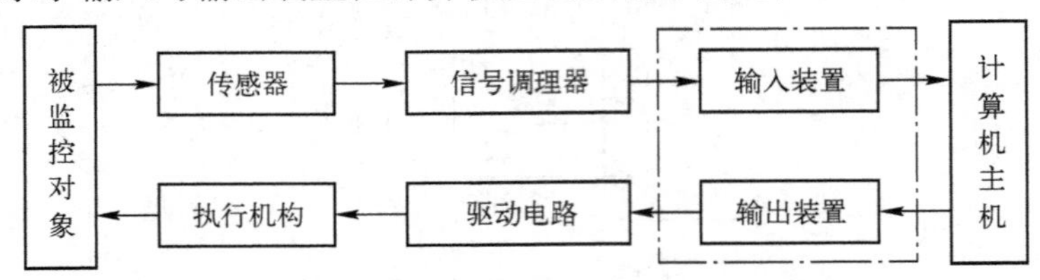

图 3-24 计算机控制系统中的输入与输出装置

在计算机控制系统中常采用的输入与输出装置有数据采集卡、USB 数据采集模块和远程 I/O 模块等，PLC、智能仪表和单片机系统通过接口与计算机相连，也可以作为输入与输出装置。

上述模块可以只有输入端口，或者只有输出端口，或者同时具有输入和输出端口，因此，这些模块可单独作为输入装置或输出装置，也可同时作为输入和输出装置。

3.3.1 数据采集卡

为了满足 PC 用于数据采集与控制的需要，国内外许多厂商生产了各种各样的数据采集卡（又称板卡）。用户只要把这类板卡插入计算机主板上相应的总线（ISA 或 PCI）扩展槽中，就可以迅速、方便地构成一个数据采集系统，既可以节省大量的硬件研制时间和投资，又可以充分利用 PC 的软、硬件资源。

在各种计算机控制系统中，PC 插卡式数据采集卡是最基本的构成形式。

1. 数据采集卡的功能

基于数据采集卡的控制系统硬件与一般的计算机控制系统基本相同，它的特点是用数据采集卡作为输入与输出装置。

一个典型的数据采集卡的功能有模拟量输入/输出、数字量输入/输出、计数器等，这些功能分别由相应的电路来实现。

（1）模拟量输入

模拟量输入是数据采集卡最基本的功能之一，它将一个模拟信号转换为数字信号。该项功能一般通过多路开关、放大器、采样保持电路以及 A-D 转换器来实现。A-D 转换器的性能和参数直接影响着模拟量输入的质量，要根据实际需要的精度选择合适的 A-D 转换器。

（2）模拟量输出

模拟量输出通常为采集系统提供激励。输出信号受 D-A 转换器的参数建立时间、转换率、分辨率等因素影响。参数建立时间和转换率则决定了输出信号幅值改变的快慢。参数建立时间短、转换率高的 D-A 转换器可以提供一个较高频率的信号。

（3）数字量输入/输出（I/O）

数字量输入/输出（I/O）通常用来控制过程、产生测试信号、与外设进行通信等。它的重要参数包括数字量接口数量、接收（发送）频率和驱动能力等。

如果用输出去驱动电动机、灯和开关等，就不必用较高的数据转换率。控制对象需要的电流要小于采集卡所能提供的驱动电流，但加上合适的数字信号调理设备，仍可以用采集卡输出的低电流、TTL 电平信号去监控高电压、大电流的工业设备。

（4）计数器

许多场合都要用到计数器，如定时、产生方波等。计数器包括 3 个重要信号：门限信号、计数信号和输出信号。门限信号实际上是触发信号（使计数器工作或不工作）；计数信号也是信号源，它提供了计数器操作的时间基准；输出信号是在输出线上产生脉冲或方波。计数器最重要的参数是分辨率和时钟频率。

2．数据采集卡的类型

数据采集卡实际上就是过程通道板卡，它在一块印制电路板上集成了模拟多路开关、程控放大器、采样/保持器、A-D 和 D-A 转换器、地址译码、控制逻辑、光电隔离等总线接口电路和应用电路。

基于 PC 总线的板卡是指计算机厂商为了满足用户需要，利用总线模板化结构设计的通用功能模板。基于 PC 总线的板卡种类很多，其分类方法也有很多种。

按照板卡处理信号的不同可以分为模拟量输入板卡（A-D 卡）、模拟量输出板卡（D-A 卡）、数字量输入板卡、数字量输出板卡、脉冲量输入板卡、多功能板卡等。

其中多功能板卡可以集成多个功能，如数字量输入/输出板卡将模拟量输入和数字量输入/输出集成在同一张卡上。

图 3-25 是某型号 PCI 多功能数据采集卡产品图。

根据总线的不同，可分为 PCI 板卡和 ISA 板卡。各种类型板卡依据其所处理的数据不同，都有相应的评价指标，现在较为流行的板卡大都是基于 PCI 总线设计的。

表 3-1 列出了部分数据采集卡的种类和用途，板卡详细的信息资料请查询相关公司的数据资料。

图 3-25　PCI 多功能数据采集卡产品图

表 3-1　数据采集卡的种类和用途

输入/输出信号的来源及用途	信号种类	相配套的接口板卡产品
温度、压力、位移、转速和流量等来自现场设备运行状态的模拟量电信号	模拟量输入信号	模拟量输入板卡
限位开关状态、数字量装置的输出数码、接点通断状态、“0”“1”电平变化	数字量输入信号	数字量输入板卡
执行机构的执行、记录等（模拟电流/电压）	模拟量输出信号	模拟量输出板卡
执行机构的驱动执行、报警显示、蜂鸣器等（数字量）	数字量输出信号	数字量输出板卡
流量计算、电功率计算、转速、长度测量等脉冲形式输入信号	脉冲量输入信号	脉冲计数/处理板卡
操作中断、事故中断、报警中断及其他需要中断的输入信号	中断输入信号	多通道中断控制板卡
前进驱动机构的驱动控制信号输出	间断信号输出	步进电动机控制板卡
串行/并行通信信号	通信收发信号	多接口 RS-232/RS-422 通信板卡
远距离输入/输出模拟（数字）信号	模拟/数字量远端信号	远程 I/O 板卡（模块）

3. 数据采集卡的选择

对于采用工业控制计算机的控制系统，输入/输出通道硬件设计非常简单，只需根据控制要求选择合适的输入/输出板卡。

在挑选数据采集卡时，用户主要考虑的是根据需求选取适当的总线形式，适当的采样速率，适当的模拟量输入/输出通道数量，适当的数字输入/输出通道数量等，并根据操作系统以及数据采集的需求选择适当的软件。选择主要依据如下：

（1）通道的类型及个数

根据测试任务选择满足要求的通道数，选择具有足够的模拟量输入与输出通道数、足够的数字量输入与输出通道数的数据采集卡。

（2）最高采样速度

数据采集卡的最高采样速度决定了能够处理信号的最高频率。

根据奈奎斯特采样理论，采样频率必须是信号最高频率的2倍或2倍以上，即$f_s \geqslant 2f_{max}$，采集到的数据才可以有效地复现出原始的采集信号。工程上一般选择$f_s=(5\sim10)f_{max}$。一般的过程通道板卡的采样速率可以达到30~100kHz。快速A-D卡可达到1000kHz或更高的采样速率。

（3）总线标准

数据采集卡有PXI、PCI、ISA等多种类型，一般将板卡直接安装在计算机的标准总线插槽中。需根据计算机上的总线类型和数量选择相应的采集卡。

（4）其他因素

如果模拟量信号是低电压信号，用户就要考虑选择采集卡时需要高增益。如果信号的灵敏度比较低，则需要高的分辨率。同时还要注意最小可测的电压值和最大输入电压值，采集系统对同步和触发是否有要求等。

数据采集卡的性能优劣对整个系统举足轻重。选购时不仅要考虑其价格，更要综合考虑各种因素，比较其质量、软件支持能力、后续开发和服务能力等。

在采用工业控制计算机的控制系统中，输入/输出板卡可根据需要组合，不管哪种类型的系统，其板卡的选择与组合均由生产过程的输入参数和输出控制通道的种类和数量来确定。

3.3.2 USB数据采集模块

工业控制等场合往往需要用PC或IPC对各种数据进行采集，如液位、温度、压力等。通常数据采集系统是通过串行接口、并行接口或内部总线等与计算机连接的，它们都有一个共同的缺点，即安装不太方便，灵活性受到限制。

目前常用的数据采集板卡易受机箱内环境干扰而导致数据采集失真，容易受计算机插槽数量和地址、中断资源限制，不可能挂接很多设备，可扩展性差。

USB总线的出现很好地解决了以上问题。目前USB接口已经成为计算机的标准设备，它具有通用、高速、支持热插拔等优点，非常适合在数据采集中应用。

USB数据采集模块实际上就是采用USB总线与计算机通信的数据采集卡。同样，它在一块印制电路板上集成了模拟量多路转换开关、程控放大器、采样/保持器、A-D和D-A转换器、地址译码器、控制逻辑电路、光隔离器等总线接口电路和应用电路。

图 3-26 是某型号 USB 数据采集模块产品图。

USB 数据采集模块有以下特点。

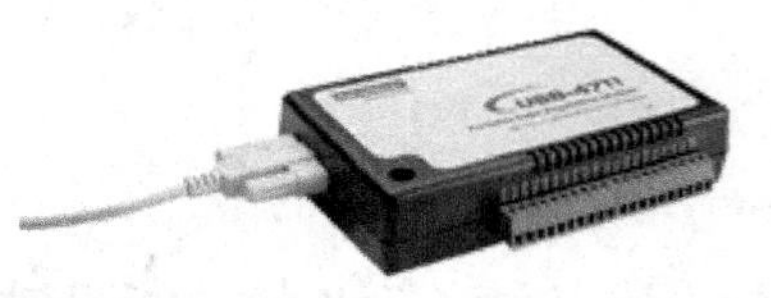

图 3-26　USB 数据采集模块产品图

1）速度快。USB 有高速和低速两种方式，主模式为高速模式，速率为 12Mbit/s。另外为了适应一些不需要很大吞吐量和很高实时性的设备（如鼠标），USB 还提供低速方式，速率为 1.5Mbit/s。

2）设备安装和配置容易。安装 USB 设备不必再打开机箱，加减已安装过的设备无须关闭计算机。所有 USB 设备均支持热插拔，系统对其进行自动配置，彻底抛弃了过去的跳线和拔码开关设置。

3）易扩展。通过使用 Hub 扩展，可连接多达 127 个外设。

4）能够采用总线供电。USB 总线可提供最大 5V 电压、500mA 电流。该 5V 电源可用于数据采集系统中耗电量不大的设备。

5）使用灵活。USB 共有 4 种传输模式：控制传输、同步传输、中断传输和批量传输，以适应不同设备的需要。

3.3.3　远程 I/O 模块

远程 I/O 模块可安装在生产现场，就地完成 A-D 和 D-A 转换、I/O 操作，将现场的信号转换成数据信号，经远程通信线路传送给计算机进行处理。

因各模块均采用隔离技术，可方便地与通信网络互联，大大减少了现场接线的成本。目前的远程 I/O 模块采用 RS-485 标准总线，通信协议与模块的生产厂商有关，但都是采用面向字符的通信协议。

具体使用远程 I/O 模块时有几点要注意。一是使用前仔细核对工作电压，以免烧坏接口电路。二是要注意不要带电插拔模块，以防击穿接口电路。三是要注意与 CPU 速度的匹配。四是部分模块产品都附有相应的驱动程序，购买时要注意选择所需的带有相应语言接口的驱动程序和完整的产品连接附件等。

目前使用较多的远程 I/O 模块是牛顿模块。牛顿模块具有组态简单、采集的信号稳定、抗干扰能力强、编程容易等优点，它被广泛地应用于工厂、矿山、学校、车间等需要数据采集的场合。

图 3-27 是某型号远程 I/O 模块（牛顿模块）产品图。

每个单一的牛顿模块都是地址可编程的，它使用 01～FF 两位地址代码，因此，一条 RS-485 总线上可以同时使用 255 个牛顿模块。

牛顿模块种类很多，有模-数转换模块、数字量 I/O 模块、热电偶模块、热电阻测量模块、协议转换模块、协议中继模块、嵌入式控制模块和无线通信模块等。

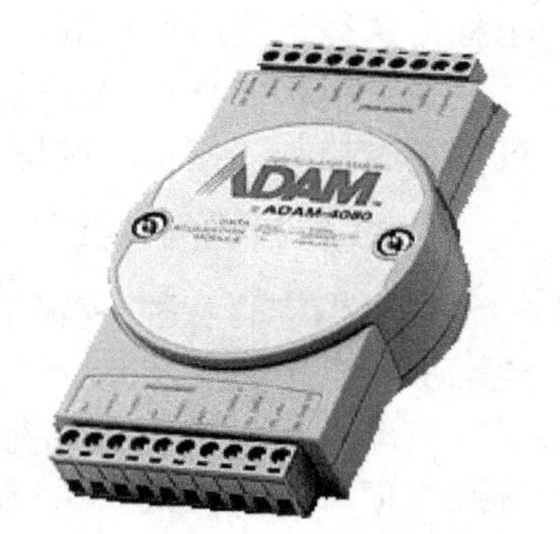

图 3-27　远程 I/O 模块产品图

正是模块的多样性，才使得构建系统时更加容易。实际上，在一般情况下用户不需要进行硬件开发，只是选择合适的模块和变送器就行了，软件可以通过组态实现，而对于特殊的需求则必须进行专项的软件开发。

远程 I/O 模块价格比较低，安装也比较简单，只需通过双绞线将其连接在 RS-485 总线上即可。

3.4 执行机构与驱动电路

对生产装置的控制通常是通过对执行机构进行控制来达到的。要想驱动执行机构，一般要在计算机输出装置与执行机构之间配置驱动电路。

图 3-28 表示了执行机构与驱动电路在计算机控制系统中的地位。

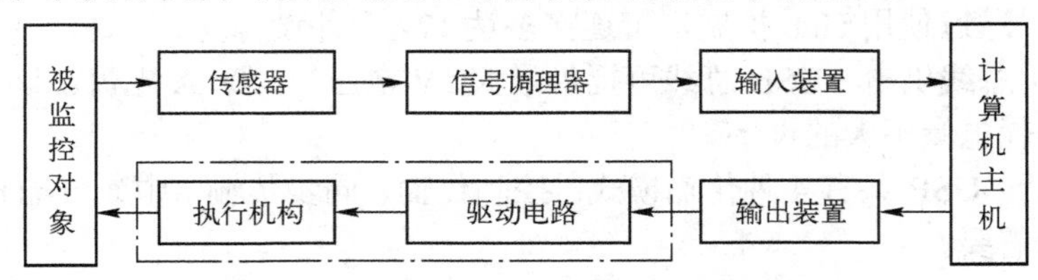

图 3-28 计算机控制系统中的执行机构与驱动电路

3.4.1 执行机构

1. 执行机构的作用

在计算机控制系统中，必须将经过采集、转换、处理的被控参量（或状态）与给定值（或事先安排好的动作顺序）进行比较，然后根据偏差来控制相关输出部件，达到自动调节被控量（或状态）的目的。

例如，在机床加工工业中，经常要控制电动机的正、反转及其转速，以完成进刀、退刀及走刀的任务；在雷达天线位置跟踪系统中，需要控制伺服阀油缸的位置；在各种温湿度控制系统中，经常需要控制阀门的开闭和开度，以控制液体和气体的流量；在机器人控制系统中，经常要控制各关节上伺服电动机的转动方向和速度；在程控交换系统和配料过程控制系统中，经常要控制继电器和接触器，以满足各种动作的需要等。

所有这些伺服电动机、电动机、阀门、继电器和接触器等输出部件，统称为执行机构，也称为执行装置或执行器。

执行机构的作用是接收计算机发出的控制信号，并把它转换成调整机构的动作，对生产过程实施控制，使生产过程按照预先规定的要求正常运行，即控制生产过程。

2. 执行机构的种类

执行机构有各种各样的形式，按所需能量的形式可分为气动执行机构、液压执行机构和电动执行机构。

气动执行机构具有结构简单、操作方便、价格低、输出推力大、防火防爆、动作可靠、维修方便等优点；液压执行机构具有输出功率大、能传送大转矩和较大推力、控制和调节简单，方便省力等优点，但由于结构复杂、价格较贵，故较少使用；电动执行机构具有体积小、种类多、使用方便、响应速度快、容易与计算机连接等优点，是工程上应用最多、使用最方便的一种执行器。

在系统设计中，需根据系统的要求来选择执行机构，例如对管道液体要实现连续的精确控制，必须选用气动或电动调节阀，而对于要求不高的控制系统可选用电磁阀。

执行机构是自动控制的最后一道环节，必须考虑环境要求、行程范围、驱动方式、调节介质、防爆等级等方面的因素。

计算机控制系统主要采用气动执行机构和电动执行机构，本章主要介绍电动执行机构。

（1）气动执行机构

以压缩空气为动力的执行机构称为气动执行机构。气动执行机构主要分为薄膜式与活塞式两大类。薄膜式气动执行机构应用最广。

气动执行机构适用于防火、防爆场合，因此广泛应用在化工、冶金、电力、纺织等工业部门。某气动执行机构产品如图 3-29 所示。

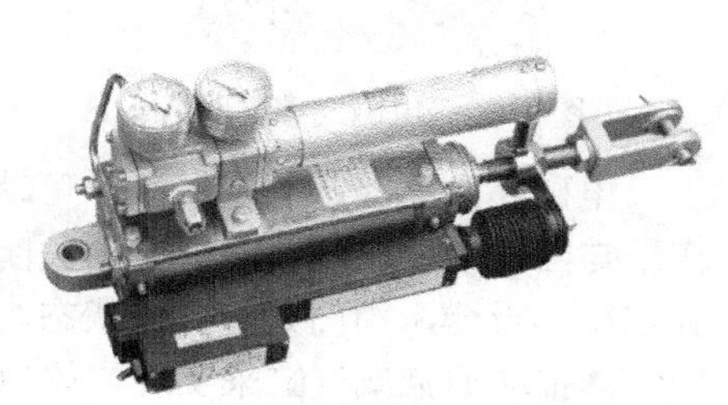

图 3-29　某气动执行机构产品图

气动执行机构与计算机的连接极为方便，只要将标准电信号经电-气转换器转换成标准的气压信号之后，即可与气动执行机构配套使用。

（2）电动执行机构

电动执行机构可直接接收来自工业控制机的输出信号，实现控制作用。

下面简单介绍几种常用的电动执行机构。

1）电磁式继电器。

它是一种用小电流的通断控制大电流通断的常用开关控制器件，主要由线圈、铁心、衔铁和触点四部分组成。

继电器的触点是与线圈分开的，通过控制继电器线圈上的电流可以使继电器上的触点断开，从而使外部高电压或大电流与微机隔离。

电磁式继电器线圈的驱动电源可以是直流的，也可以是交流的，电压规格也有很多种。输出触点的电流、电压也有很多种规格。电磁式继电器的线圈、触点可以使用各自独立的电源，两者之间相互绝缘，耐压可达千伏以上。

它还有很大的电流放大作用，因此，电磁式继电器是一种很好的开关量输出隔离及驱动器件。

它的不足之处是机械式触点动作时间较长，在开关瞬间触点容易产生火花，引起干扰，缩短使用寿命。图 3-30 所示为某型号电磁式继电器。

2）固态继电器。

固态继电器（Solid State Relay，SSR）利用电子技术实现了控制电路与负载电路之间的电隔离和信号耦合，虽然没有任何可动部件或触点，却能实现电磁式继电器的功能，故称为固态继电器。它实际上是一种带光电耦合器的无触点开关。

由于固态继电器输入控制电流小，输出无触点，所以与电磁式继电器相比，具有体积小、重量轻、无机械噪声、无抖动和回跳、开关速度快、工作可靠、寿命长等优点，因此，在微机控制系统中得到了广泛的应用，大有取代电磁式继电器之势。图 3-31 所示为某型号固态继电器。

根据结构形式的不同，固态继电器分为直流型固态继电器和交流型固态继电器两种。

3）电磁阀。

电磁阀是在气体或液体流动的管路中受电磁力控制开合的阀体，如图 3-32 所示。其广泛应用于液压机械、空调、热水器和自动机床等系统中。

图 3-30　电磁式继电器

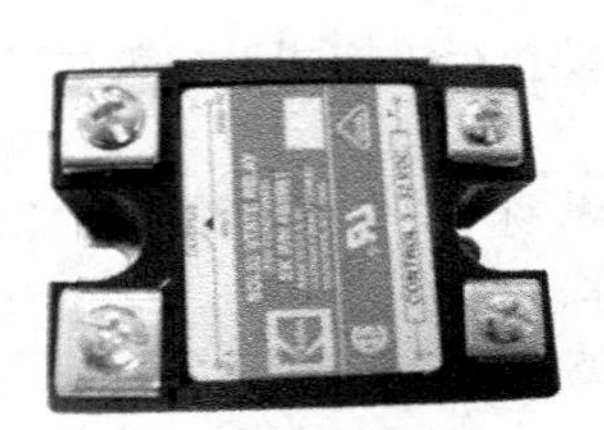

图 3-31　固态继电器

图 3-32　电磁阀

电磁阀由线圈、固定铁心、可动铁心和阀体等组成。当线圈不通电时，可动铁心受弹簧作用与固定铁心脱离，阀门处于关闭状态；当线圈通电时，可动铁心克服弹簧力的作用而与固定铁心吸合，阀门处于打开状态。这样，就控制了液体和气体的流动，再通过流动的液体或气体推动油缸或气缸来实现物体的机械运动。

电磁阀通常是处于关闭状态的，通电时才开启，以避免电磁铁长时间通电而发热烧毁。但也有例外，当电磁阀用于紧急切断时，则必须使其平常开启，通电时关闭。这种紧急切断用的电磁阀，其结构与普通电磁阀不同，使用时必须采取一些特殊措施。

电磁阀有交流和直流之分。交流电磁阀使用方便，但容易产生颤动，启动电流大，并会引起发热。直流电磁阀工作可靠，但需专门的直流电源，电压分 12V、24V 和 48V 三个等级。

4）调节阀。

调节阀是用电动机带动执行机构连续动作以控制开度大小的阀门，又称为电动阀，如图 3-33 所示。由于电动机行程可完成直线行程也可完成旋转的角度行程，所以有可以带动直线移动的调节阀如直通单座阀、直通双座阀、三通阀、隔膜阀和角形阀等，也有可以带动叶片旋转阀芯的蝶形阀。

根据流体力学的观点，调节阀是一个局部阻力可变的节流元件，通过改变阀芯的行程可改变调节阀的阻力系数，从而达到控制流量的目的。

5）伺服电动机。

伺服电动机也称为执行电动机，是控制系统中应用十分广泛的一类执行元件，如图 3-34 所示。它可以将输入的电压信号变换为轴上的角位移和角速度输出。在信号到来之前，转子静止不动；信号到来之后，转子立即转动；信号消失之后，转子又能即时自行停转。由于这种“伺服”性能，因而将这种控制性能较好、功率不大的电动机称作伺服电动机。

伺服电动机有直流和交流两大类。直流伺服电动机的输出功率常在 1～600W 范围内，往往用于功率较大的控制系统。交流伺服电动机的输出功率较小，一般在 0.1～100W 范围内，用于功率较小的控制系统。

6）步进电动机。

步进电动机是工业过程控制和仪器仪表中重要的控制元件之一，它是一种将电脉冲信号转换为直线位移或角位移的执行器，如图 3-35 所示。

步进电动机按其运动方式可分为旋转式步进电动机和直线式步进电动机，前者每输入一个电脉冲转换成一定的角位移，后者每输入一个电脉冲转换成一定的直线位移。由此可见，步进电动机的工作速度与电脉冲频率成正比，基本上不受电压、负载及环境条件变化的影响，与一般电动机相比能够提供较高精度的位移和速度控制。

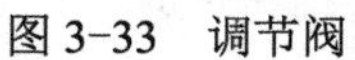

图 3-33　调节阀

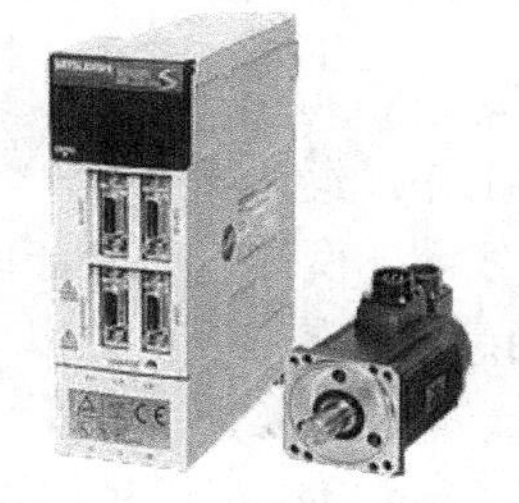

图 3-34　伺服电动机

图 3-35　步进电动机

此外，步进电动机还有快速起停的显著特点，并能直接接收来自计算机的数字量信号，且不需经过 D-A 转换，使用十分方便，所以在定位场合中得到了广泛的应用。如在数控线切割机床上用于带动丝杠，控制工作台运动；在绘图仪、打印机和光学仪器中用于定位绘图笔、打印头和光学镜头等。

3.4.2　驱动电路

就接口技术而言，执行机构的接口与一般输出设备的接口没什么两样，主要差别在于，要想驱动它们，一方面必须具有较大的输出功率，这就要求接口不仅能与 TTL、CMOS 等器件连接，而且能向执行机构提供大电流、高电压驱动信号，以带动其动作。

另一方面，由于各种执行机构的动作原理不尽相同，有的用电动，有的用气动或液压，因此如何使计算机输出的信号与之匹配，也是执行机构必须解决的重要问题。因此为了实现与执行机构的功率配合，一般都要在输出装置与执行机构之间增加驱动电路。

下面以电磁式继电器的驱动为例介绍执行机构的驱动电路。

电磁式继电器方式的开关量输出是一种最常用的输出方式，可以通过弱电控制外界交流或直流的高电压、大电流设备。

继电器驱动电路的设计要根据所用继电器线圈的吸合电压和电流而定，控制电流一定要大于继电器的吸合电流才能使继电器可靠地工作。

虽然继电器本身带有一定的隔离作用，但在与微型机接口时通常还是采用光电隔离器进行隔离，常用的接口驱动电路如图 3-36 所示。

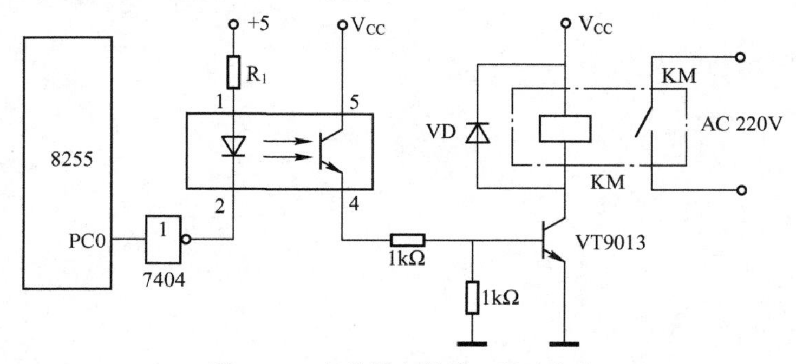

图 3-36　电磁继电器接口驱动电路

当开关量 PC0 输出为高电平时，经反相驱动器 7404 变为低电平，使光隔离器的光电二极管发光，从而使光电晶体管导通，同时使晶体管 VT9013 导通，因而使继电器 KM 的线圈通电，继电器常开触点 KM 闭合，使交流 220V 电源接通，从而驱动大型负荷设备；反之，当 PC0 输出低电压时，使 KM 断开。

图 3-36 中电阻 R1 为限流电阻，二极管 VD 的作用是保护晶体管 VT9013。当继电器 KM 吸合时，二极管 VD 截止，不影响电路工作。继电器释放时，由于继电器线圈存在电感，这时晶体管 VT9013 已经截止，所以会在线圈的两端产生较高的感应电压。此电压的极性为上负下正，正端接在晶体管的集电极上。当感应电压与 V_{CC} 之和大于晶体管 VT9013 的集电极反向电压时，晶体管 VT9013 有可能损坏。加入二极管 VD 后，继电器线圈产生的感应电流由二极管 VD 流过，因此，不会产生很高的感应电压，使晶体管 VT9013 得到保护。

习题与思考题

3-1 查阅文献或网络搜索，了解计算机主机（PC、IPC、PLC、单片机和智能仪表）的主要生产厂商及其产品的型号、结构、参数、特点及应用等。

3-2 查阅文献或网络搜索，了解各种传感器（电阻式、电容式、电感式、压电式、电磁式、光电式和热电式等）的主要生产厂商及其产品的型号、结构、参数、特点及应用等。

3-3 查阅文献或网络搜索，了解各种输入与输出装置（数据采集卡、USB 数据采集模块和远程 I/O 模块等）的主要生产厂商及其产品的型号、结构、参数、特点及应用等。

3-4 查阅文献或网络搜索，了解各种电动执行器（继电器、电磁阀、调节阀、伺服电动机和步进电动机等）的主要生产厂商及其产品的型号、结构、参数、特点及应用等。

3-5 查阅文献或网络搜索，了解当前国内外计算机控制领域主要的设备商。

警句互勉：

青春是有限的，智慧是无穷的，趁短暂的青春，去学习无穷的智慧。

——［苏联］高尔基

第4章 计算机控制系统的软件

在一个计算机控制系统中，除了硬件外，软件也是一个非常重要的部分（本章说的软件指控制系统的应用软件）。控制系统的硬件确定之后，控制系统的主要功能将依赖于软件来实现。

对同一个硬件系统，配以不同的软件，它所实现的功能也就不同，而且有些硬件功能常可以用软件来实现。

研制一个复杂的计算机控制系统，软件研制的工作量往往大于硬件，可以认为，计算机控制系统设计，很大程度上是软件设计，因此，设计人员必须掌握软件设计的基本方法和编程技术。

4.1 计算机控制系统应用软件

计算机控制系统应用软件是设计人员根据某一具体生产过程的控制对象、控制要求、控制任务，为实现高效、可靠、灵活的控制而自行编制的各种控制和管理程序。它主要实现企业对生产过程的实时控制和管理以及企业整体生产的管理控制，其性能直接影响控制系统的控制品质和管理水平。

4.1.1 控制系统应用软件的功能

1. 数据输入/输出功能

过程数据输入/输出是测控软件的基本功能之一。数据输入包括来自现场的各种数据转换值、读数值、状态值等，以及来自控制台的各种输入值（如设定值和报警限值等）。数据输出包括送往现场的控制量、控制逻辑信号以及送往控制台的各种指示信号。

即使是最简单的测控软件，也具备数据采集功能和参数报警功能。

2. 回路控制功能

回路控制是测控软件重要的功能之一。计算机测控系统的基本任务和周期性任务就是根据设定值与现场测量值获得偏差信号，由偏差信号经一定控制算法获得输出控制量，并将该控制量送往执行器，通过调节物料流量或能量，使控制对象的被控量逼近系统的目标值（设定值）。由于信号的输入、输出构成了一个环路，且控制过程是周期性的，因此称之为回路控制。一个系统有多少个控制点就有多少个控制回路，检测点的数目至少等于控制回路的数目。

3. 画面显示功能

不同的测控系统所要求的显示画面是不同的。但画面的种类大体包括总貌显示画面、棒图显示画面、细目显示画面、实时趋势画面、历史趋势画面、报警画面、回路控制画面、参数总表画面、操作记录画面、事故追忆画面及工艺流程画面等。

4. 报表功能

报表的种类是多种多样的，不同的测控系统、不同的用户对报表的格式有不同的要求。但根据报表的打印启动方式来看，主要有定时报表、随机报表和条件报表等。时报表、班报表、周报表、月报表及年报表均可视为定时报表，定时报表在定时时间到点时由系统自动打印输出。随机报表可由操作人员随时启动报表打印输出；条件报表则只有条件满足时由系统自动启动打印操作，如出现某个事故或报警信号时，自动打印有关数据。

5. 系统生成功能

专用的测控软件一般不具有系统生成功能，而一个通用的测控软件往往具有系统生成功能。系统生成功能即系统组态功能，主要包括数据库生成、历史数据库生成、图形生成、报表生成、顺序控制生成及连续控制生成等诸多子系统。

6. 通信功能

运行在单机控制系统的测控软件一般不具有通信功能，即使有通信功能，也只是为扩充系统所做的考虑。运行在多机系统的测控软件必须具有通信功能。多机控制系统往往又是二级或多级控制系统。

7. 其他功能

1）控制策略：为控制系统提供可供选择的控制策略方案。

2）数据存储：存储历史数据并支持历史数据的查询。

3）系统保护：自诊断、断电处理、备用通道切换和为提高系统可靠性、维护性采取的措施。

4）数据共享：具有与第三方程序的接口，方便数据共享。

注意，并非每项功能都是任何测控软件所必需的，有的测控软件可能只需要其中的几项功能。

4.1.2 控制系统应用软件的功能模块

目前，在计算机控制系统中，控制软件除控制生产过程之外，还对生产过程实现管理。根据控制软件的功能，一个工业控制软件应包含以下几个主要模块：

1. 数据采集及处理模块

实时数据采集程序主要完成多路信号（包括模拟量、开关量、数字量和脉冲量）的采样、输入变换、存储等。数据处理程序包括：

数字滤波程序，用来滤除干扰造成的错误数据或不宜使用的数据；

线性化处理程序，对检测元件或变送器的非线性用软件补偿；

标度变换程序，把采集到的数字量转换成操作人员所熟悉的工程量；

数字量信号采集与处理程序，对数字输入信号进行采集及码制之间的转换等；

脉冲信号处理程序，对输入的脉冲信号进行电平高、低的判断和计数；

开关量信号处理程序，判断开关信号输入状态的变化情况，如果发生变化，则执行相应的处理程序；

数据可靠性检查程序，用来检查是可靠输入数据还是故障数据。

2．控制模块

控制算法程序是计算机控制系统中的一个核心程序模块，主要实现所选控制规律的计算，产生对应的控制量。它主要实现对系统的调节和控制，根据各种各样的控制算法和千差万别的被控对象的具体情况来编写。控制程序的主要目标是满足系统的性能指标。

常用的控制程序有数字式 PID 调节控制程序、最优控制算法程序、顺序控制及插补运算程序等。还有运行参数设置程序，对控制系统的运行参数进行设置。运行参数有采样通道号、采样点数、采样周期、信号量程范围、放大器增益系数、工程单位等。

3．监控报警模块

监控报警模块的功能：将采样读入的数据或经计算机处理后的数据进行显示或打印，以便实现对某些物理量的监视；根据控制策略，判断是否超出工艺参数的范围，计算机要加以判别，如果超越了限定值，就需要由计算机或操作人员采取相应的措施，实时地对执行机构发出控制信号，完成控制，或输出其他有关信号，如报警信号等，确保生产的安全。

4．系统管理模块

该模块首先用来将各个功能模块程序组织成一个程序系统，并管理和调用各个功能模块程序；其次用来管理数据文件的存储和输出。系统管理模块一般以文字菜单和图形菜单的人-机界面技术来组织、管理和运行系统程序。

5．数据管理模块

该模块用于生产管理部分，主要包括变化趋势分析、报警记录、统计报表、打印输出、数据操作、生产调度及库存管理等程序。

6．人-机交互模块

人-机交互模块分为两部分：人机对话程序，包括显示、键盘和指示等程序；画面显示程序，包括用图、表及曲线在计算机屏幕上形象地反映生产状况的远程监控程序等。

7．数据通信模块

数据通信模块，用于完成计算机与计算机之间、计算机与智能设备之间信息的传递和交换。它的主要功能有：设置数据传送的波特率（速率）；上位机向下位机（数据采集站）发送指令，命令相应的下位机传送数据；上位机接收下位机传送来的数据。

4.1.3　控制系统应用软件的开发工具

计算机控制系统结构可分为两层，即 I/O 控制层和操作控制层。I/O 控制层主要完成对过程现场 I/O 处理并实现直接数字量控制；操作控制层则实现一些与运行操作有关的人机界面功能。与之有关的控制软件编写常采用以下 3 种开发工具：一是采用机器语言、汇编语言等面向机器的低级语言；二是采用 C、Visual Basic 和 C++等高级语言；三是采用监控组态软件。

1．面向机器的低级语言

机器语言是一种 CPU 指令系统，也称为 CPU 的机器语言，它是 CPU 可以识别的一组由 0 和 1 序列构成的指令码。用机器语言编制程序，就是从所使用的 CPU 的指令系统中挑选合适的指令，组成一个指令序列。这种程序可以被机器直接理解并执行，速度很快，但由于它们不直观、难记、难以理解、不易查错、开发周期长，因此现在只有专业人员在编制对于执行速度有很高要求的程序时才采用。

为了降低编程者的劳动强度，人们使用一些帮助记忆的符号来代替机器语言中的0、1指令，使得编程效率和质量都有了很大的提高。由这些助记符号组成的指令系统，称为汇编语言。

汇编语言指令与机器语言指令基本上是一一对应的。因为这些助记符号不能被机器直接识别，所以汇编语言程序必须被编译成机器语言程序才能被机器理解和执行。

汇编语言与机器语言都因 CPU 的不同而不同，所以统称为“面向机器的语言”。使用这类语言，可以编出效率极高的程序，但对程序设计人员的要求也很高。他们不仅要考虑编程思路，还要熟悉机器的内部结构，所以一般人很难掌握这类程序设计语言。

用汇编语言编写的程序代码针对性强，代码长度短，程序执行速度快，实时性强，要求的硬件也少，但编程烦琐，工作量大，调试困难，开发周期长，通用性差，不便于交流推广。

在计算机发展过程的早期，应用软件的开发大多采用汇编语言。在工业过程控制系统中，目前仍大量应用汇编语言编制应用软件。

2．高级语言

摆脱了硬件束缚的程序设计语言被统称为高级语言。使用高级编程语言，程序设计者可以不关心机器的内部结构甚至工作原理，把主要精力集中在解决问题的思路和方法上。这类高级语言的出现是计算机技术发展的里程碑，它大大地提高了编程效率，使人们能够开发出越来越大、功能越来越强的程序。

随着计算机技术的进一步发展，特别是像 Windows 这样具有图形用户界面的操作系统的广泛使用，人们又形成了一种面向对象的程序设计思想。采用了面向对象思想的程序设计语言就是面向对象的程序设计语言，当前使用较多的面向对象的语言有 C、Visual Basic、C++和 Java 等。

高级语言通用性好，编程容易，功能多，数据运算和处理能力强，但实时性相对差些。

由于计算机技术的发展，工业控制计算机的基本系统逐渐与广泛使用的个人计算机兼容，而各种高级语言也都有各种 I/O 接口操作语句，并具有对内存直接存取的功能。这样，就有可能用高级语言来编写需要进行许多 I/O 接口操作的工业控制系统的应用程序。

汇编语言和高级语言各有其优点和局限性。在程序设计中，应发挥汇编语言实时功能强、高级语言运算能力强的优点，所以在应用软件设计中，一般采用高级语言与汇编语言混合编程的方法，即用高级语言编写数据处理、数据管理、图形绘制、显示、打印、网络管理等程序；用汇编语言编写时钟管理、中断管理、输入/输出、数据通信等实时性强的程序。

3．组态软件

随着工业自动化水平的迅速提高，计算机在工业领域的广泛应用，人们对工业自动化的要求也越来越高，种类繁多的控制设备和过程监控装置在工业领域的应用，使得传统的工业控制软件已无法满足用户的各种需求。

在开发传统的工业控制软件时，当工业被控对象一旦有变动，就必须修改其控制系统的源程序，导致其开发周期长；已开发成功的工控软件又由于每个控制项目的不同而使其重复使用率很低，导致它的价格非常昂贵；在修改工控软件的源程序时，倘若原来的编程人员因工作变动而离去时，则必须由其他人员或新手进行源程序的修改，因而难度很大。

监控组态软件的出现为解决上述实际工程问题提供了一种崭新的方法，因为它能够很好地解决传统工业控制软件存在的种种问题，使用户能根据自己的控制对象和控制目的任意组态，完成最终的自动化控制工程。

组态软件是一种针对控制系统而设计的面向问题的开发软件，它为用户提供了众多的功能模块，例如控制算法模块（如 PID）、运算模块（如四则运算、开方、最大/最小值选择、一阶惯性、超前滞后、工程量变换、上下限报警等数十种）、计数/计时模块、逻辑运算模块、输入模块、输出模块、打印模块、显示模块等。系统设计者只需根据控制要求，选择所需的模块就能十分方便地生成系统控制软件。

在软件技术飞速发展的今天，各种软件开发工具琳琅满目，每种开发语言都有其各自的长处和短处。在设计控制系统的应用程序时，究竟选择哪种开发工具，还是几种软件混合使用，这要根据被控对象的特点、控制任务的要求以及所具备的条件而定。

4.2 组态软件

由于组态软件都是由专门的软件开发人员按照软件工程的规范来开发的，使用前又经过了比较长时间的工程运行考验，其质量是有充分保证的。因此，只要开发成本允许，采用组态软件是一种比较稳妥、快速和可靠的办法。

4.2.1 组态软件的含义与特点

1. 组态软件的含义

在使用工控软件时，人们经常提到“组态”一词。与硬件生产相对照，组态与组装类似。如要组装一台计算机，事先提供了各种型号的主板、机箱、电源、CPU、显示器、硬盘及光驱等，我们的工作就是用这些部件拼凑成自己需要的计算机。当然软件中的组态要比硬件的组装有更大的发挥空间，它一般比硬件中的“部件”更多，而且每个“部件”都很灵活，因为软件都有内部属性，通过改变属性可以改变其规格（如大小、形状和颜色等）。

组态（configuration）有设置、配置等含义，就是模块的任意组合。在软件领域，是指操作人员根据应用对象及控制任务的要求，配置用户应用软件的过程（包括对象的定义、制作和编辑、对象状态特征属性参数的设定等），即使用软件工具对计算机或软件的各种资源进行配置，达到让计算机或软件按照预先设置自动执行特定任务、满足使用者要求的目的，也就是把组态软件视为“应用程序生成器”。

组态软件更确切的称呼是人机界面（Human Machine Interface，HMI）/监控与数据采集（Supervisory Control And Data Acquisition，SCADA）软件。组态软件最早出现时，实现 HMI 和控制功能是其主要内涵，即主要解决人机图形界面和计算机数字量控制问题。

2. 组态软件的特点

在组态软件出现之前，工控领域的用户通过手工或委托第三方编写 HMI 应用程序，开发时间长、效率低、可靠性差；或者购买专用的工控系统，通常是封闭的系统，选择余地小，往往不能满足需求，很难与外界进行数据交互，升级和增加功能都受到严重的限制。

组态软件的出现，把用户从这些困境中解脱出来，用户可以利用组态软件的功能，构建一套最适合自己的应用系统。

采用组态技术构成的计算机控制系统在硬件设计上，除采用工业 PC 外，系统大量采用各种成熟、通用的 I/O 接口设备和现场设备，基本不再需要单独进行具体电路设计。这不仅节约了硬件开发时间，更提高了工控系统的可靠性。

组态软件实际上是一个专为工业控制开发的工具软件。它为用户提供了多种通用工具模块，用户不需要掌握太多的编程语言技术（甚至不需要编程技术），就能很好地完成一个复杂工程所要求的所有功能。

系统设计人员可以把更多的注意力集中在如何选择最优的控制方法，设计合理的控制系统结构，选择合适的控制算法等这些提高控制品质的关键问题上。另外，从管理的角度来看，用组态软件开发的系统具有与 Windows 系统一致的图形化操作界面，非常便于生产的组织与管理。

组态软件是标准化、规模化、商品化的通用工业控制开发软件，只需进行标准功能模块的软件组态和简单的编程，就可设计出标准化、专业化、通用性强、可靠性高的上位机人机界面控制程序，且工作量较小，开发调试周期短，对程序设计员要求也较低，因此，控制组态软件是性能优良的软件产品，已成为开发上位机控制程序的主流开发工具。

4.2.2 组态软件的使用步骤

组态软件通过 I/O 驱动程序从现场 I/O 设备获得实时数据，对数据进行必要的加工后，一方面以图形方式直观地显示在屏幕上；另一方面按照组态要求和操作人员的指令将控制数据送给 I/O 设备，对执行机构实施控制或调整控制参数。具体的工程应用时必须经过完整、详细的组态设计，组态软件才能够正常工作。

下面列出组态软件的使用步骤。

1）将所有 I/O 点的参数收集齐全，并填写表格，以备在控制组态软件和控制、检测设备上组态时使用。

2）搞清楚所使用的 I/O 设备的生产商、种类、型号，使用的通信接口类型，采用的通信协议，以便在定义 I/O 设备时做出准确选择。

3）将所有 I/O 点的 I/O 标识收集齐全，并填写表格，I/O 标识是唯一地用来确定一个 I/O 点的关键字，组态软件通过向 I/O 设备发出 I/O 标识来请求对应的数据。在大多数情况下，I/O 标识是 I/O 点的地址或位号名称。

4）根据工艺过程绘制、设计画面结构和画面草图。

5）按照第 1）步统计出的表格，建立实时数据库，正确组态各种变量参数。

6）根据第 1）步和第 3）步的统计结果，在实时数据库中建立实时数据库变量与 I/O 点的一一对应关系，即定义数据连接。

7）根据第 4）步的画面结构和画面草图，组态每一幅静态的操作画面。

8）将操作画面中的图形对象与实时数据库变量建立动画连接关系，规定动画属性和幅度。

9）对组态内容进行分段和总体调试。

10）系统投入运行。

在一个自动控制系统中，投入运行的控制组态软件是系统的数据收集处理中心、远程监视中心和数据转发中心，处于运行状态的控制组态软件与各种控制、检测设备（如 PLC、智能仪表、分布式控制系统等）共同构成快速响应的控制中心。控制方案和算法一般在设备上组态并执行，也可以在 PC 上组态，然后下装到设备中执行，根据设备的具体要求而定。

监控组态软件投入运行后，操作人员可以在它的支持下完成以下 6 项任务。

1）查看生产现场的实时数据及流程画面。

2）自动打印各种实时/历史生产报表。

3）自由浏览各个实时/历史趋势画面。

4）及时得到并处理各种过程报警和系统报警。

5）在需要时，人为干预生产过程，修改生产过程参数和状态。

6）与管理部门的计算机联网，为管理部门提供生产实时数据。

4.2.3　组态软件的组建过程

组态软件的组建过程可分为如下 6 个方面：

1．工程项目系统分析

首先要了解控制系统的构成和工艺流程，弄清被控对象的特征，明确技术要求。然后在此基础上进行工程的整体规划，包括系统应实现哪些功能，控制流程如何，需要什么样的用户窗口界面，实现何种动画效果以及如何在实时数据库中定义数据变量。

2．设计用户操作菜单

在系统运行的过程中，为了便于画面的切换和变量的提取，通常应由用户根据实际需要建立自己的菜单方便用户操作。例如，制作按钮来执行某些命令或通过其输入数据给某些变量等。

3．画面设计与编辑

画面设计分为画面建立、画面编辑和动画编辑与连接几个步骤。画面由用户根据实际需要编辑制作，然后将画面与已定义的变量关联起来，以便运行时使画面上的内容随变量变化。用户可以利用组态软件提供的绘图工具进行画面的编辑制作，也可以通过程序命令即脚本程序来实现。

4．编写程序进行调试

用户程序编写好后，要进行在线调试。在实际调试前，先借助于一些模拟手段进行初调，通过对现场数据进行模拟来检查动画效果和控制流程是否正确。

5．连接设备驱动程序

利用组态软件编写好的程序要实现和外围设备的连接，在进行连接前，要装入正确的设备驱动程序和定义彼此间的通信协议。

6．综合测试

对系统进行整体调试，经验收后方可投入试运行，在运行过程中发现问题要及时完善系统设计。

4.2.4 组态软件的类型

随着社会对计算机控制系统需求的日益增大，组态软件已经形成了一个不小的产业。现在市面上已经出现了各种不同类型的组态软件。按照使用对象来分类，可以将组态软件分为两类：一类是专用的组态软件，另一类是通用的组态软件。

专用的组态软件主要是由一些集散控制系统厂商和PLC厂商专门为自己的系统开发的，例如Honeywell公司、Schneider公司、Rockwell公司、SIEMENS公司、GE公司的组态软件。

通用组态软件并不特别针对某一类特定的系统，开发者可以根据需要选择合适的软件和硬件来构成自己的计算机控制系统。

如果开发者在选择了通用组态软件后，发现其无法驱动自己选择的硬件，可以提供该硬件的通信协议，请组态软件的开发商来开发相应的驱动程序。

通用组态软件目前发展很快，也是市场潜力很大的产业。国外的组态软件有：Fix/iFix、InTouch、Citech、Lookout、TraceMode和Wizcon等。国产的组态软件有：Kingview、MCGS、Force Control和FameView等。

本书选用昆仑通态的MCGS组态软件作为计算机控制系统的开发软件。

MCGS是一套用于快速构造和生成计算机监控系统的组态软件，它能够在Microsoft的各种Windows平台上运行，通过对现场数据的采集和处理，以动画显示、报警处理、流程控制和报表输出等多种方式向用户提供实际工程问题的解决方案。它充分利用了Windows图形功能完备、界面一致性好、操作简便、易学易用的特点，比以往使用专用机开发的工业控制系统更具有通用性，在自动化领域有着更广泛的应用。

习题与思考题

4-1 计算机操作系统有哪些功能？

4-2 计算机操作系统有哪些种类？

4-3 计算机控制系统采用的操作系统有什么特点？

4-4 组态软件有哪些功能？

4-5 组态软件有哪些常用的组态方式？

4-6 查阅文献或网络搜索，了解常用的组态软件特点及其应用。

4-7 在计算机控制系统中采用数据库的意义是什么？

4-8 计算机控制系统应用软件的设计方法有哪些？

4-9 查阅文献，了解计算机控制系统设计中采用的现代软件技术。

警句互勉：

死记硬背可以学到科学，但学不到智慧。

——［英国］劳伦斯·斯特恩

第5章 计算机控制系统设计与调试

计算机控制系统的设计既是一个理论问题，也是一个实际工程问题；既有技术性问题，又有经济性问题。它涉及自动控制理论、计算机技术、检测技术及仪表、通信技术、电气电工、电子技术、工艺设备等内容。

对于不同的被控对象和控制要求，相应的设计和开发方法都不会完全一样。例如，对于小型系统，可能无论是硬件还是软件均由用户自己设计和开发；而对于大中型系统，用户可以选择市场上已有的各种硬件和软件产品，经过相对简单的二次开发后，组装成一个计算机控制系统；有时用户也可以委托第三方进行设计和开发。

5.1 设计原则和步骤

5.1.1 设计原则

不同的被控对象或被控生产过程，其控制系统的设计方案和具体的技术性能指标不同，有的甚至相差很大，但在系统设计和实施过程中，有一些共同的原则还是必须遵守的。

1. 满足工艺要求

在设计计算机控制系统时，首先应满足生产过程所提出的各种要求及性能指标。因为计算机控制系统是为生产过程自动化服务的，因此设计之前必须对工艺过程有一定的了解，系统设计人员应该和工艺人员密切沟通，才能设计出符合生产工艺要求和性能指标的控制系统。设计的控制系统所达到的性能指标不应低于生产工艺要求，但片面追求过高的性能指标而忽视设计成本和实现上的可能性也是不可取的。

2. 可靠性要高

系统的可靠性是指系统在规定的条件下和规定的时间内完成规定功能的能力。在现代生产和管理中，计算机控制系统起着非常重要的作用，其安全性和可靠性直接影响到生产过程连续、优质、经济的运行。

计算机控制系统通常都是工作在比较恶劣的环境之中，各种干扰会对系统的正常工作产生影响，各种环境因素（如粉尘、潮湿、振动等）也是对系统的考验。而计算机控制系统所控制的对象往往都是比较重要的，一旦发生故障，轻则影响生产，造成产品质量不合格，带来经济损失；重则会造成重大的人身伤亡事故，产生重大的社会影响。甚至可能因连锁反应而导致整个生产线的失控，所造成的损失将远远超过计算机控制系统本身。

所以，计算机控制系统的设计总是应当将系统的可靠性放在第一位，以保证生产安全、可靠和稳定地运行。

为了确保计算机控制系统的高可靠性，在设计过程中应采取各种有利于系统安全可靠的技术措施和方案。

3. 操作性能要好

一个好的计算机控制系统其人机界面友好，方便操作、运行，易于维护。

操作方便主要体现在操作简单，显示画面形象直观，有较强的人机对话能力，便于掌握。在考虑操作先进性的同时，设计时要真正做到以人为本，尽可能地为使用者考虑，兼顾操作人员的习惯，降低对操作人员专业知识的要求，使他们能在较短时间内熟悉和掌握操作方法，不要强求操作人员掌握计算机知识后才能操作。

维护方便主要体现在易于查找故障、排除故障。为此，需要在硬件和软件设计中综合考虑。在硬件方面，宜采用标准的功能模块式结构，便于及时查找并更换故障模板；在软件方面，设置检测、诊断与恢复程序，用于故障查找和处理。

4. 实时性要强

计算机控制系统的实时性表现在对内部和外部事件能及时响应，并做出相应的处理，不丢失信息，不延误操作。计算机处理的事件一般分为两类：一类是定时事件，如数据的定时采集和运算控制等，对此系统应设置时钟，保证定时处理；另一类是随机事件，如事故报警等，对此系统应设置中断，并根据故障的轻重缓急预先分配中断级别，一旦事故发生，保证优先处理紧急故障。

5. 通用性要好

通用性是指所设计出的计算机控制系统能根据不同设备和不同控制对象的控制要求，灵活扩充、便于修改。工业控制的对象千差万别，而计算机控制系统的研制开发又需要有一定的投资和周期。

一般来说，不可能为一台装置或一个生产过程研制一台专用计算机，常常是设计或选用通用性好的计算机控制装置灵活地构成系统。当设备和控制对象有所变更时，或者再设计另外一套控制系统时，通用性好的系统一般稍做更改或扩充就可适应。

计算机控制系统的通用灵活性体现在两方面：一是硬件设计方面，首先应采用标准总线结构，配置各种通用的功能模板或功能模块，并留有一定的冗余，当需要扩充时，只需增加相应功能的通道或模板就能实现；二是软件方面，应采用标准模块结构，用户使用时尽量不进行二次开发，只需按要求选择各种功能模块，灵活地进行控制系统组态。

6. 经济效益要好

在满足计算机控制系统的技术性能指标的前提下，尽可能地降低成本，保证为用户带来更大的经济效益。经济效益表现在两方面：一是系统设计的性能价格比要尽可能高，在满足设计要求的情况下，尽量采用物美价廉的元器件；二是投入产出比要尽可能低，应该从提高生产的产品质量与产量、降低能耗、消除污染、改善劳动条件等方面进行综合评估。另外，要有市场竞争意识，尽量缩短开发设计周期，以降低整个系统的开发费用，使新产品尽快进入市场。

7. 开发周期要短

如果计算机控制系统的开发时间太长，会使用户无法尽快地收回投资，影响了经济效益。而且，由于计算机技术发展非常快，只要几年的时间原有的技术就会变得过时。设计与开发时间过长，等于缩短了系统的使用寿命。因此，在设计时，应该尽可能使用成熟的技术，对于关键的元器件或软件，不是万不得已就不要自行开发。

5.1.2　设计与实施步骤

计算机控制系统的设计与开发基本上是由 6 个阶段组成的，即可行性研究、初步设计、详细设计、系统实施、系统调试（测试）和系统运行。

1. 可行性研究阶段

开发者要根据被控对象的具体情况，按照企业的经济能力、未来系统运行后可能产生的经济效益、企业的管理要求、人员的素质、系统运行的成本等多种要素进行分析。可行性分析的结果最终是要确定：使用计算机控制技术能否给企业带来一定经济效益和社会效益。这里要指出的是，不顾企业的经济能力和技术水平而盲目地采用最先进的设备是不可取的。

2. 初步设计阶段

初步设计阶段也可以称为总体设计阶段。系统的总体设计是进入实质性设计阶段的第一步，也是最重要和最关键的一步。总体方案的好坏会直接影响整个计算机控制系统的成本、性能、设计和开发周期等。

在这个阶段，首先要进行比较深入的工艺调研，对被控对象的工艺流程有一个基本的了解，包括要控制的工艺参数的大致数目和控制要求、控制的地理范围的大小、操作的基本要求等。然后初步确定未来控制系统要完成的任务，写出设计任务说明书，提出系统的控制方案，画出系统组成的原理框图，作为进一步设计的基本依据。

3. 详细设计阶段

详细设计是将总体设计具体化。首先要进行详尽的工艺调研，然后选择相应的传感器、变送器、执行器、I/O 通道装置、进行计算机系统的硬件和软件的设计。对于不同类型的设计任务，则要完成不同类型的工作。

如果是小型的计算机控制系统，硬件和软件都是自己设计和开发。此时，硬件的设计包括电气原理图的绘制、元器件的选择、印制电路板的绘制与制作；软件的设计则包括工艺流程图的绘制、程序流程图的编制、将一个个模块编写成对应的程序等。

4. 系统实施阶段

要完成各个元器件的制作、购买、安装；进行软件的安装和组态以及各个子系统之间的连接等工作。

5. 系统调试（测试）阶段

通过整机的调试，发现问题，及时修改，例如检查各个元部件安装是否正确，并对其特性进行检查或测试；检验系统的抗干扰能力等。调试成功后，还要进行烤机运行，其目的是通过连续不停机的运行来暴露问题和解决问题。

6. 系统运行阶段

该阶段占据了系统生命周期的大部分时间，系统的价值也是在这一阶段中得到体现。在这一阶段应该有高素质的使用人员，并且严格按照章程进行操作，尽可能减少故障的发生。

当然，这 6 个阶段的发展并不是完全按照直线顺序进行的，在任何一个阶段出现了新问题后，都可能要返回到前面的阶段进行修改。

5.2 总体方案设计

确定计算机控制系统总体方案是进行系统设计关键的一步。总体方案的好坏，直接影响到整个控制系统的成本、性能、实施细则和开发周期等。总体方案的设计主要是根据被控对象的工艺要求确定。

为了设计出一个切实可行的总体方案与实施方案，设计者必须深入了解生产过程，分析工艺流程及工作环境，熟悉工艺要求，确定系统的控制目标与任务。尽管被控对象多种多样，工艺要求各不相同，但在总体方案设计中还是有一定共性的。

5.2.1 工艺调研和任务确定

总体设计的第一步是进行深入的工艺调研和现场环境调研，明确系统功能需求，确定系统所要完成的具体任务，然后按一定规范、标准和格式，对控制任务和过程进行描述，形成设计任务书，作为整个控制系统设计的依据。

1. 调研的任务

经过调研要完成如下几个方面的任务：

1）掌握系统的规模。要明确控制的范围是一台设备、一个工段、一个车间，还是整个企业。

2）熟悉工艺流程，并用图形和文字的方式对其进行描述。

3）初步明确控制的任务。要了解生产工艺对控制的基本要求。要掌握控制的任务是要保持工艺过程稳定，还是要实现工艺过程的优化。要掌握被控制的参量之间关联是否比较紧密，是否需要建立被控制对象的数学模型，是否存在比较大的滞后、非线性以及随机干扰等复杂现象。

4）初步确定 I/O 的数目和类型。通过调研掌握哪些参量需要检测、哪些参量需要控制以及这些参量的类型。

5）掌握现场的电源情况（如是否经常波动，是否经常停电，是否含有较多谐波）和其他情况（如振动、温度、湿度、粉尘和电磁干扰等）。

2. 形成调研报告和初步方案

在完成了调研后，可以着手撰写调研报告，并在调研报告的基础上草拟出初步方案。如果系统不是特别复杂，也可以将调研报告和初步方案合二为一。

在对初步方案进行讨论时，往往会发现一些新问题或是不清楚之处，此时，需要再次调研，然后对原有方案进行修改。一般来说，在工艺调研、方案修改、方案讨论之间往往需要多个循环方能确定最后的总体设计方案。在这个过程中，如果系统开发者对计算机监控技术与自动控制技术的发展现状以及市场情况还不是很清楚的话，同样需要对其进行详细的调研。

3．形成总体设计技术报告

在经过多次的调研和论证后可以形成总体设计技术报告。它包含如下内容：

1）工艺流程的描述。可以用文字和图形的方式来描述。如果是流程型的被控制对象，则可以在确定了控制算法后画出带控制点的工艺流程图（又称为工艺控制流程图）。

2）功能描述。用于描述未来计算机控制系统应具有的功能，并在一定的程度上进行分解，然后设计相应的子系统。在此过程中，可能要对硬件和软件的功能进行分配与协调。对于一些特殊的功能，可能要采用专用的设备来实现。例如，发电机的励磁控制可以采用专用的励磁控制器。

3）结构描述。用于描述未来计算机控制系统的结构，确定其是采用开环控制还是闭环控制，是采用单回路还是多回路控制，进而确定出整个系统是采用直接数字控制、计算机监督控制，还是集散控制、现场总线控制等。

如果采用分布式控制，则对于网络的层次结构的描述，可以详细到每一台主机、控制节点、通信节点和 I/O 设备。可以用结构图的方式对系统的结构进行描述，用箭头来表示信息的流向。

4）控制算法的确定。

如果各个被控参量之间关联不是十分紧密，可以分别采用单回路控制，否则，就要考虑采用多变量控制算法。如果被控制对象的数学模型不是很清楚，但也不是很复杂，则不必建立数学模型。

如果被控制对象十分复杂，存在比较大的滞后、非线性以及随机干扰，则要采用控制算法。一般来说，尽可能多地了解被控制对象的情况，或建立尽可能准确反映被控制对象特性的数学模型，对于提高控制质量是有益处的。

5）I/O 变量总体描述。I/O 变量总体描述可以采用表格的方式进行。

5.2.2　系统总体方案设计

在确定总体方案时，应在工艺技术人员的配合下，从合理性、经济性及可行性等方面反复论证，仔细斟酌。经论证可行的总体方案，要形成文档，并建立完整的总体方案文档资料，这是系统具体设计的依据。

1．建立总体方案文档

总体方案文档应包括以下内容：

1）系统的主要功能、技术指标、原理性框图及文字说明。

2）控制策略与算法。

3）系统的硬件结构与配置。

4）主要软件平台、软件结构及功能、软件结构框图。

5）方案的比较与选择。

6）抗干扰措施与可靠性设计。

7）机柜或机箱的结构与外形设计。

8）经费和进度计划的安排。

9）对现场条件的要求等。

总之，系统的总体方案反映了整个系统的综合情况，要从正确性、可行性、先进性、可用性和经济性等角度来评价系统的总体方案。

只有拟定的总体方案能满足上述基本要求后，设计好的目标系统才有可能符合这样的基本要求。总体方案通过之后，才能为各子系统的设计与开发提供一个指导性的文件。

2. 划分系统硬件和软件功能

在确定系统总体方案时，对系统的软件、硬件功能的划分要做统一的综合考虑，因为一些控制功能既能由硬件实现，也可用软件实现，如计数、逻辑控制等。

采用何种方式比较合适，应根据实时性要求及整个系统的性能价格比综合比较后确定。

一般的原则是在实时性满足的情况下或要求成本较低时，尽量采用软件实现；如果系统要求实时性比较高，控制回路比较多，某些软件设计比较困难时，而用硬件实现比较简单，且系统的批量又不大的话，则可考虑用硬件完成。

用硬件实现一些功能的好处是可以改善性能，加快工作速度，但系统硬件电路比较复杂，要增加部件成本，而用软件实现可降低成本，增加灵活性，但要占用主机更多的时间。一般的考虑原则是视控制系统的应用环境与今后的生产数量而定。

对于今后能批量生产的系统，为了降低成本，提高产品竞争力，在满足指定功能的前提下，应尽量减少硬件，多用软件来完成相应的功能。虽然在研制时可能要花费较多的时间或经费，但大批量生产后就可降低成本。由于整个系统的部件数减少，相应系统的可靠性也能得以提高。

硬件和软件密切配合，相互间是不可分割的。在选购或研制硬件时要有软件设计的总体构思，在具体设计软件时要了解清楚硬件的性能和特点。

3. 编制功能测试规范

作为总体方案的一部分，设计者还应提供对各子系统功能检测的一些测试依据或标准。对于较大的系统，还要编制专门的测试规范。

当各子系统完成设计后还要进行系统综合测试，所以需要编制一些专门的测试程序和测试数据生成程序。这些程序的编制依据，很大一部分是取自总体设计书中提供的测试标准。测试标准也为系统的测试和验收提供了依据。

在进行系统测试之前，设计单位和使用单位要根据合同和功能规范要求制定系统测试和验收方案，便于在验收时双方能据此逐项测试和考核，决定系统是否最终予以接受和交付使用。

在完成系统总体设计的同时，制定好完备的功能检测规范，既有利于系统的集成、测试和联调，也有利于系统交付使用前的验收测试。

5.2.3 硬件总体方案设计

硬件总体方案设计主要包括：确定系统的结构和类型、系统的构成方式、现场设备的选择、人机联系方式、系统的机柜或机箱结构设计、抗干扰措施等。

1. 确定系统的结构和类型

根据系统要求，确定采用开环还是闭环控制。闭环控制还需进一步确定是单闭环还是多闭环控制。实际可供选择的控制系统类型有：数据采集系统（DAS）、直接数字控制系统（DDC）、监督控制系统（SCC）、集散控制系统（DCS）、现场总线控制系统（FCS）等。

2．确定系统的构成方式

确定系统的构成方式主要是选择机型。目前可供选择的工业控制计算机产品有 PLC、工控机、单片机、可编程序调节器和智能仪表等。

一般应优先考虑选择工控机来构成系统的方式。工控机具有系列化、模块化、标准化和开放式系统结构，有利于系统设计者在系统设计时根据要求任意选择，像搭积木般地组建系统。这种方式可提高系统研制和开发速度，提高系统的技术水平和性能，增加可靠性。

当系统规模较大，自动化水平要求高时，可选用集散控制、现场总线控制、高档 PLC 等工控网络构成。如果被控量中数字量较多，模拟量较少或没有，则可以考虑选用普通 PLC。如果是小型控制系统，可采用单片机系列或智能仪表。

3．现场设备的选择

现场设备主要包括传感器、变送器和执行机构。传感器是影响系统控制精度的重要因素之一，所以要从信号量程范围、精度、对环境及安装要求等方面综合考虑，正确选择。

执行机构是计算机控制系统重要组成部分之一。常用的执行机构有电动执行机构、气动执行机构、液压执行机构等，比较各种方案，择优选用。

4．其他方面的考虑

总体方案中还应考虑人机联系方式、系统的机柜或机箱的结构设计、抗干扰措施等方面的问题。

对于选用标准微机系统的设计人员来说，主要的开发工作集中在输入/输出接口设计上，而这类设计又往往与控制程序设计交织在一起。

为了加快研制过程，可尽量选购市场上已有的、批量供应的工业化制成的模板产品。这些符合工业化标准的模板产品一般都经过严格测试，并可提供各种软件和硬件接口，包括相应的驱动程序等。模板产品只要同主机系统总线标准一致，购回后插入主机相应的空槽即可运行，且构成系统极为方便。

所以，除非无法买到满足自己要求的产品，否则不要随意自行研制。总之，通道产品一般尽量考虑选用厂家可提供的现成通道产品，同标准的微机系统配套使用。

5.2.4　软件总体方案设计

软件总体方案设计的内容主要是确定开发软件、软件结构、任务分解、建立系统的数学模型、控制策略和控制算法等。

软件设计也应采用结构化、模块化、通用化的设计方法，自上而下或自下而上地绘出软件结构方框图，逐级细化，直到能清楚地表达出控制系统所要解决的问题为止。

在软件总体方案设计中，控制算法的选择直接影响到控制系统的调节品质，是系统设计的关键问题之一。由于被控制对象多种多样，相应控制模型也各异，所以控制算法也是多种多样。选择哪一种控制算法主要取决于系统的特性和要求达到的控制性能指标，同时还要考虑控制速度、控制精度和系统稳定性的要求。

1. 控制应用软件的设计要求

（1）实时性

由于工业控制系统是实时控制系统，即能够在被控对象允许的时间间隔内完成对系统的控制、计算和处理等任务，尤其是对于多回路系统，更应高度重视控制系统的实时性问题。为此，除在硬件上采取必要的措施外，还应在软件设计上加以考虑，提高软件的响应和处理速度。

为了提高软件的实时性，可以从以下几个方面考虑：对于应用软件中实时性要求高的部分，可使用汇编语言；运用编程技巧可以提高处理速度；对于那些需要随机间断处理的任务可采用中断系统来完成；在满足要求的前提下，应尽量降低采样频率，以减轻整个系统的负担。

（2）灵活性和通用性

在应用程序设计中，为了节省内存和具有较强的适应能力，通常要求有一定的灵活性和通用性。在进行软件设计时要做到以下几点：进行程序的模块化设计和结构化设计；尽量将共用的程序编写成子程序；另外要求系统容量的可扩展性和系统功能的可扩充性。

（3）可靠性和容错性

计算机控制系统的可靠性，不仅取决于硬件可靠性，还取决于软件的可靠性，两者的可靠性同等重要。为确保软件的可靠性，可从以下几方面考虑：在软件设计中采用模块化的结构，有利于排错；设置检测与诊断程序，实现对系统硬件与软件检查，便于发现错误并及时处理；采用冗余设计技术等。

（4）有效性和针对性

有效性是指对系统主要资源的使用效率。这些资源主要包括 CPU、存储器、I/O 接口、中断、定时/计数器、远程通信等。在设计中应充分利用系统资源，简化软件设计，提高软件运行效率。

由于应用程序是为一个具体系统服务的，因此应针对具体系统的要求和特性来设计，选用合适的算法。

（5）可维护性

可维护性是指软件能够被理解、检查、测试、校正、适应和改进的难易程度。所设计的软件应该易于维护、测试，便于理解、改进。为此，应按照软件工程的要求，在软件编制设计中，使程序具有良好的结构，易于阅读，便于理解。可以加入适当的注释，以便阅读和理解源程序。

（6）多任务性

现代控制和管理软件所面临的工业应用对象不再是单一任务，而是较复杂的多任务系统，因此，如何有效地控制和管理多任务系统仍是目前控制软件的主要研究内容。

为适应这种要求，控制软件特别是底层的控制系统软件必须具有多任务处理功能，如应用多任务实时操作系统等。

另外，集成化、智能化、多媒体化、网络化是计算机软件技术发展提出的新要求。

2. 控制应用软件的设计流程

一个完整的应用软件设计流程可以用图 5-1 来说明。

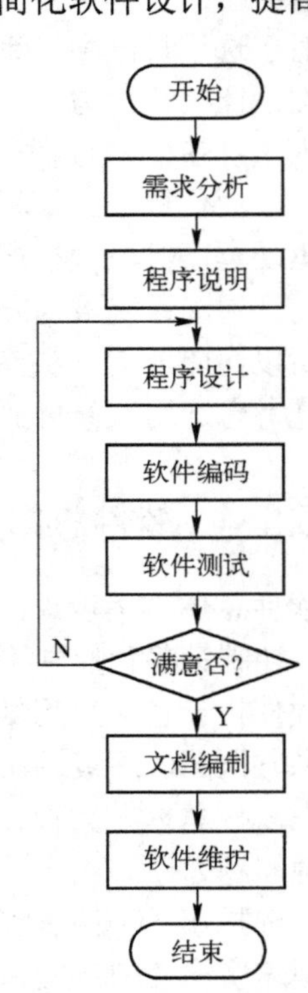

图 5-1 控制应用软件设计流程

（1）需求分析

需求分析是分析用户的要求，主要是确定待开发软件的功能、性能、数据、界面、运行、异常处理等要求。系统的功能要求，即列出应用软件必须完成的所有功能；系统的性能要求，包括响应时间、处理时间、振荡次数、超调量等；数据要求，如采集量、导出量、输出量、显示量等，确定数据类型、数据结构、数据之间的关系等；系统界面要求，描述系统的外部特性、显示操作方式等；系统的运行要求，是对系统硬件、支撑软件、数据通信接口等提出的要求，以及对安全性、保密性和可靠性方面提出的要求；异常处理要求，即在运行过程中出现异常情况时应采取的行动及需显示的信息。

（2）程序说明

根据需求分析，编写程序说明文档，作为软件设计的依据。其中一个重要的工作是绘制流程图。

可以把控制系统整个软件分解为若干部分，它们各自代表了不同的分立操作，把这些不同的分立操作用方框表示，并按一定顺序用连线连接起来，表示它们的操作顺序。这种表示互相联系的图称为功能流程图。

功能流程图中的模块，只表示所要完成的功能或操作，并不表示具体的程序。在实际工作中，设计者总是先画出一张非常简单的功能流程图，然后随着对系统各细节认识的加深，逐步对功能流程图进行补充和修改，使其逐渐趋于完善，并转换为程序流程图。

（3）程序设计

程序设计可分为概要设计和详细设计。概要设计的任务是确定软件的结构，进行模块划分，确定每个模块的功能和模块间的接口，以及全局数据结构的设计。详细设计的任务是为每个模块实现的细节和局部数据结构进行设计。所有设计中的考虑都应以设计说明书的形式加以描述，以供后续工作使用。

（4）软件编码

软件编码是用某种语言编写程序。编写程序可用机器语言、汇编语言或各种高级语言。究竟采用何种语言则视程序长度、控制系统的实时性要求及所具备的工具而定。

在编码过程中还必须进行优化工作，即仔细推敲，合理安排，利用各种程序设计技巧使编出的程序所占内存空间较小，执行时间短。写出的程序应结构良好、清晰易读。

（5）软件测试

测试是保证软件质量的重要手段，是微机控制系统软件设计中关键的一步，其目的是在软件引入控制系统之前，找出并改正逻辑错误或与硬件有关的程序错误。

可利用各种测试方法检查程序的正确性，发现软件中的错误，修改程序编码，改进程序设计，直至程序运行达到预定要求为止。

（6）文档编制

文档编制也是软件设计的重要内容。它不仅有助于设计者进行查错和测试，而且对程序的使用和扩充也是必不可少的。如果文档编得不好，不能说明问题，程序就难以维护、使用和扩充。

一个完整的应用软件文档，应包括流程图、程序的功能说明、所有参量定义的清单、存储器的分配图、完整的程序清单和注释、测试计划和测试结果说明。

实际上，文档编制工作贯穿软件研制的全过程。各个阶段都应注意收集和整理有关的资料，最后的编制工作只是把各个阶段的文件连贯起来，并加以完善而已。

（7）软件维护

软件维护是指软件的修复、改进和扩充。当软件投入现场运行后，一方面可能会发生各种现场问题，因而必须利用特殊的诊断方式和其他维护手段，像维护硬件那样修复各种故障；另一方面，用户往往会由于环境或技术业务的变化，提出比原计划更多的要求，因而需要对原来的应用软件进行修改或扩充，以适应情况变化的需要。

因此，一个好的应用软件，不仅要能够执行规定的任务，而且在开始设计时，就应该考虑到维护和再设计的方便，使它具有足够的灵活性、可扩充性和可移植性。

5.3 计算机控制系统的调试

计算机控制系统设计完成后，最主要的工作就是系统调试，这也是较为烦琐而耗时的一项艰苦工作。系统调试的目的是尽可能多地暴露问题、缺陷、故障，包括设计错误和工艺性故障，并排除故障，加以改正。为此在调试中应竭力采取能暴露错误的调试手段和方法。

5.3.1 系统调试流程

系统的调试与运行可分为离线仿真与调试和在线调试与运行两个阶段。离线仿真与调试一般是在实验室或非工业现场进行，而在线调试与运行是在生产过程工业现场进行。离线仿真与调试是基础，即检查系统硬件和软件的整体性能，为在线调试与现场运行做准备。在线调试是对全系统的实际考验与检查。

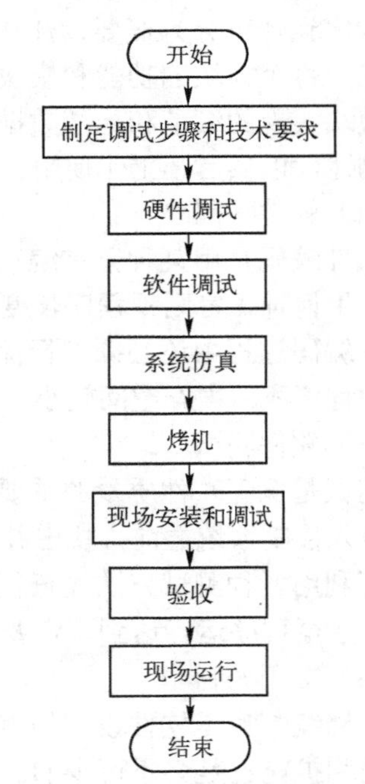

图 5-2 系统调试与运行阶段的工作流程

图 5-2 为系统调试与运行阶段的工作流程。其中，硬件调试、软件调试、硬件与软件统调（即系统仿真）和烤机属于离线仿真与调试阶段，而现场安装和调试、验收和现场运行属于在线调试与运行阶段。

在系统调试和运行阶段，应做好调试方案、测试数据、图表等记录，并建立完备的调试文档资料。

1. 硬件调试

对于自行开发的硬件电路板，首先需要用万用表或逻辑测试笔逐步按照逻辑图检查电路板中各器件的电源及各引脚的连接是否正确，检查数据总线、地址总线和控制总线是否有短路等故障。有时为了保护集成芯片，先对各管座电位（或电源）进行检查，确定其无误后再插入芯片。再根据设计说明、设计要求和预定技术指标对电路板功能进行功能性检查，测试其是否满足要求。

对于各种标准功能模板，应按照说明书要求检查主要功能。在检查过程中，最好利用仿真器或开发系统，有时需要编制一些短小有针对性的测试程序对各功能电路分别进行测试，以检测这些电路的正确性或存在的问题。

检查开关量输入和开关量输出模板，需利用开关量输入和输出程序来进行。对于开关量的输入，可在各输入端加开关量信号，并读入以检查读入状态的正确性。对于开关量的输出，运行开关量输出测试程序，在输出端检查（用万用表或在输出端接测试信号器件电路）输出状态的正确性。

对于现场仪表和执行机构，如温度变送器、流量变送器、压力变送器、差压变送器、电压变送器、电流变送器、功率变送器以及电动或气动调节阀等，这些仪表和执行机构必须在安装前按说明书要求进行校验。

分级计算机控制系统和分布式计算机控制系统，需要测试其通信功能，检查数据传输的正确性。

实际硬件调试中，并非在硬件总装后才进行硬件系统调试，而是边装边调试。

2．软件调试

软件测试一般安排在硬件调试之后。有了正确的硬件作保证，就很容易发现软件的错误。在软件测试过程中，有时也会发现硬件故障。一般情况下，软件测试后，硬件中隐藏的问题大部分能被发现和纠正。

软件一般有主程序、功能模块和子程序。一般测试顺序为子程序、功能模块和主程序。有些程序的测试比较简单，利用仿真器或开发系统提供的测试程序就可进行测试。

近年来出现一类仿真软件，可不用硬件直接在微机上测试汇编语言程序，等基本测试好以后，再移到硬件系统中去测试。这种软件、硬件并行测试方法，可大大加快系统开发速度。

一般与过程输入/输出通道无关的程序，如运算模块都可用开发装置或仿真器的调试程序进行测试，有时为了测试某些程序，可能还要编写临时性的辅助程序。

一旦所有的子程序和功能模块测试完毕，就可以用主程序将它们连接在一起，进行整体测试。整体测试的方法是自底向上逐步扩大，首先按分支将模块组合起来，以形成模块子集，测试完各模块子集，再将部分模块子集连接起来进行局部测试，最后进行全局测试。这样经过子集、局部和全局三步测试，就完成了整体测试工作。

通过整体测试能够把设计中存在的问题和隐含的缺陷暴露出来，从而基本上消除了编程上的错误，为以后的系统仿真测试和在线测试及运行打下良好的基础。

测试的基本方法是：给软件一个典型的输入，观测输出是否符合要求，如发现结果有错，应设法将可能产生错误的区域逐步缩小，经过修改后再次调试，直到消除所有错误为止。

为了验证软件，需要花费大量的时间进行测试，有时测试工作量比编制软件本身所花费的时间还长。测试就是“为了发现错误而执行程序”。测试的关键是如何设计测试用例，常用的方法有功能测试法和程序逻辑结构测试法两种。

需要注意的是，经过测试的软件仍然可能隐含着错误。同时，用户的需求也经常会发生变化。实际上，用户在整个系统未正式运行前，往往不可能把所有的要求都提完全。

当投入运行后，用户常常会改变原来的要求或提出新的要求。况且，系统运行的环境也会发生变化，所以，在运行阶段需要对软件进行维护，即继续排错、修改和扩充。

另外，软件在运行中，设计者常常会发现某些程序模块虽然能实现预期功能，但在算法上不是最优的或在运行时占用内存等方面还有改进的必要，也需要修改程序，使其更完善。

3. 系统仿真

在硬件和软件分别调试后，需要再进行全系统的硬件、软件统调，以进一步在实验室条件下把存在的问题充分暴露，并加以解决。硬件和软件统调的试验，就是通常所说的“系统仿真”。

所谓系统仿真，就是应用相似原理和类比关系来研究事物，也就是用模型来代替实际系统进行试验和研究。系统仿真有以下三种类型：数字仿真（或称计算机仿真）、全物理仿真（或称为在模拟环境条件下的全实物仿真）、半物理仿真（或称硬件闭路动态试验）。

系统仿真应该尽量采用全物理仿真或半物理仿真。试验条件或工作状态越接近真实，其效果也就越好。对于纯数据采集系统，一般可做到全物理仿真；而对于控制系统，全物理仿真几乎不可能。因此，控制系统一般采用半物理仿真进行试验。被控对象用实验模型（数学模型）来代替。

不经过系统仿真和各种试验，试图在现场调试中一举成功是不切实际的，往往现场调试时会所出现各种各样的状况。

4. 烤机

在系统仿真结束后，还要进行烤机运行试验。测控系统中有些问题和缺陷在短时间运行，可能不易暴露，只有长时间运行才能出现。因此，烤机的目的是要在连续不停机的运行中，暴露问题和解决问题，同时检验整个系统的可靠性。

在烤机过程中，可根据现场可能出现的运行条件和周围环境，设计一些特殊运行条件和外部干扰，以考验系统的运行情况和抗干扰能力。例如，可设计高温和低温剧变运行试验；振动和抗电磁干扰试验；电源电压波动、剧变，甚至掉电试验等。

5. 在线调试与运行

系统离线仿真和调试后便可将测控系统和生产过程连接在一起，进行在线现场调试和运行，最后经过签字验收，才标志着工程项目的最终完成。

尽管上述离线仿真和调试工作做到了天衣无缝，但现场调试和运行仍可能出现问题。现场调试与运行阶段是一个从小到大、从易到难、从手动到自动、从简单回路到复杂回路逐步过渡的过程。

在现场进行安装、调试、运行过程中，设计人员和用户要反复磋商，密切配合，制定一系列调试计划、实施方案、安全措施、分工合作细则等。

计算机测控系统最终是要安装在生产现场，要能经受现场运行环境和运行条件的考验，才发挥预定的作用。

为了确保调试的有序、顺利展开，在现场调试前要进行以下内容检查。

1）检测元件、变送器、显示仪表、调节阀等必须通过校验，保证精确度要求。作为检查，可进行一些现场校验。

2）各种电气接线和测量导管必须经过检查，保证连接正确。例如，传感器的极性不能接反，各个传感器对号位置不能接错，各个气动导管必须畅通，特别是不能把强电接在弱电上。

3）检查系统的干扰情况和接地情况，如果不符合要求，应采取措施。

4）对于在流量测量中采用隔离液的系统，要清洗好引压导管以后，灌入隔离液。

5）检查调节阀能否正确工作。旁路阀及上下游截断阀关闭或打开位置要正确。

6）对安全防护措施也要检查。

经过检查并已安装正确后，即可进行系统的投运和参数的整定。投运时应先手动切入，等系统运行接近于设定值时再自动切入。

在线调试中，为了安全可靠起见，一般总是先开环运行，再进行闭环调试。开环运行只是将开环系统接入生产过程，系统显示出在线的运行参数、计算数据（如控制输出），与实际情况进行比较，作为系统调试的参考。

经过一段时间的调试与考核，确认测控系统安全可靠后，系统投入闭环试运行与调试，使系统达到合同所规定的技术经济指标。

在现场调试过程中，由于运行环境和运行条件的复杂性，往往会出现设计和离线调试过程中未能考虑到的问题，需要设计人员在生产现场查找原因并加以改进。

5.3.2 系统调试的模拟方法

系统调试中多采用综合模拟方法。采用这种方法的目的是在系统投入生产过程前，完整、真实地模拟过程参数，对系统状态进行调试。

1. 输入信号模拟

从系统输入端送入模拟过程变量的相应信号。以前多使用0.05级数字万用表和数字压力表作为标准表，保证精度上的要求。现在更多使用高精度的数字式多功能回路校验仪进行信号模拟。一台数字式多功能回路校验仪可以模拟4～20mA电流、1～5V电压、热电阻、热电偶、频率等多种信号，实现了一物多用，使模拟仪器的数量大大减少。

数字式多功能回路校验仪不仅精度高，使用方便，减少了模拟接线，而且由于可以直接输入模拟数值，使得调试速度大为提高。

数字量输入信号，可以利用短接线在端子上直接短接，但对输入阻抗有特殊要求的通道，需要在短接线上串接一个可调电阻箱。不建议使用滑动电阻，因为调试工作可能与接线工作发生交叉，在这种环境下，使用可调电阻箱要比滑动电阻更安全。

2. 输出负载模拟

冷态调试时，现场负载不接入，调试输出通道时，就需要对现场负载进行模拟。

对模拟量输出负载，可在控制室内有关的输出端子上接入电阻箱，或接入与负载相当的小功率电阻，使其实现正常输出。

当需要数字量输出信号的负载时，可用信号灯进行模拟，也可以直接用万用表进行确认。

3. 系统模拟

系统模拟主要用于重要且复杂的联锁系统，采用冷态调试。

对于大规模的控制系统，多制作模拟板来模拟系统的输入/输出信号。数字量信号可以用开关和信号灯进行模拟，模拟量输出量信号可由简易电子元件线路产生，但模拟量输入信号由于精度要求，还需要用高精度的回路校验仪或信号发生器进行信号模拟。

对于小规模的控制系统，可以利用回路校验仪、万用表、电阻箱、短接线直接进行模拟。

某些计算机控制系统提供了回路模拟功能，不需要外接信号，通过软件功能就可以对回路进行调试。这项功能可以大大提高调试速度，减轻调试劳动强度，减少调试仪器的投入费用。

4．故障模拟

故障模拟的主要目的是检查计算机系统对故障的检测诊断和冗余功能。

在故障模拟前，要明确控制器和操作站对哪些故障可以进行检测，哪些卡件可以带电插拔，哪些具有冗余功能，然后建立故障模拟检查表。

在故障模拟时，按照故障模拟检查表的顺序送入越限信号、故障信号，测试操作站的显示状态。用切断电源、切断负载、拔出插件（卡）、人为调整和加临时跨接线等方法模拟故障状态，测试操作站对相应故障的检测诊断和控制站的冗余功能。

在调试完成后，要及时撤除模拟量信号或负载，以防对系统联调造成影响。

5.3.3 系统调试的主要步骤

1．上电前检查

1）检查接地系统是否完成连接，是否符合设计和厂商要求。

2）检查系统内部的接线。对成套提供的控制系统的内部部件及其接线进行检查是十分必要的。运输中的颠簸、装配中的疏忽都会造成接线的松动和错误，对内部接线的检查不仅能发现问题，而且可以了解整套系统，有利于调试和维护工作的进行。进行内部接线检查有三个目的：检查接线是否与图纸相符；检查接线是否松动；熟悉系统内部情况，为下一步的调试工作做好准备。

3）检查电源单元。多数系统的供电电压为 AC 220V，但有些系统中需配有 AC 110V 供电的设备，所以，一定要核实设计资料，确认供电电压的需求以及系统负载的大小。

在供电前，最好进行以下几项工作。

1）对照系统内部接线图，复查一遍电源系统的接线，并对端子接线进行紧固，防止运输和安装过程中产生松动。

2）对供电系统的电压进行 24 小时监测，以确定电压是否波动及是否满足供电要求。

3）检查系统内部的各个部分电源开关，确认其功能是否正常并使它们处于断路状态，在主电源供电正常后，再分别合上。

2．系统上电

上电前要对系统进行严格检查，并依据厂商的说明，编制详细的上电步骤和应急措施。上电时，建设单位、施工单位、设备厂商、设计单位需要到场进行确认签字。在上电过程中，要注意观察系统：

1）是否有焦煳味；

2）是否有不正常的响声或烟雾产生；

3）各部件的指示灯是否指示正常等。

如出现异常，则应及时切断配电柜的供电电源，进行检查，确认或排除故障后，再重新上电。

如系统上电一切正常，则需要连续上电 24～48h，进行烤机检查。期间需要记录设备的电压及其运行状况。只有在确认系统电源基本正常之后，各项调试工作才能进行下去。比如，在某装置系统的烤机过程中，出现了电源模块保护性断电的现象，而后对电源模块进行了更换，保证了系统的正常工作。

3. 程序下载

程序下载就是通过工程师站将程序下载至控制器的CPU，使各硬件之间建立起有机的联系。主要观察系统：

1）是否可以与工程师站建立联系；

2）是否可以下载与存储程序；

3）程序是否可以正常运行；

4）检查各卡件在线状态是否符合实际情况等。

多数情况下，该步骤会很快完成，但有时也会遇到麻烦。尤其是那些利用网络技术将各个分系统连接起来的机组监控系统，由于经常在各系统的链接和数据传输上出现问题，会导致程序下载无效或不完全而需要重装。比如，某装置在调试系统时，由于网络问题，系统各设备之间无法进行有效的数据通信，导致了程序及系统的多次重装。

4. 状态检查和功能测试

（1）硬件调试

调试前将所有硬件单元、台件，分类制订调试表格，将具体的检查内容、确认步骤、测量项目名称、所要求的正确状态或标准数据、允许误差等栏目填好。调试时按表格次序逐一检查、测量，并填入实际状态和数据。

系统冗余功能测试：

1）对电源卡进行冗余性能测试；

2）对网络冗余性能进行测试；

3）对两块主控卡轮流进行冗余测试；

4）对每个机笼或机架的数据转发卡进行冗余测试；

5）对冗余卡件进行冗余性能测试。

（2）软件调试

计算机软件到达现场前，必须经过制造厂调试程序。现场调试工作主要是检查和使用系统软件，对相应软件进行结构性测试和功能性测试，其主要内容有：

1）根据操作站说明书和检查表格的内容，对系统基本功能逐项试验；

2）根据设计的组态数据表或规格书对程序和模块的组态数据进行校对、修改完善；

3）利用功能画面、窗口、菜单等设计程序图，对应用程序通过冷态调试进行试验；

4）在系统调试中进行参数给定、程序启动和投入过程的控制。

5. 通道检查

对于计算机控制系统的输入通道，从端子排上给信号，利用操作站或工程师站的在线功能进行信号观察，检查各输入通道的定义是否正确，精度是否满足要求。还可以顺便检查一下操作画面的数据显示是否正确。在给信号时，还要注意观察输入卡件的通道指示灯的变化情况。

对于计算机控制系统的输出通道，可以利用操作站直接改变输出变量或利用工程师站进行内部通道的调试，在端子排上检测信号的变化，通过观察端子输出的电流或电压的变化和工程师站的在线显示，来检查其组态是否正确，同时也要注意观察输出卡件的通道指示灯的变化情况。

为防止遗漏（特别是对于特大型系统），在通道检查前，要打印好所有通道的测试表格，再逐一检查填写。也可以将系统的接线图和通道配置表进行复印，在调试合格后，用彩色标记笔进行逐一标记防止遗漏。

6. 回路调试

（1）单回路调试

调试前根据回路接线图，将 I/O 信号按模拟量输入、模拟量输出、数字量输入、数字量输出、脉冲量输入等类型分类，并按其范围和特点划分调试组，排出调试顺序。

调试时，每完成一个回路某一部分调试，即用高亮笔在回路图上对已调试的线路和单元做上标记。标记布满，则表示该回路调试覆盖完毕，简单清晰。

同时要做好相应的数据记录，要点是：

1）输入信号从回路的起点开始，输出信号到回路的终端元件。注意回路的分支、指示、记录、报警等回路都可同时试验。

2）每个回路调试前，再测试核对一次线路；正确无误后通电。调试完毕后，在现场挂牌，投入运行，并在可能的条件下及时向建设单位交接。

（2）控制回路调试

控制回路包括常规控制回路和复杂控制回路。常规控制回路主要是对控制器的 PID 参数和回路的正、负反馈进行调试；复杂控制回路的调试要依据具体情况而定，基本的原则是先内环、后外环、再加前馈。

对于提供了回路模拟功能的计算机控制系统，应该充分利用其软件功能，对回路进行调试，这对于复杂控制回路的调试尤为有效。在调试完成后，要及时取消模拟功能，保证回路的正常投用。

7. 逻辑调试

对于绝大部分系统的逻辑，可以通过条件模拟或在线强制的方法进行调试检查。系统主要包括以下逻辑调试：联锁保护逻辑、顺控逻辑和自启逻辑。

在逻辑调试的同时，还要检查和调试操作画面、趋势记录、报警记录、流程图、数据转换关系等内容。

联锁逻辑调试时，将设计时提供的信号联锁逻辑图整理成逻辑测试图，对联锁系统进行逻辑功能调试。调试前要核对逻辑测试图，明确调试内容和逻辑关系。测试的每一步都要在逻辑图上进行标记，不遗漏设计需要的逻辑功能，也不能出现多余的逻辑功能。

顺控逻辑和自启逻辑调试时，按程序表逐步测试。对每一步的条件、状态、动作、时间进行全面检查、试验。

8. 系统联调

1）进行联调时，在确定现场接线正确的情况下，再将现场的信号引入系统。

2）现场仪表在联调前应先完成仪表的单校工作。

3）在系统联校时，利用计算机控制系统的人机接口功能，监视、操作现场仪表，以检验整个系统的控制功能。

4）注意调试中相应的延时问题，如向调节阀发出输出改变信号后，需考虑调节阀的行程动作时间。

5）与现场联系可以使用对讲机或对讲电话。

6）在系统联调时，与电气的信号联调是最有可能出现问题的地方。由于在设计时，电气与仪表衔接处经常出现不匹配的现象，有些问题在联调时才能暴露出来。而电气信号有可能带有高压，因此，在联调时要格外注意和小心。

习题与思考题

5-1　设计一套计算机控制系统需要具备哪几方面的知识？

5-2　设计一套计算机控制系统一般可以采取哪几种途径？

5-3　计算机控制系统有哪些常用的设计方法？

5-4　何谓计算机控制系统的规范化设计？其具体内容是什么？

5-5　计算机控制系统的安装有哪些要求？

5-6　在计算机控制系统调试工作中应注意哪些事项？

5-7　计算机控制软件测试的方法和原则是什么？

5-8　请自拟题目对一个计算机控制系统进行总体设计：进行工艺调研，确定设计任务，进行系统总体方案设计、硬件总体方案设计和软件总体方案设计。

警句互勉：

多思不若养志，多言不若守静，多才不若蓄德。

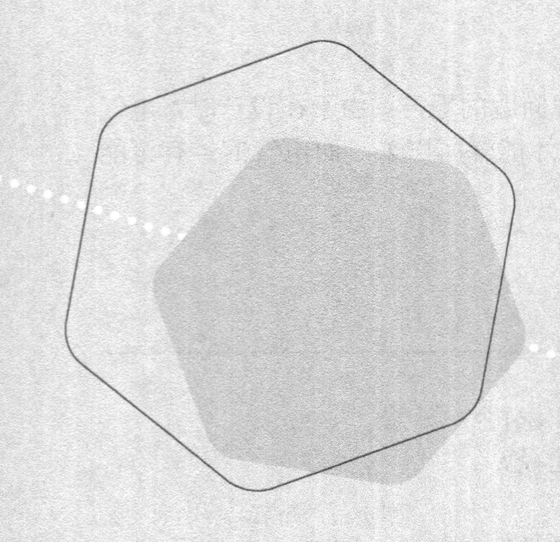

项目实训篇

实训 1　储藏罐液位监测

1.1 学习目标

1）认识组态软件 MCGS（通用版）的集成开发环境与运行环境。

2）掌握组态软件 MCGS（通用版）应用程序设计的步骤和方法。

3）掌握组态软件工具箱和对象元件库管理的使用。

4）掌握实时数据库中各种数据对象的定义和使用方法。

5）掌握组态软件模拟设备的连接方法。

6）掌握策略编程中脚本程序的设计方法。

1.2 储藏罐液位监测程序设计任务

1）单击画面中某开关元件，启动水泵。

2）通过模拟设备使储藏罐液位发生变化，并实时显示变化的液位数值。

3）当储藏罐液位高于设定的上限报警值，画面中上限指示灯改变颜色，同时出现提示信息“液位超限！”。

4）再次单击画面中的开关元件，关闭水泵，储藏罐液位停止变化。

1.3 储藏罐液位监测程序设计

1．建立新工程项目

1-1

双击桌面“MCGS 组态环境”图标，进入 MCGS 组态环境。

1）单击“文件”菜单，从下拉菜单中选择“新建工程”，出现“工作台”窗口，如实训图 1-1 所示。

2）单击“文件”菜单，弹出下拉菜单，选择“工程另存为”子菜单，弹出“保存为”窗口，将文件名改为“液位控制”，单击“保存”按钮（此时建立的工程文件保存在默认文件夹中），进入“工作台”窗口。

3）单击工作台“用户窗口”对话框中的“新建窗口”按钮，该对话框中出现新建“窗口 0”。

4）选中“窗口 0”，单击“窗口属性”按钮，弹出“用户窗口属性设置”对话框，如实训图 1-2 所示。

实训图 1-1 “工作台”窗口

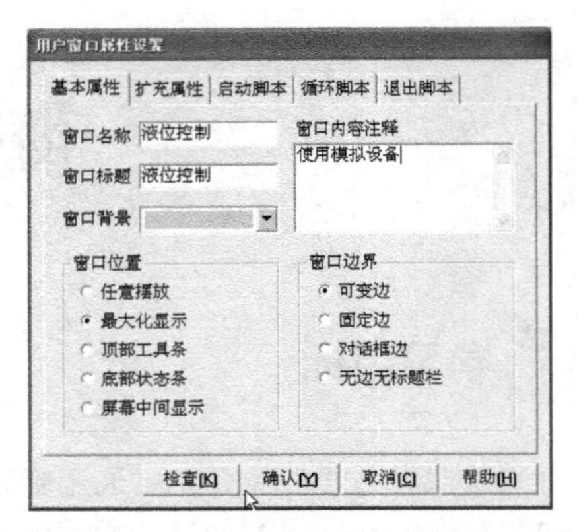

实训图 1-2 “用户窗口属性设置”对话框

将窗口名称改为“液位控制”，窗口标题改为“液位控制”，在窗口内容注释文本框内输入“使用模拟设备”，窗口位置选择“最大化显示”，单击“确认”按钮，“用户窗口”对话框中出现新建的“液位控制”窗口。

5）选择工作台“用户窗口”对话框中新建的“液位控制”窗口图标，单击右键，在弹出的快捷菜单中选择“设置为启动窗口”。

1-2

2. 制作图形画面

在工作台“用户窗口”对话框，双击新建的“液位控制”窗口图标，进入“动画组态液位控制”窗口，此时工具箱自动加载（如果未加载，选择“查看”→“绘图工具箱”菜单），如实训图 1-3 所示。

1）为图形画面添加 2 个“输入框”构件。选择工具箱中的“输入框”构件图标，然后将鼠标指针移动到画面中（此时鼠标指针变为十字形），单击画面空白处并拖动鼠标，画出一个适当大小的矩形框，出现“输入框”构件。

2）为图形画面添加 1 个“指示灯”元件。单击工具箱中的“插入元件”图标，弹出“对象元件库管理”对话框，如实训图 1-4 所示。选择指示灯库中的一个指示灯图形对象，单击“确定”按钮，画面中出现所选择的指示灯元件。

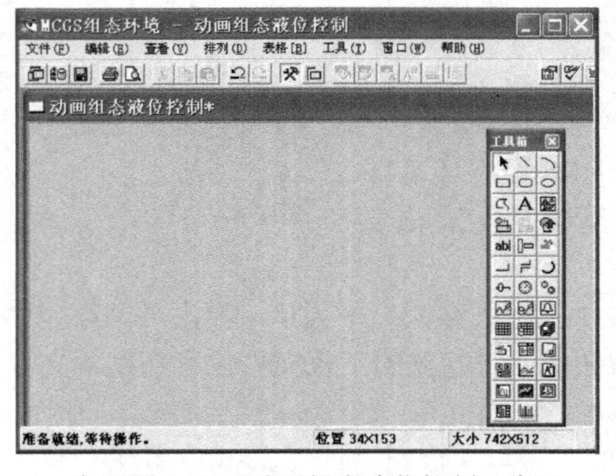

实训图 1-3 “动画组态液位控制”窗口

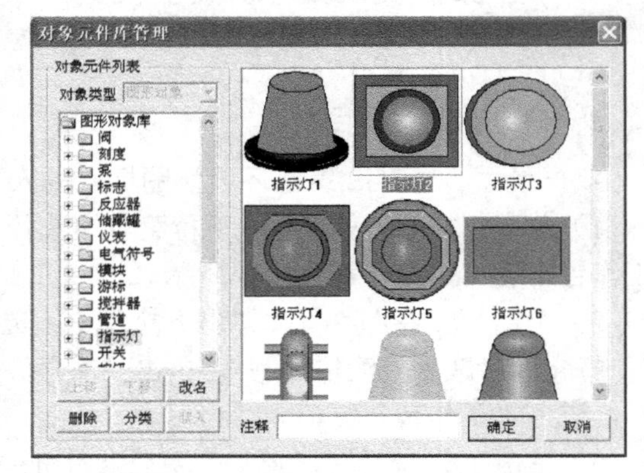

实训图 1-4 “对象元件库管理”对话框

3）为图形画面添加 1 个“储藏罐”元件。单击工具箱中的“插入元件”图标，弹出“对象元件库管理”对话框，选择储藏罐库中的一个储藏罐图形对象，单击“确定”按钮，画面中出现所选择的储藏罐元件。

4）为图形画面添加 1 个“水泵”元件。单击工具箱中的“插入元件”图标，弹出“对象元件库管理”对话框，选择水泵库中的一个水泵图形对象，单击“确定”按钮，画面中出现选择的水泵元件。右键单击“水泵”元件，选择“排列”→“旋转”→“左右镜像”命令。

5）为图形画面添加 1 个“流动块”构件。选择工具箱中的“流动块”构件图标，将鼠标移动到画面的预定位置，单击左键，拖动鼠标形成一道虚线，再次单击左键，生成一段流动块，单击右键（或双击左键）结束流动块的绘制。

6）为图形画面添加 6 个“标签”构件。选择工具箱中的“标签”构件图标，然后将鼠标指针移动到画面中（此时鼠标指针变为十字形），单击画面空白处并拖动鼠标，画出一个适当大小的矩形框，出现“标签”构件，输入字符。各标签字符分别为“储藏罐”“数值显示:”“超限提示:”“指示灯”“水泵”和“流动块”。

选中各标签构件，单击右键，弹出快捷菜单，选择“属性”菜单，在弹出的“动画组态属性设置”对话框中，边线颜色选择“无边线颜色”。

7）为图形画面添加 1 个“按钮”构件。选择工具箱中的“标准按钮”构件图标，然后将鼠标指针移动到画面中（此时鼠标指针变为十字形），单击空白处并拖动鼠标，画出一个适当大小的矩形框，出现“按钮”构件。双击“按钮”构件，弹出“标准按钮构件属性设置”对话框，在“基本属性”对话框将按钮标题改为“关闭”。

设计的图形画面如实训图 1-5 所示。

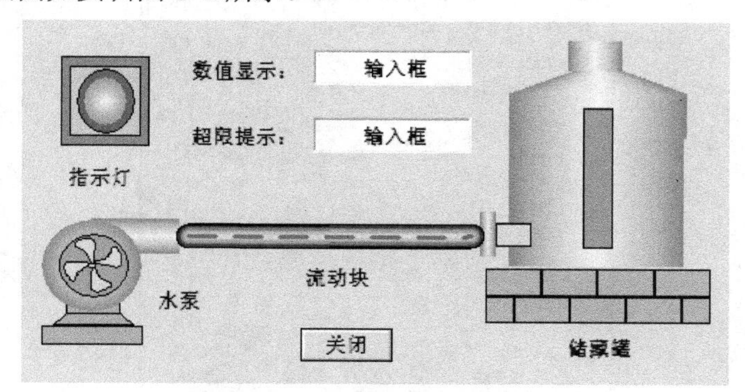

实训图 1-5　图形画面

1-3

3. 定义数据对象

在工作台窗口中切换至“实时数据库”窗口页。

1）定义 2 个数值型对象。单击“新增对象”按钮，再双击新出现的对象，弹出“数据对象属性设置”对话框。在“基本属性”对话框中将对象名称改为“液位”，对象类型选“数值”，小数位设为“0”，对象初值设为“0”，最小值设为“0”，最大值设为“100”，如实训图 1-6 所示。

定义完成后，单击“确认”按钮，在实时数据库中增加了 1 个数值型对象“液位”。

按同样的步骤，再定义 1 个数值型对象，对象名称为“Data”。

2）定义 1 个字符型对象。单击“新增对象”按钮，再双击新出现的对象，弹出“数据对象属性设置”对话框。在“基本属性”对话框中将对象名称改为“str”，对象类型选“字符”，对象初值设为“液位正常!”，如实训图 1-7 所示。

定义完成后，单击“确认”按钮，在实时数据库中增加了1个字符型对象“str”。

实训图1-6 “液位”对象基本属性设置

实训图1-7 “str”对象属性设置

3）定义2个开关型对象。单击“新增对象”按钮，再双击新出现的对象，弹出“数据对象属性设置”对话框。在“基本属性”对话框中将对象名称改为“指示灯”，对象类型选“开关”，如实训图1-8所示。定义完成后，单击“确认”按钮，则在实时数据库中增加了1个开关型对象“指示灯”。

实训图1-8 “指示灯”对象属性设置

按同样的步骤，再定义1个开关型对象，对象名称为“水泵”。建立的实时数据库如实训图1-9所示。

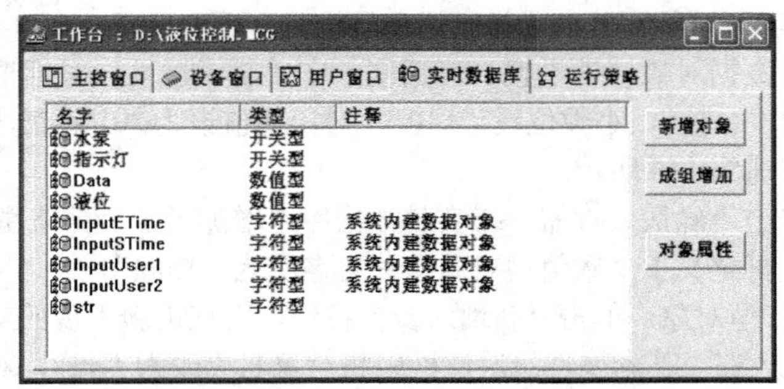

实训图1-9　实时数据库

4. 模拟设备的连接

模拟设备是供用户调试时的虚拟设备。该构件可以产生标准的正弦波、方波、三角波和锯齿波信号。其幅值和周期都可以任意设置。通过模拟设备的连接，可以使动画不需要手动操作而自动运行起来。

通常情况下，在启动 MCGS 组态软件时，模拟设备都会自动装载到设备工具箱中。

如果模拟设备已装载到工具箱，直接到第 5）步，如果未被装载，可按照以下步骤将其加入。

1）在“工作台”窗口的“设备窗口”对话框中双击“设备窗口”图标进入“设备组态：设备窗口”窗口。

2）单击工具条中的“工具箱”图标按钮，弹出“设备工具箱”对话框，单击“设备工具箱”中的“设备管理”按钮，弹出“设备管理”对话框，如实训图 1-10 所示。

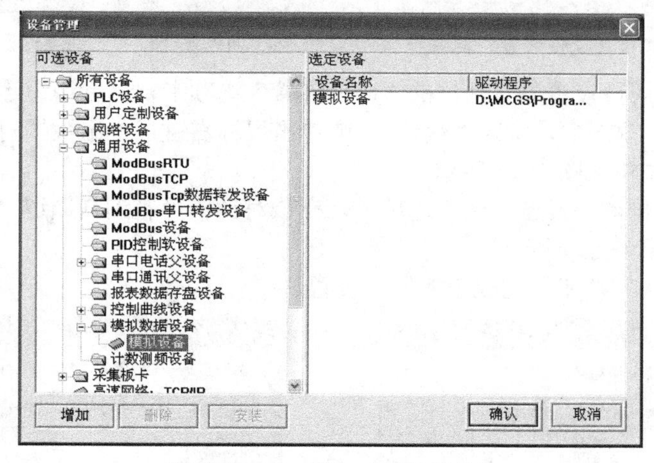

实训图 1-10　添加“模拟设备”

3）在“设备管理”对话框的可选设备列表中，选择“通用设备”下的“模拟数据设备”，在下方出现“模拟设备”图标；双击“模拟设备”图标，即可将“模拟设备”添加到右侧“选定设备”列表中。

4）选择“设备管理”列表中的“模拟设备”（实训图 1-10），单击“确认”按钮，“模拟设备”即被添加到“设备工具箱”中，如实训图 1-11 所示。

5）双击“设备工具箱”中的“模拟设备”，“模拟设备”被添加到“设备组态：设备窗口”窗口中，如实训图 1-12 所示。

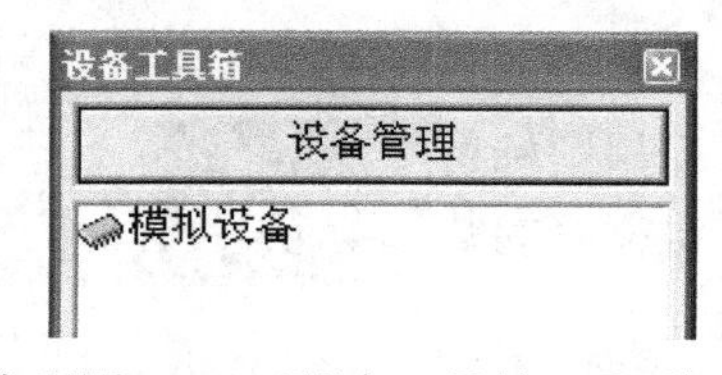

实训图 1-11　“设备工具箱”对话框

实训图 1-12　“设备组态：设备窗口”窗口

6）双击“设备 0-[模拟设备]”，进入“设备属性设置”对话框，如实训图 1-13 所示。

7）单击该对话框的“基本属性”选项卡中的“内部属性”选项，右侧会出现图标按钮，单击此图标按钮进入“内部属性”对话框。选择 1 通道，曲线类型选“2-三角”，“最大值”

设为“100”，“周期”设为“10”，如实训图 1-14 所示。单击“确认”按钮，完成内部属性设置。

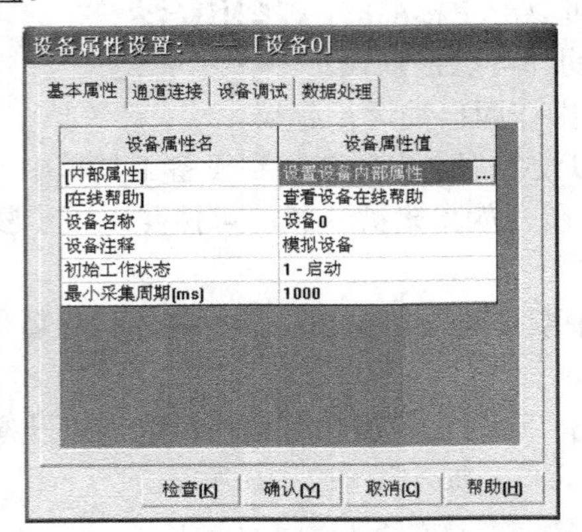

实训图 1-13 “设备属性设置”对话框

实训图 1-14 “内部属性”对话框

8）选择“设备属性设置”对话框的“通道连接”选项卡，进行通道连接设置。选择 0 通道“对应数据对象”输入框，输入“液位”（或单击鼠标右键，弹出数据对象列表后，双击数据对象“液位”），如实训图 1-15 所示。

9）选择该对话框的“设备调试”选项卡，在该对话框可看到 0 通道“对应数据对象”的值在变化，如实训图 1-16 所示。

10）单击“确认”按钮，完成设备属性设置。

实训图 1-15 “通道连接”对话框

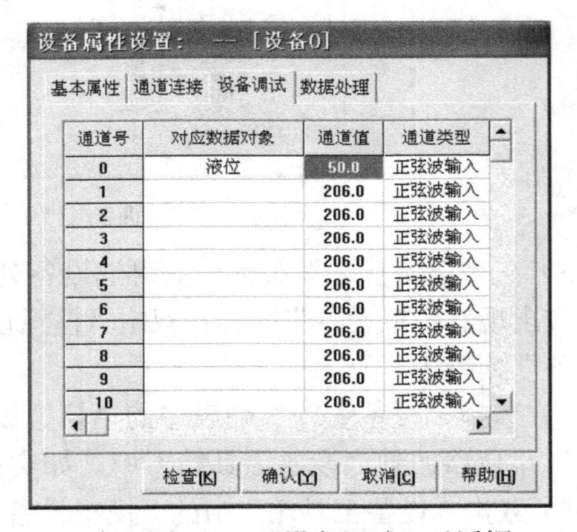

实训图 1-16 “设备调试”对话框

5. 建立动画连接

在工作台“用户窗口”对话框，双击“液位控制”窗口图标进入开发系统。通过双击画面中各图形对象，将各对象与定义好的数据连接起来。

（1）建立“储藏罐”元件的动画连接

双击画面中的“储藏罐”元件，弹出“单元属性设置”对话框，选择“数据对象”，如实训图 1-17 所示。

连接类型选择“大小变化”。单击右侧的“？”按钮，弹出“数据对象连接”对话框，双击数据对象“Data”，在“数据对象”对话框“大小变化”行出现连接的数据对象“Data”，如实训图 1-18 所示。单击“确认”按钮完成“储藏罐”元件的动画连接。

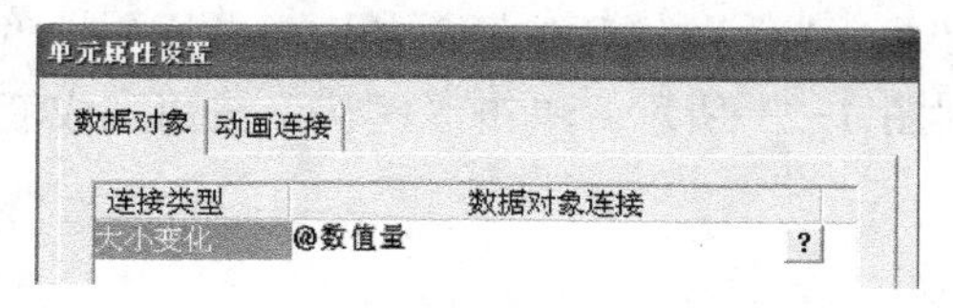

实训图 1-17　“单元属性设置”对话框

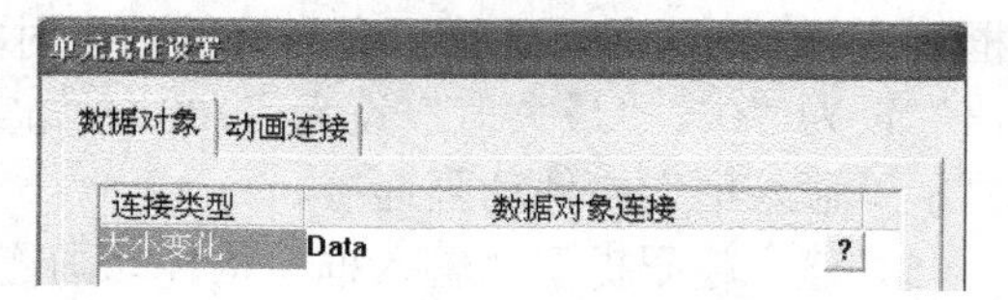

实训图 1-18　“储藏罐”元件数据对象连接

（2）建立“水泵”元件的动画连接

双击画面中的“水泵”元件，弹出“单元属性设置”对话框，选择“数据对象”对话框，如实训图 1-19 所示。

连接类型选择“填充颜色”。单击右侧的“？”按钮，弹出“数据对象连接”对话框，双击数据对象“水泵”，在“数据对象”对话框“填充颜色”行出现连接的数据对象“水泵”，如实训图 1-20 所示。

连接类型选择“按钮输入”。单击右侧的“？”按钮，弹出“数据对象连接”对话框，双击数据对象“水泵”，在“数据对象”对话框按钮输入行出现连接的数据对象“水泵”，如实训图 1-20 所示。单击“确认”按钮完成“水泵”元件的动画连接。

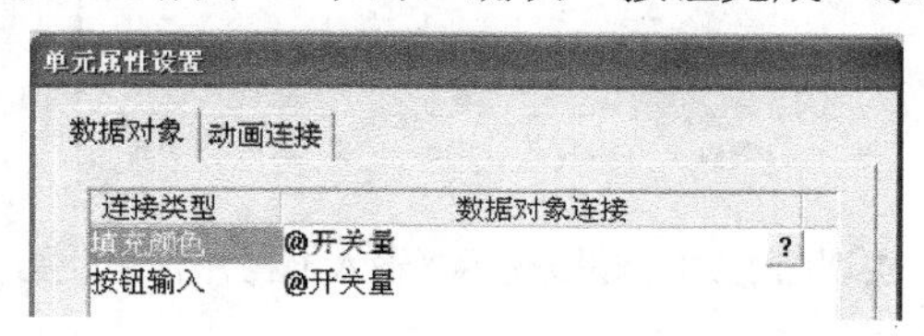

实训图 1-19　“单元属性设置”对话框

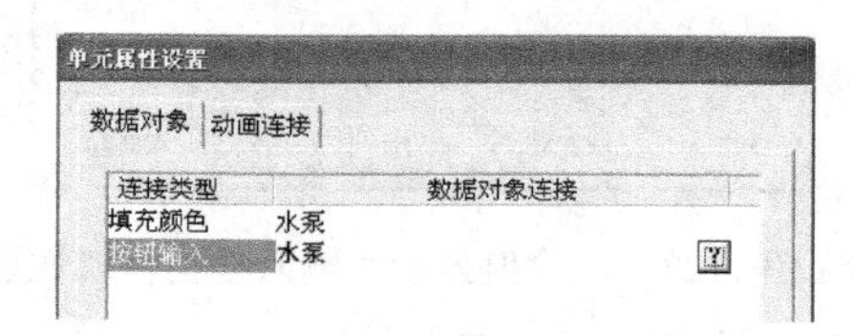

实训图 1-20　“水泵”元件数据对象连接

（3）建立“流动块”构件的动画连接

双击画面中的“流动块”构件，弹出“流动块构件属性设置”对话框，如实训图 1-21 所示，在“流动属性”对话框，将“表达式”设为“水泵=1”，其他属性不变，如实训图 1-22 所示。单击“确认”按钮完成“流动块”构件的动画连接。

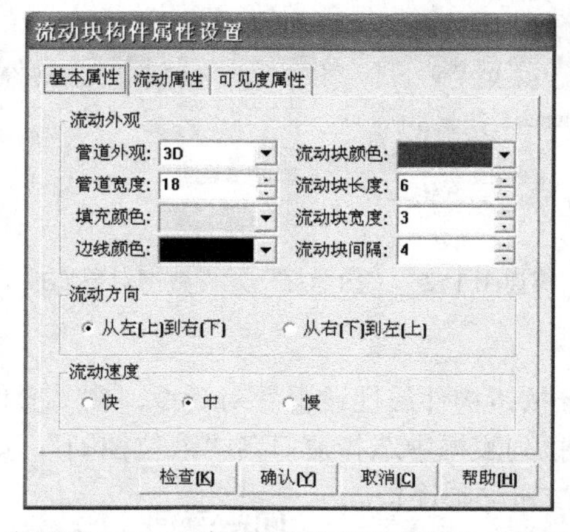

实训图 1-21　“流动块构件属性设置”对话框

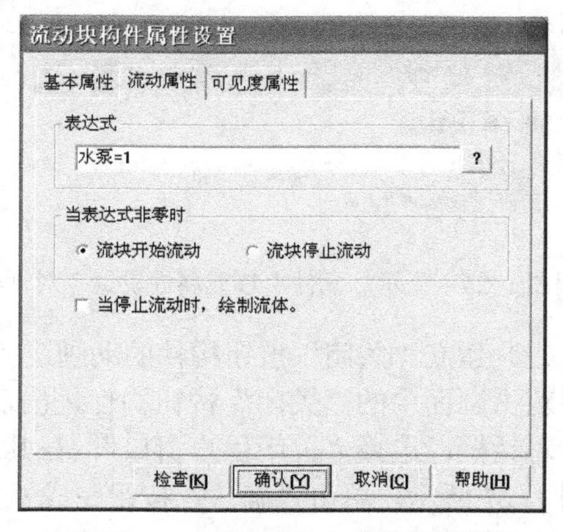

实训图 1-22　“流动块”数据连接设置

（4）建立液位值显示“输入框”构件的动画连接

双击画面中的数值显示“输入框”构件，出现“输入框构件属性设置”对话框。在“操作属性”对话框，将“对应数据对象的名称”设置为“Data”（可以直接输入，也可以单击文本框右边的“？”号，选择已定义好的数据对象“Data”），将“数值输入的取值范围”中“最小值”设为“0”，“最大值”设为“100”，如实训图 1-23 所示。单击“确认”按钮完成液位值显示“输入框”构件动画连接。

（5）建立超限提示“输入框”构件动画连接

双击画面中的超限提示“输入框”构件，出现“输入框构件属性设置”对话框。在“操作属性”对话框，将“对应数据对象的名称”设为“str”，如实训图 1-24 所示。单击“确认”按钮完成超限提示“输入框”构件动画连接。

实训图 1-23　液位值显示“输入框构件属性设置”

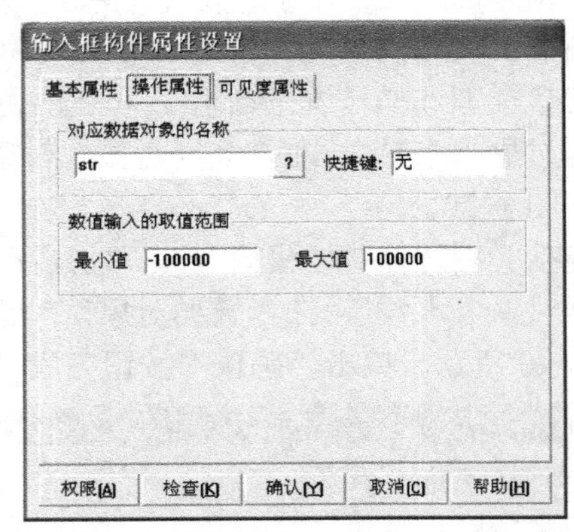

实训图 1-24　超限提示“输入框构件属性设置”

（6）建立“指示灯”元件的动画连接

双击画面中的“指示灯”元件，弹出“单元属性设置”对话框。选择“数据对象”对话框，如实训图 1-25 所示，连接类型选择“可见度”。单击右侧的“？”按钮，弹出“数据对象连接”对话框，双击数据对象“指示灯”，在“数据对象”对话框“可见度”行出现连接的数据对象“指示灯”，如实训图 1-26 所示。单击“确认”按钮完成“指示灯”元件的动画连接。

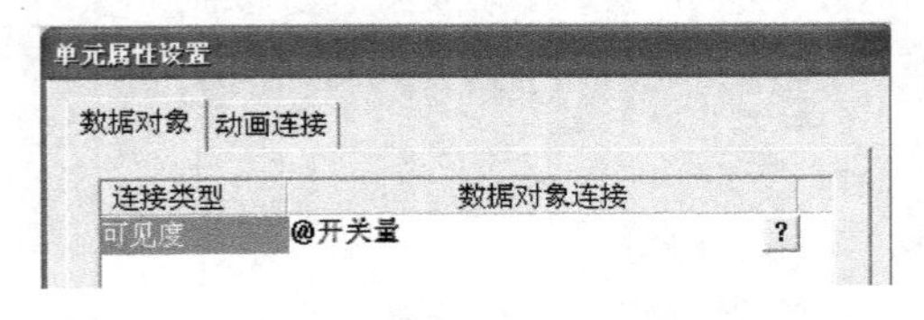

实训图 1-25　指示灯元件“单元属性设置”对话框

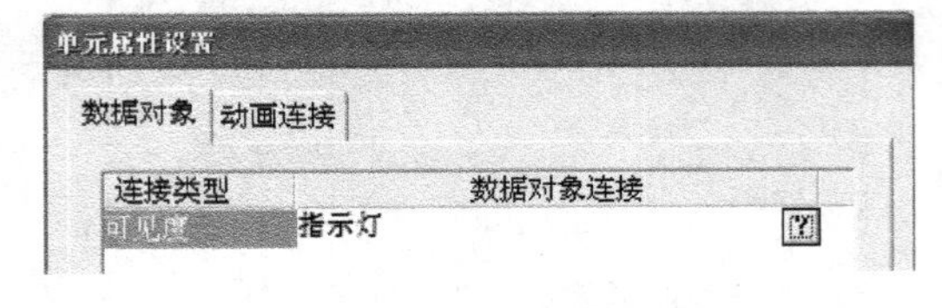

实训图 1-26　“指示灯”元件数据对象连接

（7）建立“关闭”按钮构件的动画连接

双击画面中的“关闭”按钮构件，出现“标准按钮构件属性设置”对话框，在“操作属性”对话框，选择“关闭用户窗口”，在其右侧下拉列表框中选择窗口名“液位控制”，如实训图 1-27 所示。单击“确认”按钮完成“关闭”按钮动画连接。

6. 策略编程

在工作台窗口中切换至“运行策略”对话框，如实训图 1-28

所示。

双击“循环策略”选项，弹出“策略组态：循环策略”窗口，策略工具箱自动加载（如果未加载，单击鼠标右键，在弹出的快捷菜单中选择“策略工具箱”命令），如实训图 1-29 所示。

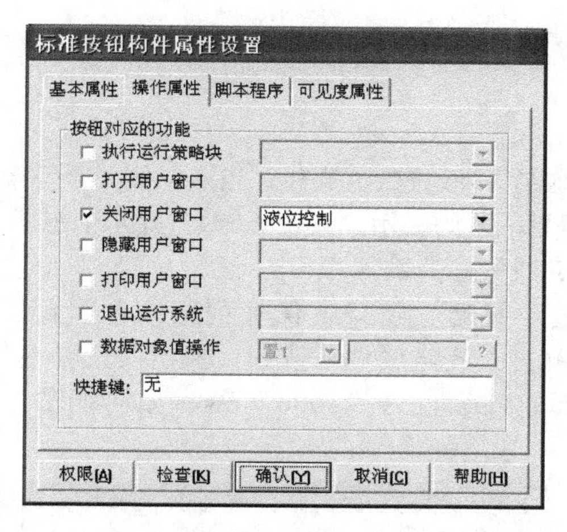

实训图 1-27 “标准按钮构件属性设置”对话框

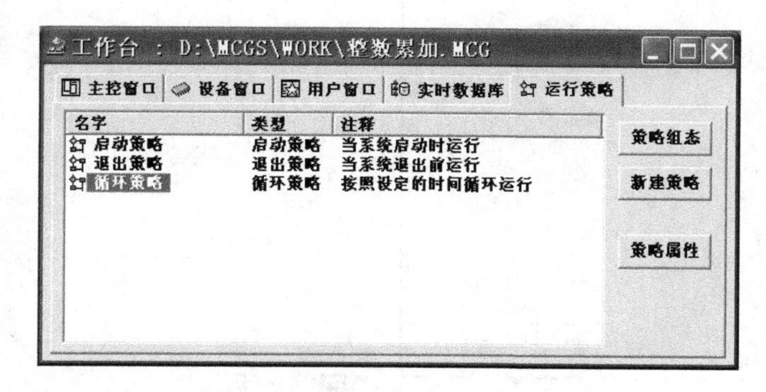

实训图 1-28 “运行策略”对话框

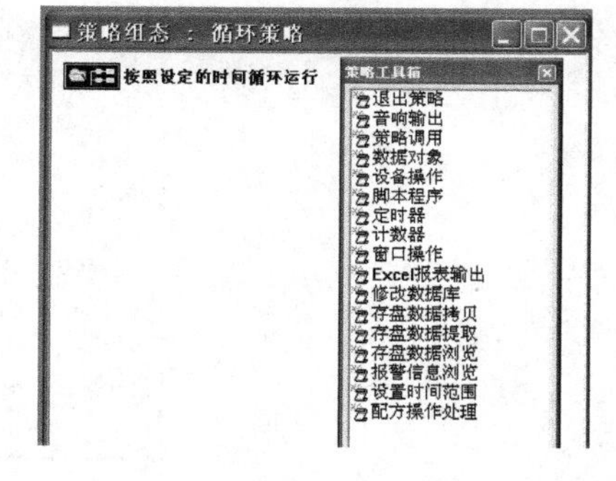

实训图 1-29 “策略组态：循环策略”窗口

单击 MCGS 组态环境窗口工具条中的“新增策略行”按钮，在“策略组态：循环策略”窗口中出现新增的策略行，如实训图 1-30 所示。选中“策略工具箱”中的“脚本程序”选项，将鼠标指针移动到策略块图标上，单击可添加“脚本程序”构件，如实训图 1-31 所示。

实训图 1-30 新增策略行

实训图 1-31 添加“脚本程序”构件

双击“脚本程序”策略块，进入“脚本程序”窗口，在编辑区输入如下程序。

```
IF 水泵=1 THEN
  Data=液位
```

```
    IF Data >=70  THEN
      指示灯=0
      Str="液位超限!"
    ELSE
      指示灯=1
      Str="液位正常!"
    ENDIF
  ENDIF
```

程序含义是：启动“水泵”，液位数值变化，当液位值大于等于70时，指示灯改变颜色，显示“液位超限!”提示信息，否则显示“液位正常!”提示信息。

单击“确定”按钮，完成程序的输入。

关闭“策略组态：循环策略”窗口，保存程序，返回到工作台“运行策略”对话框，选择“循环策略”，单击“策略属性”按钮，弹出“策略属性设置”对话框，将“策略执行方式”的定时循环时间设置为“1000”ms，如实训图1-32所示，单击“确认”按钮。

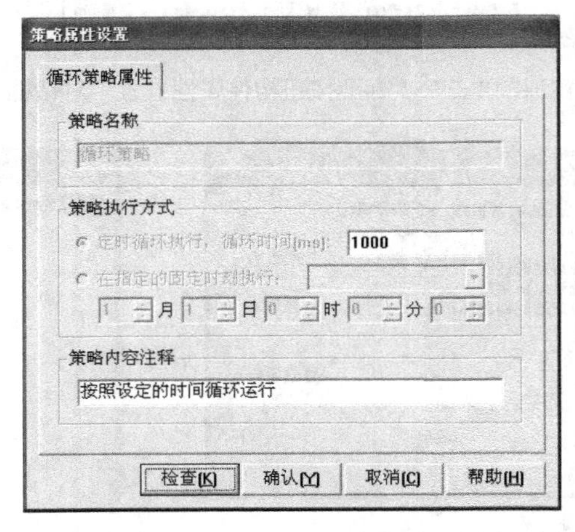

实训图1-32 “策略属性设置”对话框

1.4 程序调试与运行

单击MCGS组态环境窗口工具条中的“进入运行环境”按钮或按〈F5〉键，运行工程。如果弹出是否存盘对话框，单击“是”按钮，保存工程。

单击画面中的“水泵”元件，启动水泵，管道内有“水流”通过；此时，储藏罐的液位发生变化并实时显示液位变化值；当储藏罐的液位高于设定的上限报警值“70”时，程序画面中出现提示信息“液位超限!”；同时上限指示灯改变颜色。

再次单击画面中的“水泵”元件，关闭水泵，管道内无“水流”通过，储藏罐的液位停止变化。

单击“关闭”按钮，程序停止运行，退出“液位控制”窗口。

程序运行画面如实训图 1-33 所示。

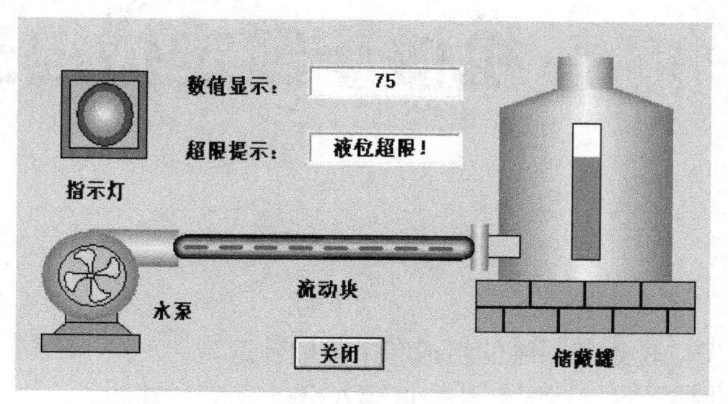

实训图 1-33　程序运行画面

实训 2　机械手臂定位控制

2.1 学习目标

1）了解机械手臂定位控制系统的组成和主要硬件选型。
2）掌握 PC 与数据采集卡组成的开关量输入/输出系统线路设计。
3）掌握 PC 与数据采集卡实现开关量输入/输出的 MCGS 程序设计方法。

2.2 机械手臂定位控制系统

1．机械手臂简介

机械手臂是机器人技术得到广泛实际应用的自动化机械装置，在工业制造、医疗、娱乐服务、军事、半导体制造以及太空探索等领域都能见到它的身影。

实训图 2-1 所示是某机械手臂产品图。

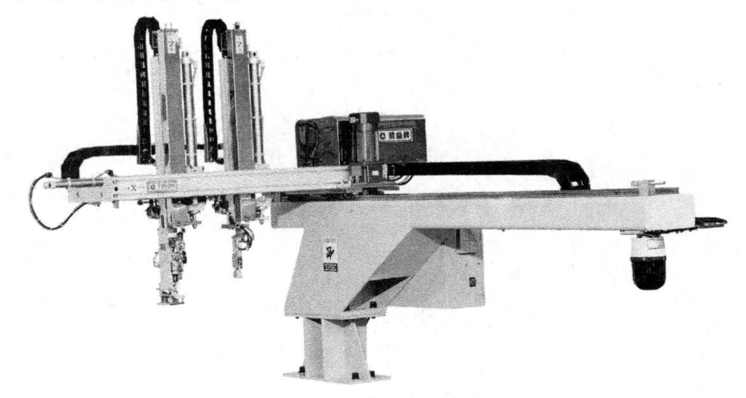

实训图 2-1　某机械手臂产品图

尽管机械手臂的形态各有不同，但它们都有一个共同的特点，就是能够接收指令，精确地定位到三维（或二维）空间上的某一点进行作业。

机械手臂主要由以下几部分组成。

1）运动元件。如油缸、气缸、齿条、凸轮等是驱动手臂运动的部件。

2）导向装置。它可以保证手臂的正确方向并承受工件重量所产生的弯曲和扭转的力矩。

3）手臂。起着连接和承受外力的作用。手臂上的零部件有油缸、导向杆、控制件等。

手臂的基本作用是将手爪移动到所需位置，因此需要对机械手臂进行定位控制。

2. 机械手臂定位控制系统组成

某机械手臂定位控制系统主要由计算机、接近开关、信号调理电路、开关量输入装置、开关量输出装置、驱动电路和电动机等部分组成，如实训图2-2所示。

机械手臂在电动机带动下沿着导轨向右平行移动，当移动到停止位处，接近开关感应到机械手臂靠近，产生电平信号，由信号调理电路转换为触点开关信号，经开关量输入装置送入计算机显示、判断，计算机发出控制指令，由开关量输出装置输出开关控制信号，驱动电动机停止转动，机械手臂停止移动。

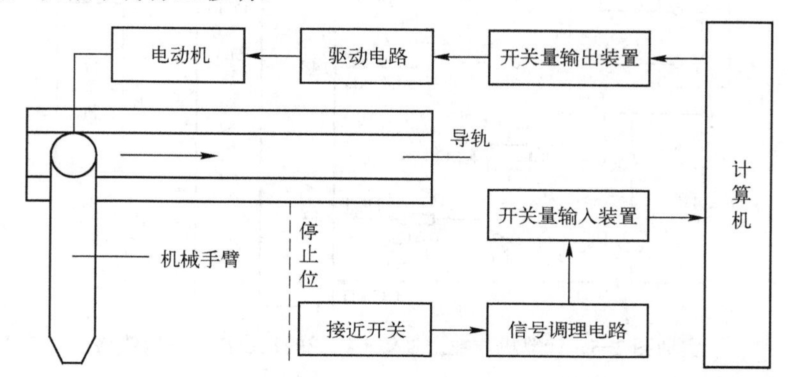

实训图 2-2　机械手臂定位控制系统结构示意图

系统设计中，接近开关可选用电感接近开关，如实训图2-3所示；开关量输入装置和开关量输出装置均选用研华PCI-1710HG数据采集卡，如实训图2-4所示。

实训图 2-3　电感接近开关

实训图 2-4　PCI-1710HG 数据采集卡

2.3 计算机与数据采集卡组成的定位控制系统线路

计算机与PCI-1710HG数据采集卡组成的定位控制系统线路如实训图2-5所示。数据采集卡通过PCI总线与计算机进行数据通信。

实训图2-5中，电感接近开关控制电磁继电器KM1，继电器KM1的常开触点KM11接数据采集卡数字量输入DI1通道（引脚22和48）。当金属物（机械臂）靠近电感接近开关时，继电器KM1的常开触点KM11闭合。

图中，PCI-1710HG数据采集卡数字量输出DO1通道的引脚13接晶体管基极，当计算机输出开关控制信号置13引脚为高电平时，晶体管V导通，继电器KM2的常开触点KM21闭合，指示灯L亮；当置13引脚为低电平时，晶体管V截止，继电器KM2的常开触点KM21打开，指示灯L灭（本实验继电器驱动控制电路一般做成继电器模块电路板供读者购买选用。实验时，为便于操作，用指示灯代替电动机）。

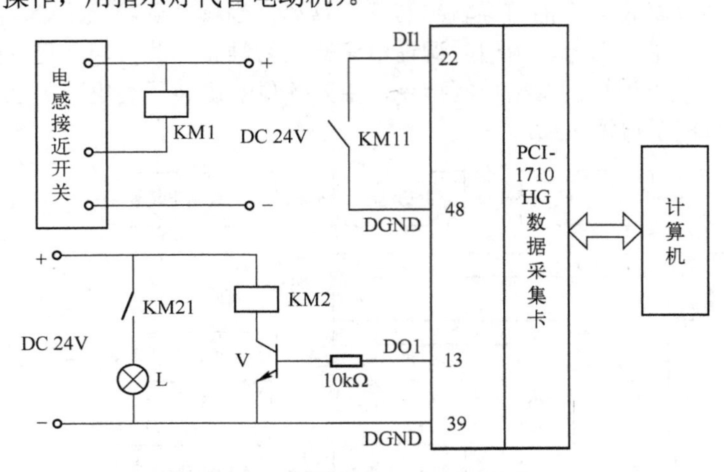

实训图2-5 计算机与数据采集卡组成的定位控制系统线路

2.4 定位控制程序设计任务

采用MCGS（通用版）编写程序实现PC与数据采集卡定位控制（开关量输入与开关量输出）。任务要求：PC接收数据采集卡发送的开关量输入信号状态值，同时在线路中输出开关量信号，并在画面中以指示灯形式显示输入与输出状态。

2.5 定位控制程序设计

2-3

1. 建立新工程项目

工程名称：“定位控制”。

窗口名称：“DI&DO”。

窗口标题：“开关量输入与输出”。

2. 制作图形画面

在工作台“用户窗口”对话框，双击新建的“DI&DO”窗口图标，进入画面开发系统。

1）通过工具箱“插入元件”工具为图形画面添加2个“指示灯”元件。

2）通过工具箱为图形画面添加2个“标签”构件，字符分别为“开关输入指示”和“开关输出指示”。

设计的图形画面如实训图 2-6 所示。

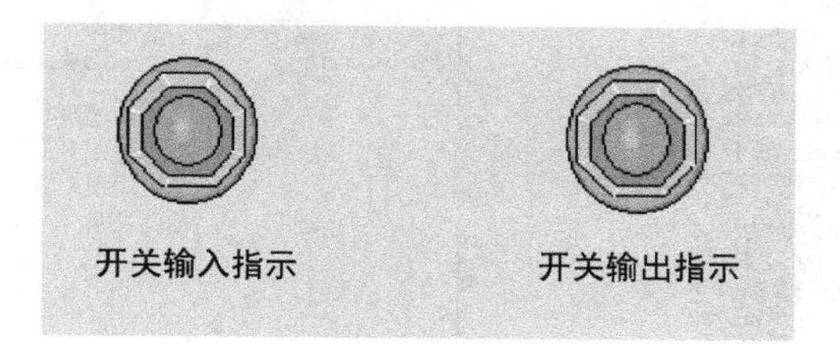

实训图 2-6　图形画面

2-5

3. 定义数据对象

在工作台“实时数据库”对话框，单击“新增对象”按钮，再双击新出现的对象，弹出“数据对象属性设置”对话框。

1）在“基本属性”对话框，对象名称改为“开关输入”，对象类型选择“开关”。

2）在“基本属性”对话框，对象名称改为“开关输出”，对象类型选择“开关”。

3）在“基本属性”对话框，对象名称改为“输入灯”，对象类型选择“开关”。

4）在“基本属性”对话框，对象名称改为“输出灯”，对象类型选择“开关”。

建立的实时数据库如实训图 2-7 所示。

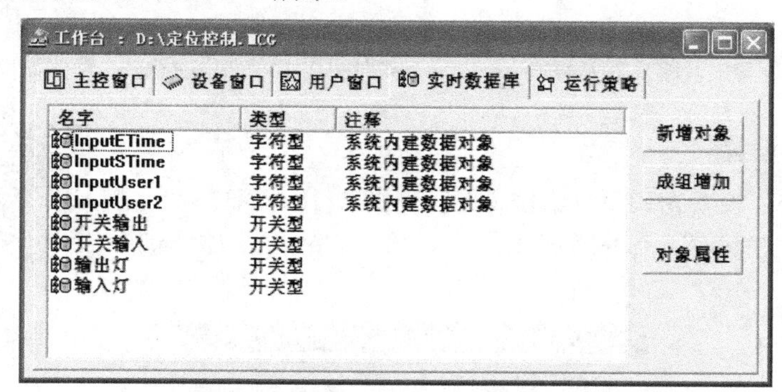

实训图 2-7　实时数据库

4. 添加设备

2-6

在工作台“设备窗口”对话框，双击“设备窗口”图标，出现“设备组态：设备窗口”，单击工具条上的“工具箱”按钮，弹出“设备工具箱”对话框。

1）单击“设备管理”按钮，弹出“设备管理”对话框。在可选设备列表中依次选择“所有设备”→“采集板卡”→“研华板卡”→“PCI_1710HG”→“研华_PCI1710HG”，单击“增加”按钮，将“研华_PCI1710HG”添加到右侧的选定设备列表中，如实训图 2-8 所示。单击“确认”按钮，选定的设备添加到“设备工具箱”对话框中，如实训图 2-9 所示。

2）在“设备工具箱”对话框，双击“研华_PCI-1710HG”，在“设备组态：设备窗口”中出现“设备 0-[研华_PCI1710HG]”，设备添加完成，如实训图 2-10 所示。

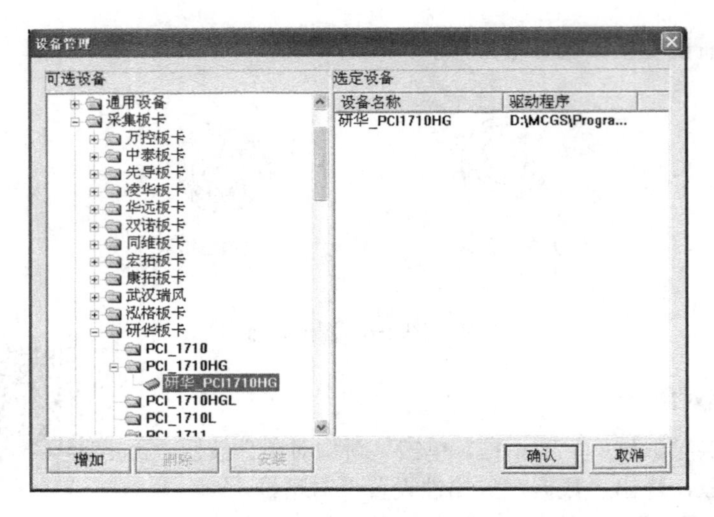

实训图 2-8 “设备管理”对话框

实训图 2-9 “设备工具箱”对话框

实训图 2-10 “设备组态：设备窗口”对话框

5. 设备属性设置

在“设备组态：设备窗口”对话框（见实训图 2-10），双击“设备 0-[研华_PCI1710HG]”，弹出“设备属性设置”对话框，如实训图 2-11 所示。

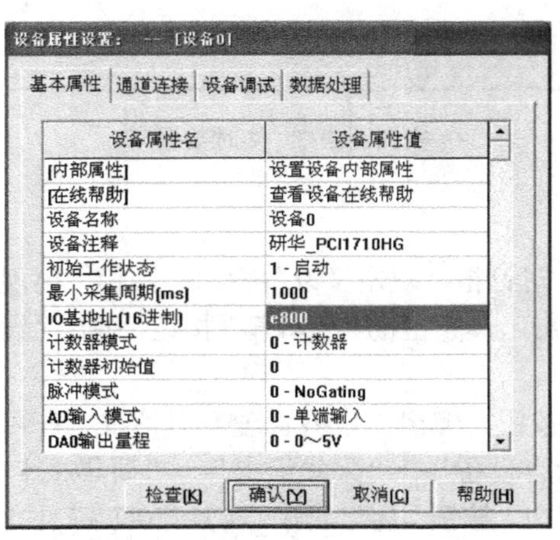

实训图 2-11 “设备属性设置”对话框

1）在“基本属性”对话框，将“IO 基地址（16 进制）”设为“e800”（IO 基地址即 PCI 板卡的端口地址，在 Windows 设备管理器中查看，该地址与板卡所在插槽的位置有关）。

2）在“通道连接”对话框，选择通道 17 对应的数据对象单元格（对应板卡数字量输入 1 通道），单击右键，弹出“连接对象”对话框，双击要连接的数据对象“开关输入”，完成对象连接，如实训图 2-12 所示。

3）在“通道连接”对话框，选择通道 33 对应的数据对象单元格（对应板卡数字量输出 1 通道），单击右键，弹出“连接对象”对话框，双击要连接的数据对象“开关输出”，完成对象连接，如实训图 2-13 所示。

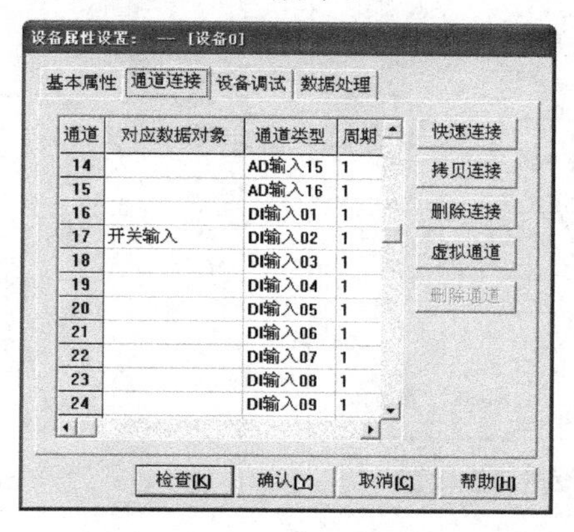

实训图 2-12　开关输入通道连接

实训图 2-13　开关输出通道连接

6．建立动画连接

在工作台“用户窗口”对话框，双击“DI&DO”窗口图标进入开发系统。通过双击画面中各图形对象，将各对象与定义好的变量连接起来。

建立“指示灯”元件的动画连接。双击画面中开关输入指示灯，弹出“单元属性设置”对话框，选择“数据对象”对话框。连接类型选择“可见度”。单击右侧的“？”按钮，弹出“数据对象连接”对话框，双击数据对象“输入灯”，在“数据对象”对话框，“可见度”行出现连接的数据对象“输入灯”。单击“确认”按钮完成开关输入指示灯的动画连接。

同样对开关输出指示灯进行动画连接，数据对象连接选择“输出灯”。

2-9

7．策略编程

在工作台“运行策略”对话框，单击“新建策略”按钮，出现“选择策略的类型”对话框，选择“事件策略”，单击“确定”按钮，“运行策略”窗口出现新建的“策略 1”。

选中“策略 1”，单击“策略属性”按钮，弹出“策略属性设置”对话框，将“策略名称”改为“开关控制”，“对应表达式”选择数据对象“开关输入”，“事件的内容”选择“表达式的值有改变时，执行一次”，如实训图 2-14 所示。

在工作台“运行策略”对话框，双击“开关控制”事件策略，弹出“策略组态：开关控制”窗口。

单击 MCGS 组态环境窗口工具条中的“新增策略行”按钮，在“策略组态：开关控制”

窗口中出现新增的策略行。单击选中策略工具箱中的“脚本程序”，将鼠标指针移动到策略块图标上，单击可添加“脚本程序”构件。双击“脚本程序”策略块，进入“脚本程序”编辑窗口，在编辑区输入如下程序（注释不需要输入）。

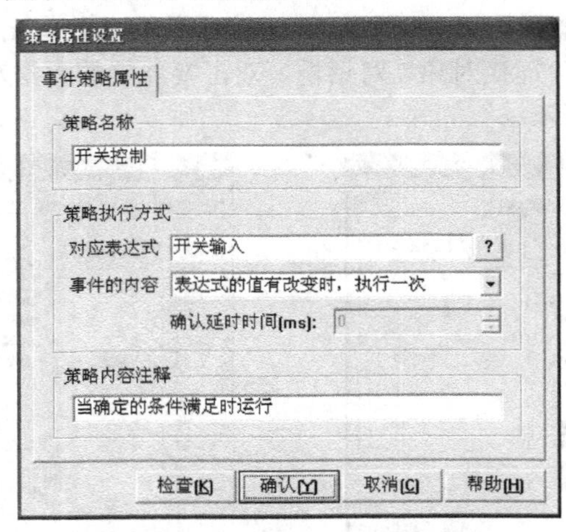

实训图 2-14 事件策略属性设置

```
If 开关输入=0 Then          '开关 KM11 闭合
   开关输出=1               'DO1 置高电平
   输入灯=1                 '输入指示灯颜色改变
   输出灯=1                 '输出指示灯颜色改变
Else                        '开关 KM11 打开
   开关输出=0               'DO1 置低电平
   输入灯=0                 '输入指示灯颜色改变
   输出灯=0                 '输出指示灯颜色改变
Endif
```

单击“确定”按钮，完成程序的输入。

2.6 设备调试与程序运行

1. 设备调试

在组态程序工作台“设备窗口”对话框，双击“设备窗口”图标，出现“设备组态：设备窗口”对话框（见实训图 2-10）。

双击“设备 0-[研华_PCI1710HG]”，弹出“设备属性设置”对话框（见实训图 2-11）。

（1）开关量输入调试

在“设备调试”对话框，找到通道号 17，如果系统连接正常，可以观察 PCI-1710HG 板卡数字量输入通道状态值，当前值为 1。

当金属物靠近电感接近开关时，继电器 KM1 的常开触点 KM11 闭合（或用导线将数据采集卡的数字量输入端子 DI1 与 DGND 端子短接），可以观察到数据对象“开关输入”对应的通道值由“1”变为“0”，如图实训 2-15 所示。当金属物离开接近开关时，“开关输入”对应的通道值由“0”变为“1”。

（2）开关量输出调试

找到通道号 33，用鼠标长按通道 33 对应数据对象“开关输出”的通道值单元格，通道值由“0”变为“1”，如实训图 2-16 所示。如果系统连接正常，线路中数据采集卡对应数字量输出 1 通道（13 引脚）置高电平，信号指示灯 L 亮；松开鼠标左键，“开关输出”的通道值由“1”变为“0”。

设备属性设置： — [设备0]

基本属性 | 通道连接 | 设备调试 | 数据处理

通道号	对应数据对象	通道值	通道类型
16		1	DI输入01
17	开关输入	0	DI输入02
18		1	DI输入03
19		1	DI输入04
20		1	DI输入05
21		1	DI输入06
22		1	DI输入07
23		1	DI输入08
24		1	DI输入09
25		1	DI输入10
26		1	DI输入11
27		1	DI输入12

检查[K]　确认[Y]　取消[C]　帮助[H]

实训图 2-15　开关量输入调试

设备属性设置： — [设备0]

基本属性 | 通道连接 | 设备调试 | 数据处理

通道号	对应数据对象	通道值	通道类型
32			DO输出01
33	开关输出	1	DO输出02
34			DO输出03
35			DO输出04
36			DO输出05
37			DO输出06
38			DO输出07
39			DO输出08
40			DO输出09
41			DO输出10
42			DO输出11
43			DO输出12

检查[K]　确认[Y]　取消[C]　帮助[H]

实训图 2-16　开关量输出调试

可以使用万用表测量 13 引脚和 39 引脚之间的电压值，应在 3.0V 以上。如果置低电平 0，电压值应该是 0V。

2-11

2．程序运行

实验平台搭建完成并测试无误后，运行已编写的组态程序。

当金属物靠近电感接近开关时，继电器 KM1 的常开触点 KM11 闭合（或用导线将数据采集卡开关量输入端子 DI1 和 DGND 端子短接），程序画面中开关量输入指示灯改变颜色；同时，数据采集卡数字量输出通道 DO1 置高电平，线路中指示灯 L 亮，程序画面中开关量输出指示灯改变颜色。

程序运行画面如实训图 2-17 所示。

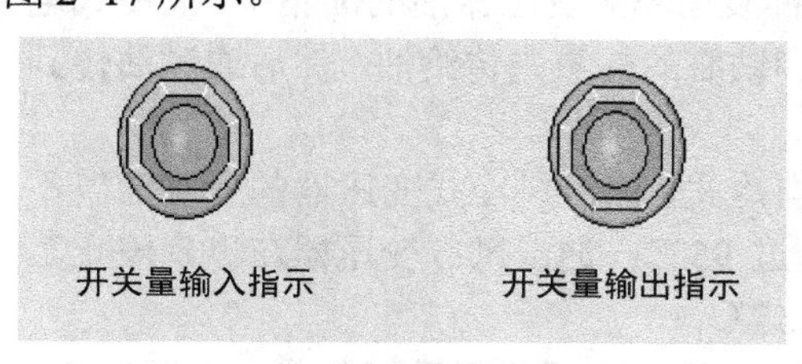

实训图 2-17　程序运行画面

实训3　变压器油温监控

3.1　学习目标

1）了解变压器油温监控系统的组成和主要硬件选型。
2）掌握 PC 与数据采集卡组成的模拟量输入和开关量输出系统的线路设计。
3）掌握 PC 与数据采集卡实现模拟量输入和开关量输出的 MCGS 程序设计方法。

3.2　变压器油温监控系统

3-1

1．变压器油温监控的意义

变压器是电力系统中的枢纽设备，承担着电压变换、电能分配和远距离输电等功能，并提供电力服务的重要任务，是不可缺少的电力设施部件。

作为电力系统的重要组成部分，变压器的安全运行对电力系统至关重要，是对电力系统安全、可靠、优质、经济运行的重要保证，必须最大限度地防止和减少变压器故障和事故的发生。

变压器有多种分类方式。按照用途分为电力变压器和特种变压器，电力变压器又可分为干式变压器和油浸式变压器。油浸式变压器由器身（铁心和绕组等）、变压器油、油箱和冷却装置、调压装置和保护装置等部分组成。

某油浸式变压器产品如实训图 3-1 所示。

实训图 3-1　油浸式变压器

油浸式变压器的器身都装在充满变压器油的油箱中。油浸式电力变压器在运行中，绕组和铁心的热量先传给油，然后通过油传到散热面。

国家标准规定：油浸自冷式、油浸风冷式变压器的上层油温不得超过 85℃，最高不得超过 95℃；油浸风冷变压器在风扇停止工作时，上层油温不得超过 55℃。

如果油温超过规定值，可能是变压器严重超负荷、电压过低、电流过大、内部有故障等，继续运行会严重损坏绝缘，缩短使用寿命或烧毁变压器，因此必须对变压器油温进行监测与控制，以保证变压器的正常运行和使用安全。

2．变压器油温监控系统组成

某变压器油温监控系统主要由温度传感器、信号调理器、模拟量输入装置、开关量输出装置、驱动电路、电风机和计算机等部分组成，如实训图 3-2 所示。

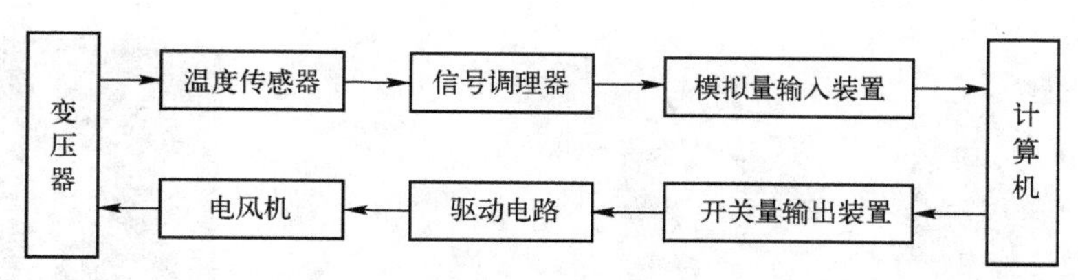

实训图 3-2 变压器油温监控系统结构框图

温度传感器检测变压器油温，通过信号调理器转换为模拟量电压信号，经模拟量输入装置送给计算机；计算机采集输入的信号，进行显示、处理、记录，并与设定值进行比较判断，当超过限定值时发出控制指令，经开关量输出装置输出开关量信号发送给驱动电路，使电风机运转进行降温处理。

变压器油温监控系统是一个典型的闭环控制系统。

系统设计中，温度传感器可选用 Pt100 热电阻，如实训图 3-3 所示；信号调理器可选用与 Pt100 热电阻配套的 WB 温度变送器，如实训图 3-4 所示，该变送器传输距离远，抗干扰能力强。该温度变送器的测温范围是 0～200℃，可输出 4～20mA 标准电流信号。

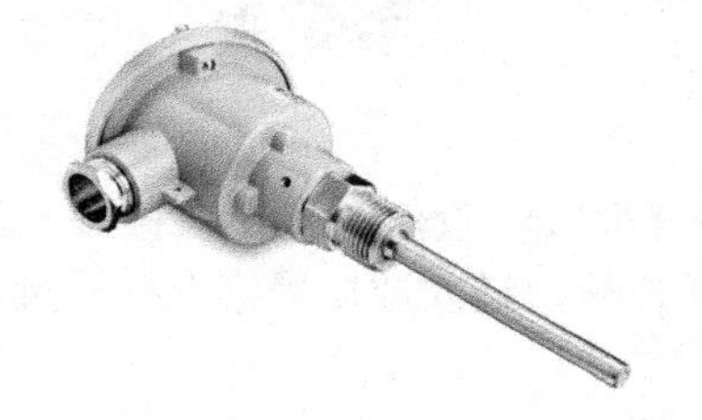

实训图 3-3 Pt100 热电阻

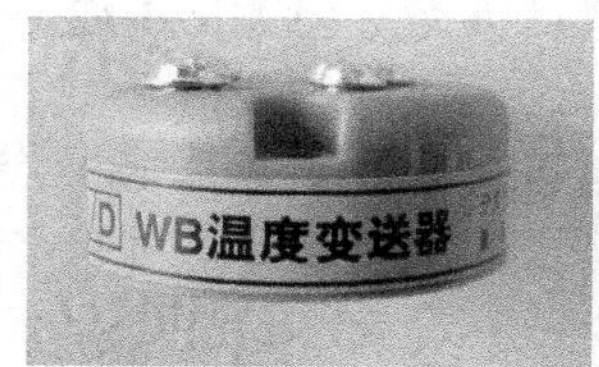

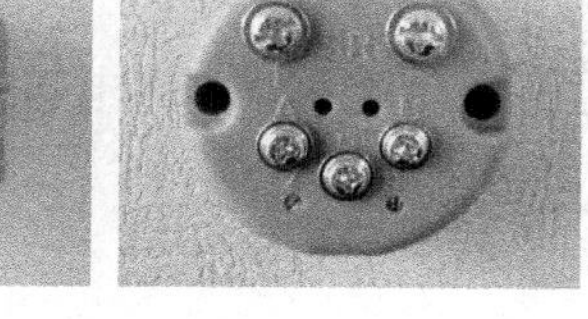

实训图 3-4 WB 温度变送器

模拟量输入装置和开关量输出装置均选用研华 PCI-1710HG 数据采集卡，如实训图 3-5 所示。

实训图 3-5 PCI-1710HG 数据采集卡

变压器温度较高时可采用强制风冷的方式来降温。本设计采用电风机给变压器降温。

电力变压器风冷电风机的主要部件是三相交流电动机。根据变压器的结构、工作环境和温度，选用某型号变压器专用电风机（如实训图 3-6 所示），供电电压为 AC 380V。

在实验室环境下，为保证安全，便于操作，可选用 DC 24V 散热风扇（如实训图 3-7 所示）代替 AC 380V 电风机进行系统测试。

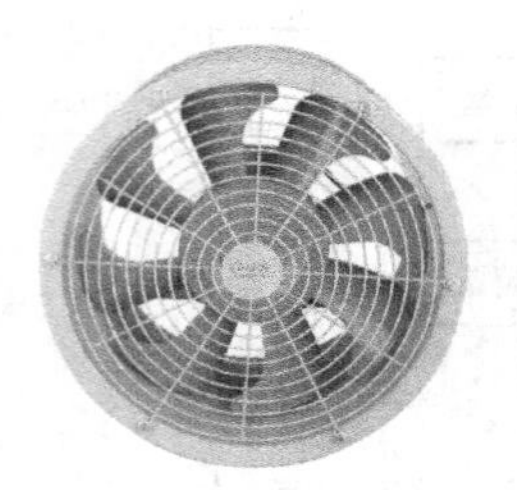

实训图 3-6 电风机

实训图 3-7 散热风扇

3.3 计算机与数据采集卡组成的温度监控系统线路

计算机与PCI-1710HG数据采集卡组成的温度监控系统线路如实训图3-8所示。数据采集卡通过PCI总线与计算机进行数据通信。

实训图3-8中，引脚32是模拟量输入5通道（AI5），引脚60是模拟地（AIGND）；引脚13是数字量输出1通道（DO1），引脚39是数字地（DGND）。

温度传感器Pt100热电阻检测温度变化，通过温度变送器（测量范围为0～200℃）转换为4～20mA电流信号，经过250Ω电阻转换为1～5V电压信号，送入数据采集卡模拟量输入5通道。

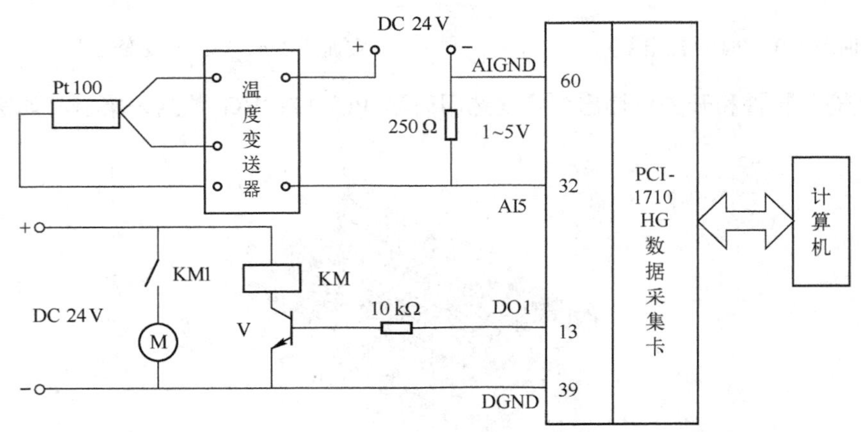

实训图 3-8 计算机与数据采集卡组成的温度监控系统线路

当检测温度大于等于计算机设定的上限值时，计算机输出开关量控制信号，使数据采集卡数字量输出1通道13引脚置高电平，晶体管V导通，继电器KM的常开触点KM1闭合，风扇M转动；当检测温度小于计算机设定的上限值，计算机输出开关量控制信号，使数据采集卡数字量输出1通道13引脚置低电平，晶体管V截止，继电器KM的常开触点KM1断开，风扇M停止转动。（本实验继电器驱动控制电路一般做成继电器模块电路板供读者购买选用。实验时，为便于操作，可用指示灯代替风扇）

实验室测试时，可以使用稳压电源输出1～5V电压信号，将其送入数据采集卡模拟量输入5通道（AI5和AIGND）来模拟温度变化信号。

3.4　温度检测与控制程序设计任务

采用MCGS（通用版）编写程序实现PC与PCI-1710HG数据采集卡温度检测与控制（模拟量输入和开关量输出）。任务要求：

1）自动连续读取并显示温度测量值。

2）绘制测量温度实时变化曲线和历史变化曲线。

3）当温度超过上限值时，实现报警指示。

3.5　温度检测与控制程序设计

1. 建立新工程项目

双击桌面“MCGS组态环境”图标，进入MCGS组态环境。

1）单击“文件”菜单，从下拉菜单中选择“新建工程”命令，出现“工作台”对话框。

2）单击“文件”菜单，弹出下拉菜单，选择“工程另存为”子菜单，弹出“保存为”窗口，将文件名改为“油温监控”，单击“保存”按钮，进入工作台窗口。

3）单击工作台“用户窗口”对话框中的“新建窗口”按钮，工作台“用户窗口”对话框出现新建“窗口0”。

4）选中“窗口0”，单击“窗口属性”按钮，弹出“用户窗口属性设置”对话框。将“窗口名称”改为“主画面”，“窗口标题”改为“温度监控”，“窗口位置”选择“最大化显示”，单击“确认”按钮。

5）按照步骤3）～步骤4）同样地建立2个用户窗口，“窗口名称”分别为“历史曲线”和“报警信息”；“窗口标题”分别为“历史曲线”和“报警信息”，“窗口位置”均选择“任意摆放”。

6）选择工作台“用户窗口”对话框的“主画面”窗口，右击，在弹出的快捷菜单中选择“设置为启动窗口”。

3-4

2. 制作图形画面

（1）“主画面”窗口画面

在工作台“用户窗口”对话框，双击“主画面”窗口图标，进入画面开发系统。

1）通过工具箱为图形画面添加1个“实时曲线”构件。

2）通过工具箱“插入元件”工具为图形画面添加1个“仪表”元件。

3）通过工具箱为图形画面添加2个“标签”构件，字符分别为“温度值：”和“报警灯：”；标签的边线颜色设置为“无边线颜色”（双击标签进行设置）。

4）通过工具箱为图形画面添加1个“输入框”构件。单击工具箱中的“输入框”构件图标，然后将鼠标指针移动到画面上，在空白处单击并拖动鼠标，画出适当大小的矩形框，出现“输入框”构件。

5）通过工具箱“插入元件”工具为图形画面添加1个“指示灯”元件。

设计的“主画面”窗口画面如实训图3-9所示。

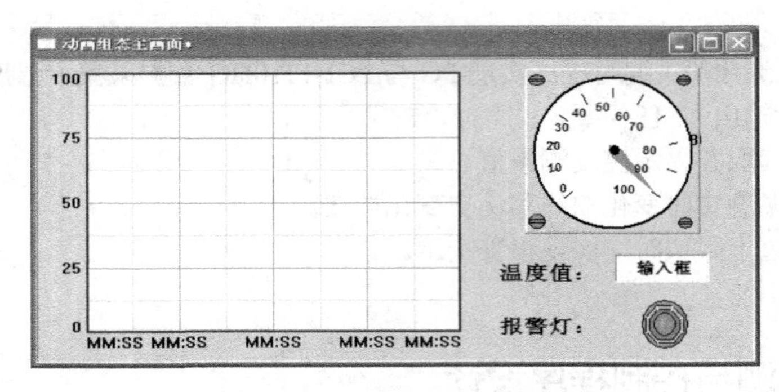

实训图3-9 “主画面”窗口画面

（2）“历史曲线”窗口画面

在工作台“用户窗口”对话框，双击“历史曲线”窗口图标，进入画面开发系统。

1）通过工具箱为图形画面添加1个“标签”构件，字符为“历史曲线”。标签的边线颜色设置为“无边线颜色”。

2）通过工具箱为图形画面添加1个“历史曲线”构件。单击工具箱中的“历史曲线”构件图标，然后将鼠标指针移动到画面上，在空白处单击并拖动鼠标，画出一个适当大小的矩形框，出现“历史曲线”构件。

设计的“历史曲线”窗口画面如实训图3-10所示。

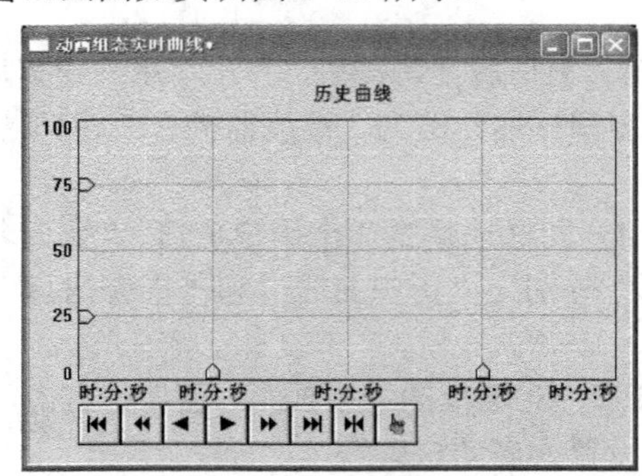

实训图3-10 “历史曲线”窗口画面

（3）“报警信息”窗口画面

在工作台“用户窗口”对话框，双击“报警信息”窗口图标，进入画面开发系统。

1）通过工具箱为图形画面添加1个“标签”构件，字符为“报警信息”。标签的边线颜色设置为“无边线颜色”。

2）通过工具箱为图形画面添加1个“报警显示”构件。单击工具箱中的“报警显示”构件图标，然后将鼠标指针移动到画面上，在空白处单击并拖动鼠标，画出适当大小的矩形框，出现“报警显示”构件。

设计的“报警信息”窗口画面如实训图3-11所示。

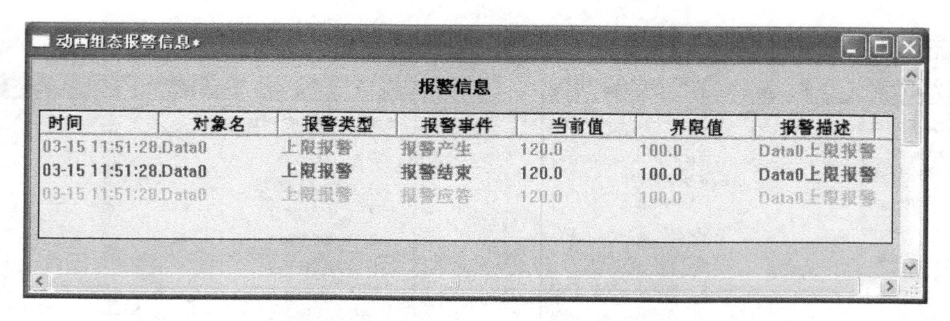

实训图 3-11 “报警信息”窗口画面

3-5

3．菜单设计

1）在工作台“主控窗口”对话框，单击“菜单组态”按钮，弹出“菜单组态：运行环境菜单”窗口，如实训图 3-12 所示。右键单击“系统管理[&S]”，弹出快捷菜单，选择“删除菜单”项，清除自动生成的默认菜单。

2）单击工具条中的“新增菜单项”按钮，生成“[操作 0]”菜单。双击“[操作 0]”菜单，弹出“菜单属性设置”对话框。在“菜单属性”对话框中，将“菜单名”设为“系统”，“菜单类型”选择“下拉菜单项”，如实训图 3-13 所示。单击“确认”按钮，生成“系统”菜单。

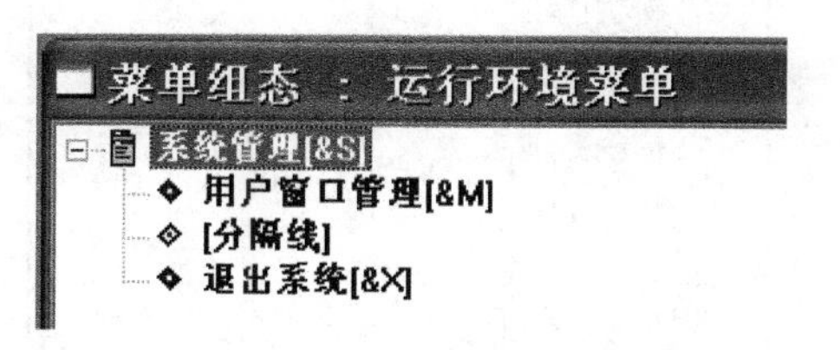

实训图 3-12 “菜单组态：运行环境菜单”窗口

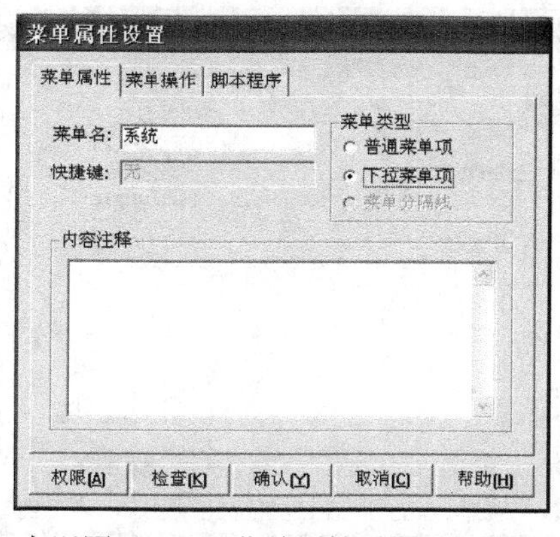

实训图 3-13 “菜单属性设置”对话框

3）在“菜单组态：运行环境菜单”窗口选择“系统”菜单，右击，弹出快捷菜单，选择“新增下拉菜单”项，新增 1 个下拉菜单“[操作集 0]”。

双击“[操作集 0]”菜单，弹出“菜单属性设置”对话框，在该对话框中，将“菜单名”改为“退出(X)”，“菜单类型”选择“普通菜单项”，鼠标放在快捷键输入框中同时按键盘上的〈Ctrl〉和〈X〉键，则输入框中出现“Ctrl+X”，如实训图 3-14 所示。在“菜单操作”对话框中，“菜单对应的功能”选择“退出运行系统”，单击右侧下拉箭头，选择“退出运行环境”选项，如实训图 3-15 所示。单击“确认”按钮，设置完毕。

4）单击工具条中的“新增菜单项”按钮，生成“[操作 0]”菜单。双击“[操作 0]”菜单，弹出“菜单属性设置”对话框。在“菜单属性”对话框中，将“菜单名”改为“功能”，“菜单类型”选择“下拉菜单项”，单击“确认”按钮，生成“功能”菜单。

5）在“菜单组态：运行环境菜单”窗口选择“功能”菜单，单击右键，弹出快捷菜单，选择“新增下拉菜单”项，新增1个下拉菜单“[操作集0]”。

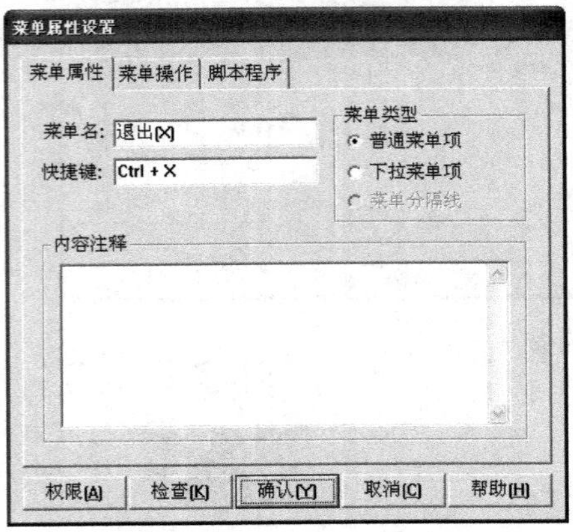

实训图3-14　“退出”菜单属性设置

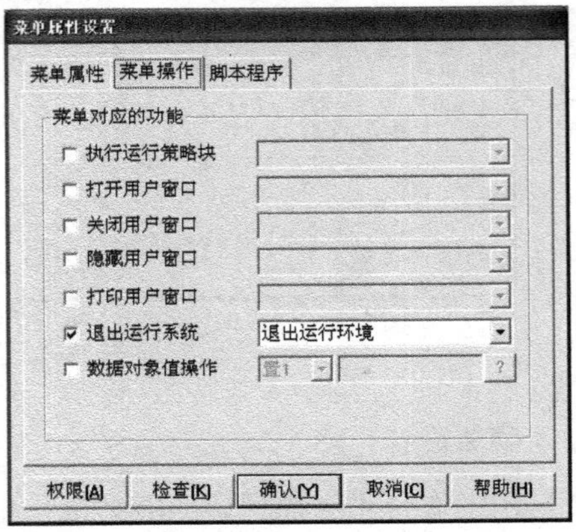

实训图3-15　“退出”菜单操作属性设置

双击“[操作集0]”菜单，弹出“菜单属性设置”对话框，在“菜单属性”对话框中，将“菜单名”设为“历史曲线”，“菜单类型”选择“普通菜单项”，如实训图3-16所示；在“菜单操作”对话框，“菜单对应的功能”选择“打开用户窗口”，在右侧下拉列表框中选择“历史曲线”，如实训图3-17所示。单击“确认”按钮，设置完毕。

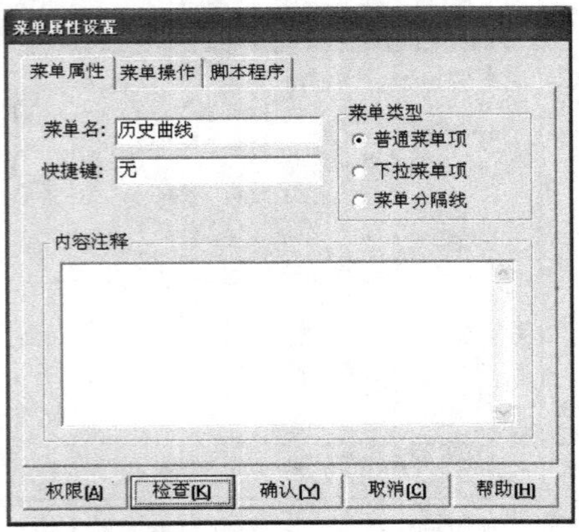

实训图3-16　“历史曲线”菜单属性设置

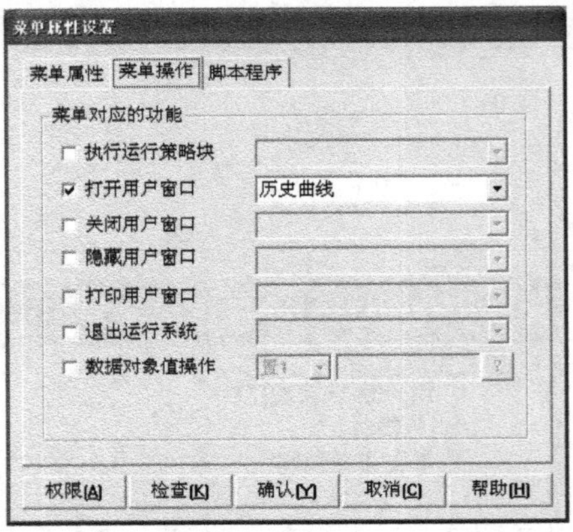

实训图3-17　“历史曲线”菜单操作属性设置

6）在“菜单组态：运行环境菜单”窗口选择“功能”菜单，右击，弹出快捷菜单，选择“新增下拉菜单”项，新增1个下拉菜单“[操作集0]”。

双击“[操作集0]”菜单，弹出“菜单属性设置”对话框，在“菜单属性”对话框中，将“菜单名”设为“报警信息”，“菜单类型”选择“普通菜单项”，如实训图3-18所示；在“菜单操作”对话框，“菜单对应的功能”选择“打开用户窗口”，在右侧下拉列表框中选择“报警信息”，如实训图3-19所示。单击“确认”按钮，设置完毕。

7）在“菜单组态：运行环境菜单”窗口中分别选择“退出(X)”“历史曲线”和“报警信息”菜单项，右击，弹出快捷菜单，选择“菜单右移”项，3个菜单项右移；右击，弹出快捷菜单，选择“菜单上移”项，可以调整“历史曲线”和“报警信息”菜单上下位置。

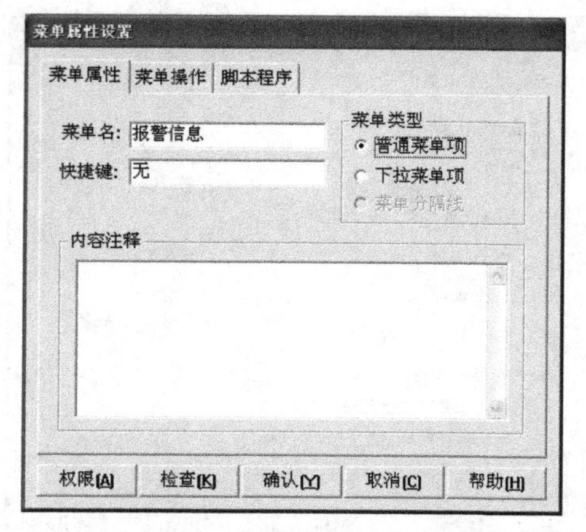

实训图 3-18 “报警信息”菜单属性设置

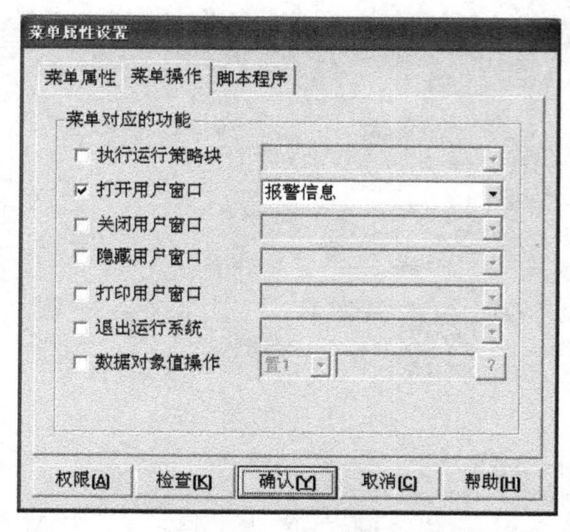

实训图 3-19 “报警信息”菜单操作属性设置

设计完成的菜单结构如实训图 3-20 所示。

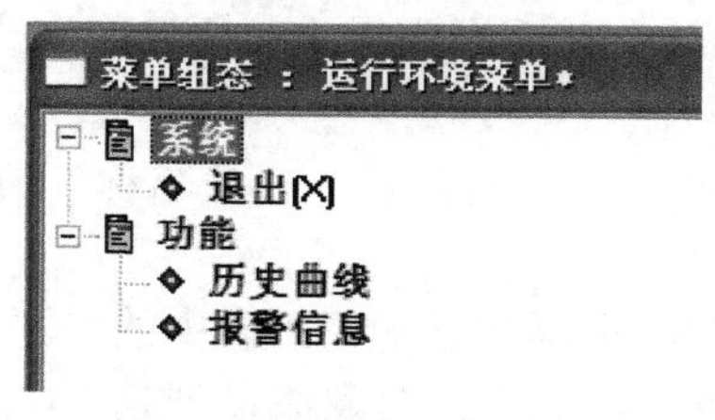

实训图 3-20　菜单结构

4. 定义数据对象

在工作台“实时数据库”对话框，单击“新增对象”按钮，再双击新出现的对象，弹出“数据对象属性设置”对话框。

1）在“基本属性”对话框，将“对象名称”改为“测量温度”，“对象类型”选择“数值”，“小数位数”设为“1”，“最小值”设为“0”，“最大值”设为“200”。

在“报警属性”对话框，选择“允许进行报警处理”复选框，报警设置域被激活。选择“报警设置域”中的“上限报警”，“报警值”设为“40”，“报警注释”输入“温度高于上限!”，如实训图 3-21 所示。

在“存盘属性”对话框，“数据对象值的存盘”选择“定时存盘”，存盘周期设为“1”秒，“报警数值的存盘项”选择“自动保存产生的报警信息”，如实训图 3-22 所示。

单击“确认”按钮，“测量温度”报警设置完毕。

2）新增对象，在“基本属性”对话框，将“对象名称”改为“电压”，“对象类型”选择“数值”，“小数位数”设为“2”，“最小值”设为“0”，“最大值”设为“10”。

3）新增对象，在“基本属性”对话框，将“对象名称”改为“电压 1”，“对象类型”选择“数值”，“小数位数”设为“0”，“最小值”设为“0”，“最大值”设为“10000”。

4）新增对象，在“基本属性”对话框，将“对象名称”改为“温度上限”，“对象类型”选“数值”，“小数位”设为“0”，“对象初值”设为“30”，“最小值”设为“0”，“最大值”设为“200”。

5）新增对象，在“基本属性”对话框，将“对象名称”改为“上限灯”，“对象类型”选择“开关”。

实训图 3-21 “测量温度”报警属性设置

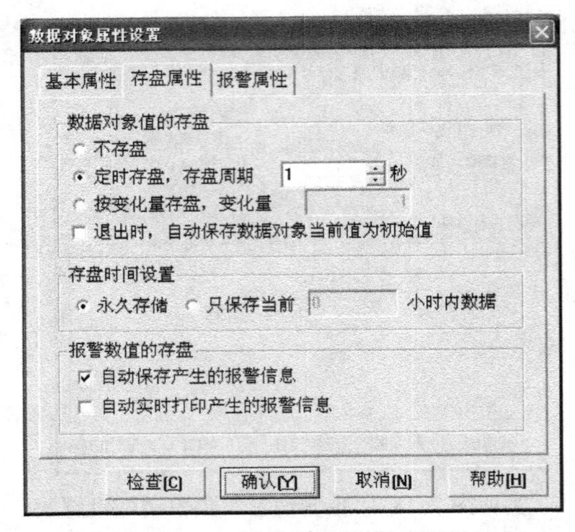

实训图 3-22 “测量温度”存盘属性设置

6）新增对象，在“基本属性”对话框，将“对象名称”改为“上限开关”，“对象类型”选择“开关”。

7）新增对象，在“基本属性”对话框，将“对象名称”改为“温度组”，“对象类型”选“组对象”，如实训图 3-23 所示。

在“组对象成员”对话框中，选择数据对象列表中的“测量温度”，单击“增加”按钮，数据对象“测量温度”被添加到右边的“组对象成员列表”中，如实训图 3-24 所示。

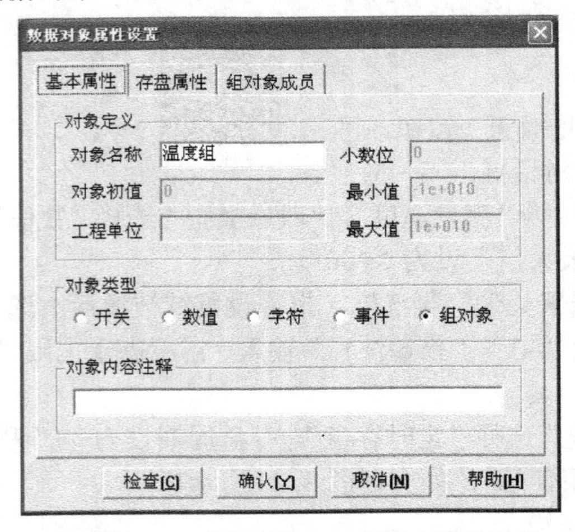

实训图 3-23 “温度组”对象基本属性设置

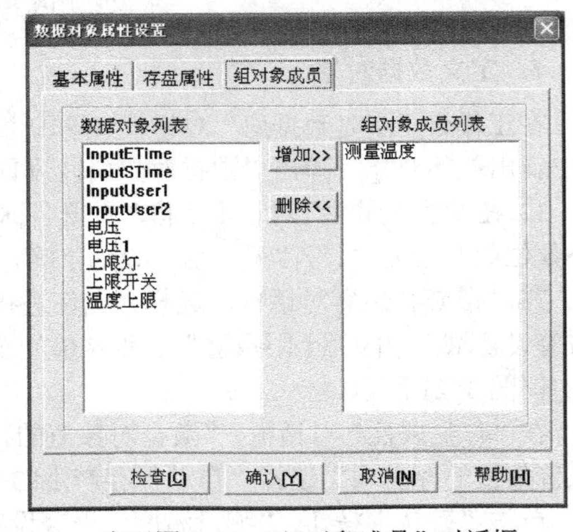

实训图 3-24 “组对象成员”对话框

在“存盘属性”对话框，选择“定时存盘”选项，存盘周期设为“1”秒。

建立的实时数据库如实训图 3-25 所示。

5．添加采集板卡设备

3-7

在工作台“设备窗口”对话框，双击“设备窗口”图标，出现“设备组态：设备窗口”，单击工具条上的“工具箱”按钮，弹出“设备工具箱”对话框。

1）单击“设备管理”按钮，弹出“设备管理”对话框。在“可选设备”列表中依次选择“所有设备”→“采集板卡”→“研华板卡”→“PCI_1710HG”→“研华_PCI1710HG”，单击“增加”按钮，将“研华_PCI1710HG”添加到右侧的选定设备列表中，如实训图3-26所示。单击“确认”按钮，选定的设备添加到“设备工具箱”对话框中，如实训图3-27所示。

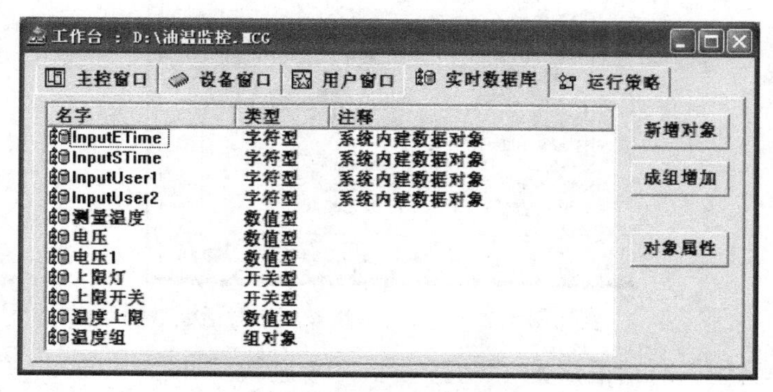

实训图3-25　实时数据库

2）在“设备工具箱”对话框双击“研华_PCI1710HG”，在“设备组态：设备窗口”中出现“设备0-[研华_PCI1710HG]”，设备添加完成，如实训图3-28所示。

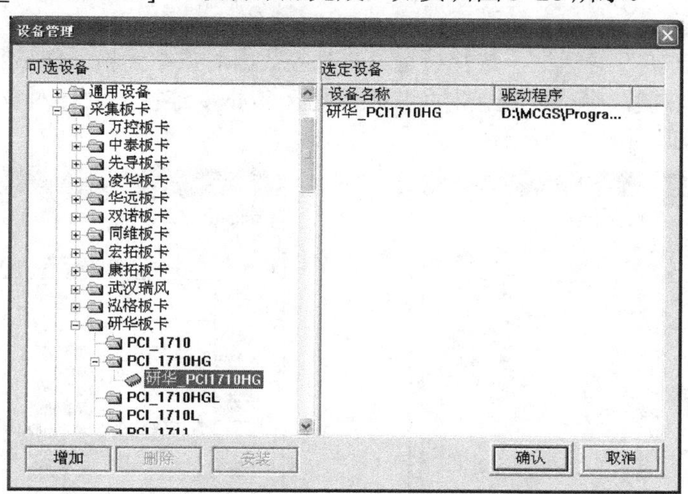

实训图3-26　“设备管理”对话框

实训图3-27　“设备工具箱”对话框

实训图3-28　“设备组态：设备窗口”对话框

6．设备属性设置

3-8

在“设备组态：设备窗口”对话框（见实训图3-28），双击“设备0-[研华_PCI1710HG]”，弹出“设备属性设置”对话框，如实训图3-29所示。

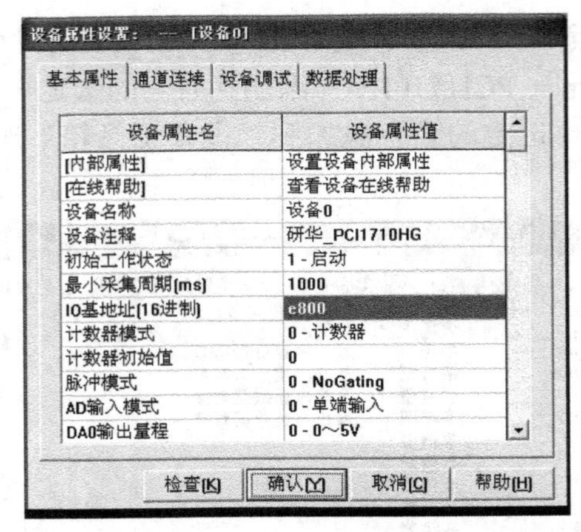

实训图 3-29 “设备属性设置”对话框

1）在“基本属性”对话框，将“IO 基地址（16 进制）”设为“e800”（IO 基地址即 PCI 板卡的端口地址，在 Windows 设备管理器中查看，该地址与板卡所在插槽的位置有关）。

2）在“通道连接”对话框，选择通道 5 对应数据对象单元格（对应板卡模拟量输入 5 通道），单击右键，弹出“连接对象”对话框，双击要连接的数据对象“电压 1”，完成对象连接，如实训图 3-30 所示。

3）在“通道连接”对话框，选择通道 33 对应数据对象单元格（对应板卡数字量输出 1 通道 DO1），单击右键，弹出“连接对象”对话框，双击要连接的数据对象“上限开关”，完成对象连接，如实训图 3-31 所示。

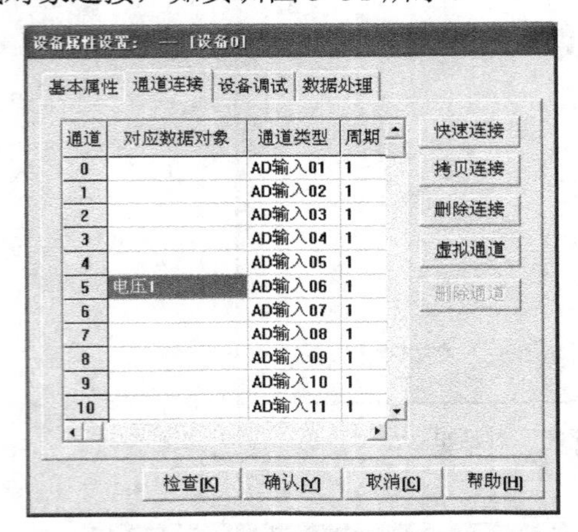

实训图 3-30 模拟量输入通道连接

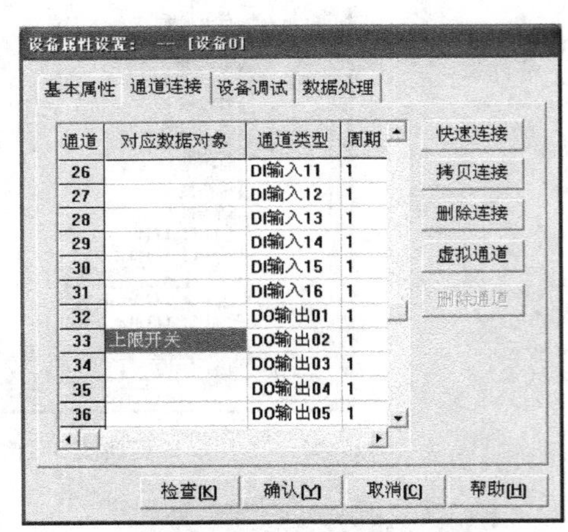

实训图 3-31 开关量输出通道连接

7．建立动画连接

（1）“主画面”窗口画面对象动画连接

在工作台“用户窗口”对话框，双击“主画面”窗口图标，进入“动画组态主画面”窗口。

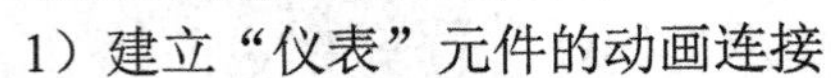

1）建立“仪表”元件的动画连接

双击窗口画面中的仪表元件，弹出“单元属性设置”对话框。选择“数据对象”对话框。“连接类型”选择“仪表输出”。单击右侧的“？”按钮，弹出“数据对象连接”对话框，双击数据对象“测量温度”，在“数据对象”对话框“仪表输出”行出现连接的数据对象“测量温度”。单击“确认”按钮完成仪表元件的动画连接。

2）建立温度值显示“输入框”构件动画连接

双击窗口画面中当前温度值显示“输入框”构件，出现“输入框构件属性设置”对话框。在“操作属性”对话框中，将对应数据对象的名称设置为“测量温度”，将数值输入的取值范围“最小值”设为“0”，“最大值”设为“100”。注意：“可见度属性”对话框中“表达式”为空。

3）建立“指示灯”元件的动画连接

双击窗口画面中报警指示灯元件，弹出“单元属性设置”对话框。

在“动画连接”对话框，单击“组合图符”图元后的“？”按钮，在弹出窗口中双击数据对象“上限灯”，单击“确认”按钮完成连接。

4）建立“实时曲线”窗口画面对象动画连接

双击窗口画面中的“实时曲线”构件，弹出“实时曲线构件属性设置”对话框。

在“画笔属性”对话框，“曲线1表达式”选择数据对象“测量温度”；在“标注属性”对话框，“时间单位”选择“分钟”，“X轴长度”设为“2”，“Y轴最大值”设为“100”。

注意：“可见度属性”对话框中“表达式”为空。

（2）“历史曲线”窗口画面对象动画连接

在工作台“用户窗口”对话框，双击“历史曲线”窗口图标，进入“动画组态历史曲线”窗口。双击窗口画面中“历史曲线”构件，弹出“历史曲线构件属性设置”对话框。

1）在“基本属性”对话框中，将“曲线名称”设为“温度历史曲线”。

2）在“存盘数据”对话框中，“历史存盘数据来源”选择“组对象对应的存盘数据”，在右侧下拉列表框中选择“温度组”选项。

3）在“标注设置”对话框中，将“X轴坐标长度”设为“10”，“时间单位”选择“分”，“标注间隔”设为“1”。

4）在“曲线标识”对话框中，选择曲线1，“曲线内容”设为“测量温度”，“最大坐标”设为“200”，“实时刷新”设为“测量温度”。

单击“确认”按钮完成“历史曲线”构件动画连接。

（3）“报警信息”窗口画面对象动画连接

在工作台“用户窗口”对话框，双击“报警信息”窗口图标，进入“动画组态报警信息”窗口。双击窗口画面中“报警显示”构件，弹出“报警显示构件属性设置”对话框。

在“基本属性”对话框，对应的数据对象的名称设为“测量温度”。

注意：“可见度属性”对话框中“表达式”为空。

8．策略编程

3-10

在工作台“运行策略”对话框，双击“循环策略”项，弹出“策略组态：循环策略”编辑窗口，策略工具箱自动加载（如果未加载，单击右键，选择“策略工具箱”命令）。

单击 MCGS 组态环境窗口工具条中的“新增策略行”按钮，在“策略组态：循环策略”编辑窗口中出现新增的策略行。单击选中策略工具箱中的“脚本程序”，将鼠标指针移动到策略块图标上，单击可添加“脚本程序”构件。双击“脚本程序”策略块，进入“脚本程序”编辑窗口，在编辑区输入如下程序（为提高编程速度，可以不输入注释性文字）。

```
电压=电压1 / 1000                 '把采集的数字量值转换为电压值
测量温度=(电压-1)*50               '把电压值转换为温度值
温度上限=40                        '设置温度上限值
IF 测量温度>=温度上限 THEN
  上限开关=1                       'DO1 通道置 1
  上限灯=1
ELSE
  上限开关=0                       'DO1 通道置 0
  上限灯=0
ENDIF
!SETALMVALUE(测量温度,温度上限,3)
```

程序的含义是：利用公式“电压=电压 1/1000”把采集的数字量值转换为电压值，利用公式“测量温度=(电压-1)*50”把电压值转换为温度值（数据采集卡采集到 1～5V 电压值，对应的温度值范围是 0～200℃，温度与电压是线性关系）。

当温度大于等于设定的上限温度值 40℃时，上限开关对应的数字量输出通道置高电平 1，风扇转动，画面中上限报警灯改变颜色；否则，当温度小于设定的上限温度值时，上限开关对应的数字量输出通道置低电平 0，风扇停止转动，画面中上限报警灯改变颜色。同时，显示报警信息。

单击“确定”按钮，完成程序的输入。

关闭“策略组态：循环策略”编辑窗口，保存程序，返回到工作台“运行策略”对话框，选择“循环策略”，单击“策略属性”按钮，弹出“策略属性设置”对话框，将“策略执行方式”的定时循环时间设置为“1000”ms，单击“确认”按钮。

3.6 设备调试与程序运行

1．设备调试

3-11

在工作台“设备窗口”对话框，双击“设备窗口”图标，出现“设备组态：设备窗口”对话框（见实训图 3-28）。

双击“设备 0-[研华_PCI1710HG]”，弹出“设备属性设置”对话框（见实训图 3-29）。

（1）模拟量输入调试

在“设备调试”对话框，如果系统连接正常，可以观察研华-PCI-1710HG 数据采集卡模拟量输入 5 通道输入电压值的数字量值，当前显示 2583.0，如实训图 3-32 所示。该值除以 1000 就是输入电压值，即 2.583V。

使用万用表测量数据采集卡接线端子板 32 端点（AI5）和 60 端点（AIGND）之间的电压值，大小应该与“设备调试”对话框采集的电压值基本相同（存在测量误差）。

利用公式“测量温度=(电压-1)*50”把电压值转换为温度值，当前温度值为 79.15℃。

（2）开关量输出调试

找到通道号 33，用鼠标长按通道 33 对应数据对象“上限开关”的通道值单元格，通道值由“0”变为“1”，如实训图 3-33 所示。如果系统连接正常，线路中数据采集卡对应数字量输出 1 通道（13 引脚）置高电平，风扇 M 转动。

通道号	对应数据对象	通道值	通道类型
0		-869.1	AD输入01
1		-1374.5	AD输入02
2		2.4	AD输入03
3		-871.5	AD输入04
4		2.4	AD输入05
5	电压1	2583.0	AD输入06
6		2.4	AD输入07
7		0.0	AD输入08
8		2.4	AD输入09
9		2.4	AD输入10
10		2.4	AD输入11
11		2.4	AD输入12

实训图 3-32　模拟量输入调试

通道号	对应数据对象	通道值	通道类型
29		1	DI输入14
30		1	DI输入15
31		1	DI输入16
32			DO输出01
33	上限开关	1	DO输出02
34			DO输出03
35			DO输出04
36			DO输出05
37			DO输出06
38			DO输出07
39			DO输出08
40			DO输出09

实训图 3-33　开关量输出调试

可以使用万用表测量 13 引脚和 39 引脚之间的电压值，应该在 3.0V 以上。如果置低电平 0，电压值应该是 0V。

3-12

2. 程序运行

实验平台搭建完成并测试无误后，运行已编写的组态程序。

给 Pt100 温度传感器加热，程序画面中显示当前数据采集卡测量的温度值，仪表指针随着温度变化而转动，当温度变化时，可以看到随温度变化的实时曲线。

当测量温度大于等于 40℃时，线路中数据采集卡数字量输出通道 DO1 置高电平，继电器常开触点闭合，风扇转动，程序画面中上限指示灯改变颜色。

当测量温度小于 40℃时，线路中数据采集卡数字量输出通道 DO1 置低电平，继电器常开触点断开，风扇停止转动，程序画面中上限指示灯改变颜色。

实验室测试时，可以使用稳压电源输出 1～5V 电压信号送入数据采集卡的模拟量输入 5 通道。该电压可以代替温度变送器输出的电信号，反映 0～200℃温度变化。

转动稳压电源调压旋钮，改变输出电压，该电压模拟了温度变化。

“主画面”窗口运行画面如实训图 3-34 所示。

单击“主画面”窗口中的“功能”菜单，选择“历史曲线”子菜单，弹出“历史曲线”窗口画面。画面中显示温度值变化历史曲线，如实训图 3-35 所示。可以单击窗口中的按钮，选择“最近”项，设置历史曲线显示时间。

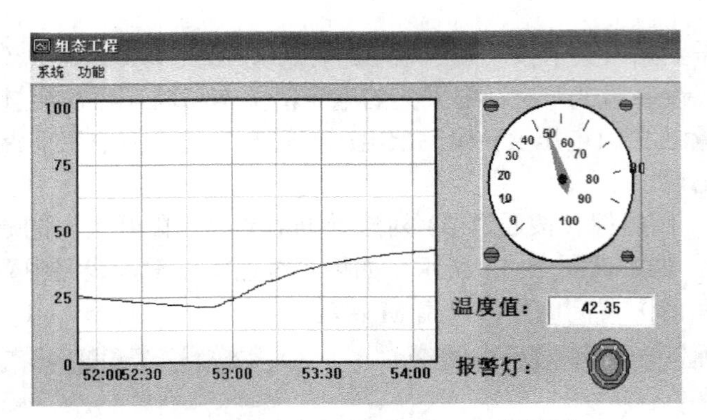

实训图 3-34 “主画面”窗口运行画面

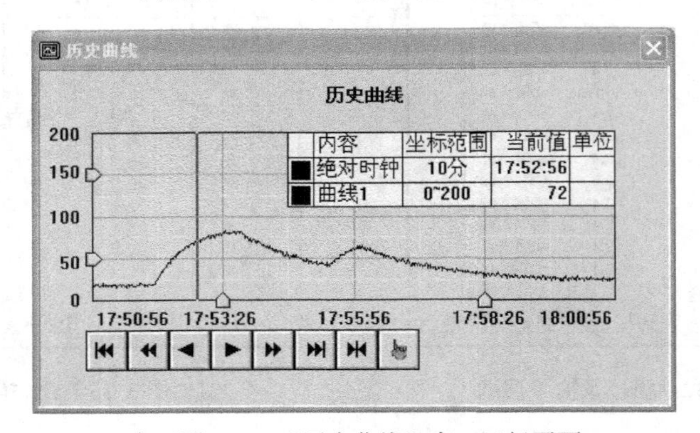

实训图 3-35 “历史曲线”窗口运行画面

单击“主画面”窗口中的“功能”菜单，选择“报警信息”子菜单，出现“报警信息”窗口画面。报警信息窗口显示时间、对象名、报警类型、报警事件、当前值、界限值以及报警描述等报警信息，如实训图 3-36 所示。

报警信息

时间	对象名	报警类型	报警事件	当前值	界限值	报警描述
09-19 21:02:44	测量温度	上限报警	报警产生	94.165	40	温度高于上限!
09-19 21:03:04	测量温度	上限报警	报警结束	36.4258	40	温度高于上限!
09-19 21:03:16	测量温度	上限报警	报警产生	52.2949	40	温度高于上限!
09-19 21:03:29	测量温度	上限报警	报警结束	36.6699	40	温度高于上限!

实训图 3-36 “报警信息”窗口运行画面

3. 模拟仿真

如果条件有限，无法搭建数据采集卡温度监控实验平台，又想测试组态程序，观看画面运行效果，可以修改程序进行模拟仿真。

因为没有搭建硬件系统，上面程序中，变量“测量温度”无法获得随温度变化的数值，为实现模拟仿真，在程序中让变量“测量温度”随时间自动变化。

在“脚本程序”编辑窗口的编辑区将程序作如下变化：

```
测量温度=测量温度+5;          '每隔 1000ms，变量“测量温度”的值增加 5
温度上限=80
IF 测量温度>=温度上限 THEN
  上限灯=1
ELSE
  上限灯=0
ENDIF
!SETALMVALUE(测量温度,温度上限,3)
```

运行程序，同样可以看到相同的运行画面。

实训4　驾考汽车压线监测

4.1　学习目标

1）了解驾考汽车压线监测系统的组成和主要硬件选型。
2）掌握 PC 与远程 I/O 模块组成的开关量输入系统线路设计。
3）掌握 PC 与远程 I/O 模块实现开关量输入的 MCGS 程序设计方法。

4.2　小型汽车驾考监测系统

1. 小型汽车驾考简介

小型汽车驾照考试（简称驾考）包括三个科目：科目一、科目二和科目三。

科目一是理论考试，它分为两个部分：第一部分主要考核道路交通安全法律法规、交通信号、通行规则等最基本的知识，在学员接受场内驾驶技能培训之前进行；第二部分主要考核安全文明驾驶要求、复杂条件下的安全驾驶知识、紧急情况下的临危处置方法等，作为科目三的一个考试项目，放在路考后进行。

科目二是场地驾驶技能考试，包括倒车入库、坡道定点停车和起步、侧方停车、曲线行驶、直角转弯等 5 项内容。

科目三是路考，主要是实际道路驾驶技能考试，还有科目一的第二部分考核。

学员在科目二的 5 项考试中，都要求不得压碰库位、车道的边线，不得中途停止，保持连续运行的状态。学员在考试中一旦车轮压边线或中途停下，就会判定考试不通过。

科目二一般在车管所指定的考试场地进行，场地内设有监测中心，对学员操作及考试车辆行驶状态进行全程自动化监测，并实时做出考试结果的判定。

实训图 4-1 是科目二直角转弯和倒车入库考试示意图。

实训图 4-1　小型汽车驾考科目二考试示意图

2．小型汽车驾考监测系统组成

某小型汽车驾考科目二考试（侧方停车、曲线行驶、直角转弯等）自动监测系统主要由计算机、感应传感器、信号调理电路、开关量输入装置、无线通信模块和车载触摸屏等部分组成，如实训图 4-2 所示。

侧方停车、直角转弯等考试项目的场地车道边线均安装了感应传感器。

当汽车压上边线时，传感器感受到信号变化，经过信号调理电路处理后输出开关信号，通过开关量输入装置传送到监测中心计算机。

计算机获得汽车压线信号后做出考试成绩判定，考核结果信息通过无线通信模块传送到考试汽车驾驶室的触摸屏显示器，显示提示信息“汽车压线，考试不通过！”，并通过语音告知驾考学员。驾考学员的确认考试信息也可通过触摸屏返回到监测中心计算机。

现在判定汽车压线还采用 GPS 定位技术等，不在本实训讨论和设计的范围。

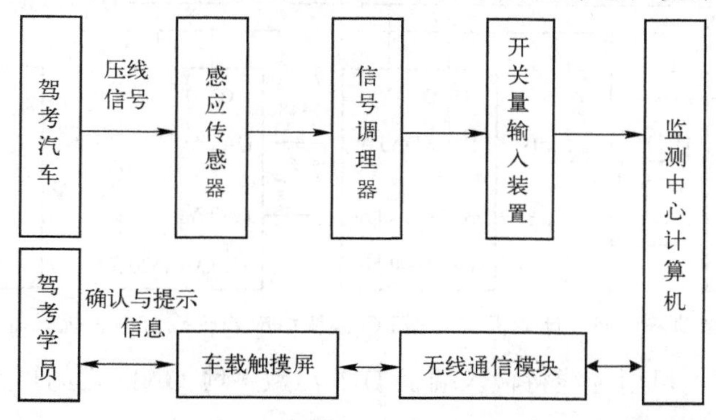

实训图 4-2　小型汽车驾考科目二考试自动监测系统结构框图

系统设计中，传感器可选用对射式光电接近开关，如实训图 4-3 所示。该传感器由两个探头组成，一个探头发射红外线（称为发射探头），另一个探头接收红外线（称为接收探头），安装在考场每条边线两端的竖杆上。当汽车压线时，车身会挡在两个探头之间，接收探头光线中断，输出开关信号。

开关量输入装置可选用 ADAM-4050 远程 I/O 模块，如实训图 4-4 所示。

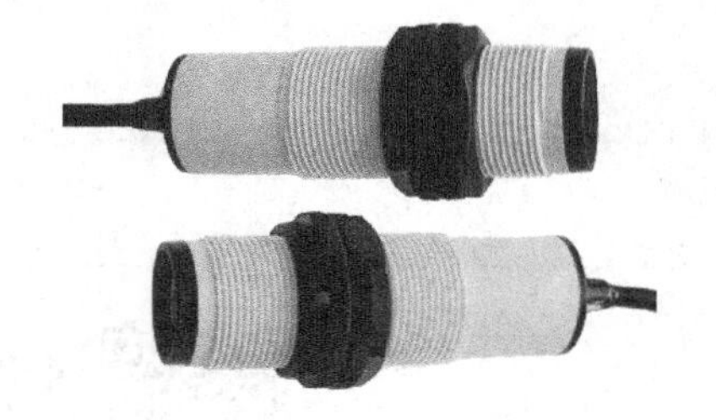

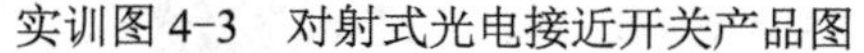

实训图 4-3　对射式光电接近开关产品图

实训图 4-4　ADAM-4050 远程 I/O 模块产品图

4.3　计算机与远程 I/O 模块组成的压线监测系统线路

计算机与远程 I/O 模块 ADAM-4050 组成的压线监测系统线路如实训图 4-5 所示。

实训图 4-5 中，RS-232 与 RS-485 通信转换模块 ADAM-4520 与计算机的 RS-232 串口 COM 连接；数字量输入与输出模块 ADAM-4050 的通信端子 DATA+、DATA-分别与 ADAM-4520 的 DATA+、DATA-连接。模块电源端子+Vs、GND 分别与 DC 24V 电源的+、-连接。

线路连好后，将 ADAM-4050 模块的地址设为 02。

开关量输入过程：当物体靠近光电接近开关时，继电器 KM 的常开触点 KM1 闭合，当物体离开光电接近开关时，继电器 KM 的常开触点 KM1 打开。常开触点 KM1 接到 ADAM-4050 模块的数字量输入端子如 DI1。

该实验线路中，光电接近开关后面接的继电器构成了信号调理电路，将光电接近开关内部的电平信号转换成继电器的触点开关信号。

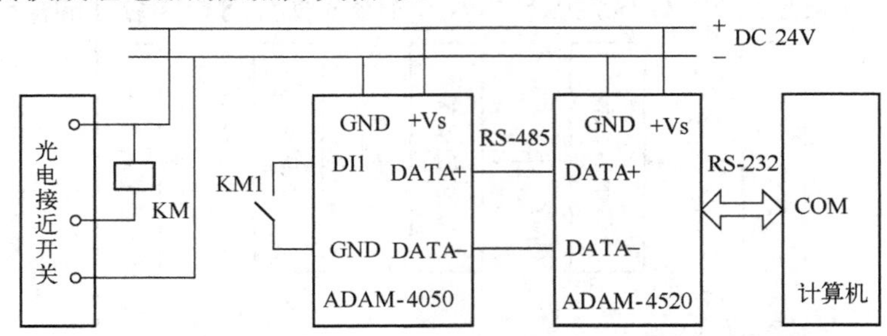

实训图 4-5 计算机与远程 I/O 模块组成的压线监测系统线路

在实验室测试时，可用导线将输入端子 DI1 与数字地 GND 之间短接或断开产生开关量输入信号。

4.4 压线监测程序设计任务

采用 MCGS（通用版）编写程序，实现 PC 与远程 I/O 模块组成的压线监测（开关量输入），任务要求：PC 接收远程 I/O 模块发送的开关量输入信号状态值，并在画面中通过指示灯颜色变化来显示。

4.5 压线监测程序设计

1. 建立新工程项目

工程名称：“压线监测”。

窗口名称：“DI”。

窗口标题：“远程模块开关量输入”。

2. 制作图形画面

在工作台“用户窗口”对话框，双击新建的“DI”窗口图标，进入画面开发系统。

1）通过工具箱的“插入元件”工具为图形画面添加1个“指示灯”元件。

2）为图形画面添加1个“输入框”构件。

3）通过工具箱为图形画面添加2个“标签”构件，“字符”分别为“压线报警”和“信息提示”。标签无填充色，无边线颜色。

设计的图形画面如实训图4-6所示。

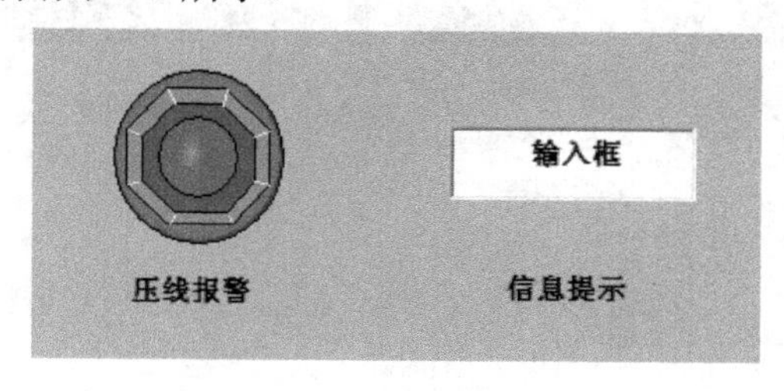

实训图4-6　图形画面

3. 定义数据对象

在工作台“实时数据库”对话框，单击“新增对象”按钮，再双击新出现的对象，弹出“数据对象属性设置”对话框。

1）在“基本属性”对话框，将“对象名称”改为“开关输入”，“对象类型”选择“开关”。

2）单击“新增对象”按钮，在“基本属性”对话框，将“对象名称”改为“指示灯”，“对象类型”选择“开关”。

3）单击“新增对象”按钮，在“基本属性”对话框，将“对象名称”改为“信息提示”，“对象类型”选择“字符”，“对象初值”设为“正常状态”。

建立的实时数据库如实训图4-7所示。

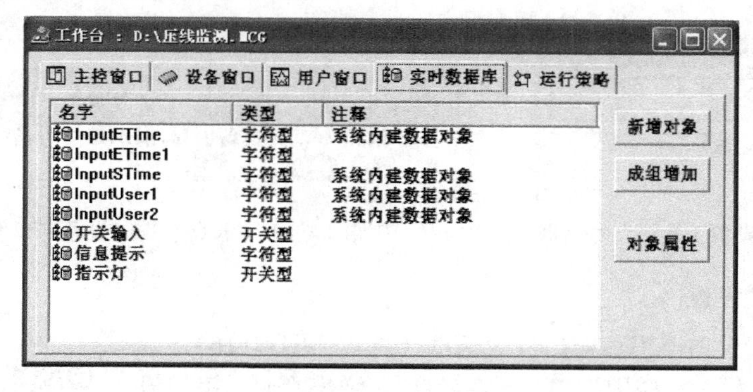

实训图4-7　实时数据库

4. 添加设备

在工作台“设备窗口”对话框，双击“设备窗口”图标，出现“设备组态：设备窗口”，单击工具条上的“工具箱”按钮，弹出“设备工具箱”对话框。

1）单击“设备管理”按钮，弹出“设备管理”对话框。在“可选设备”列表中双击“通用串口父设备”选项，将其添加到右侧的“选定设备”列表中，如实训图4-8所示。

2）在“设备管理”对话框“可选设备”列表中依次选择“所有设备”→“智能模块”→“研华模块”→“ADAM4000”→“研华-4050”，单击“增加”按钮，将“研华-4050”添加到右侧的“选定设备”列表中，如实训图4-8所示。单击“确认”按钮，选定的设备添加到“设备工具箱”对话框中，如实训图4-9所示。

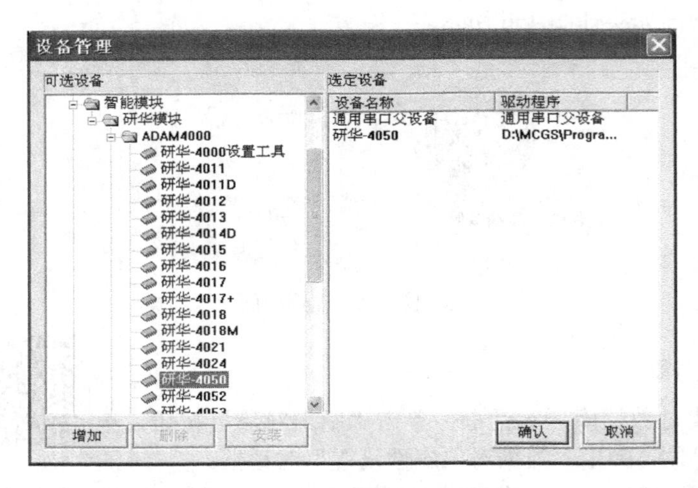

实训图4-8 “设备管理”对话框

3）在“设备工具箱”对话框双击“通用串口父设备”选项，在“设备组态：设备窗口”中出现“通用串口父设备0-[通用串口父设备]”。同理，在“设备工具箱”对话框双击“研华-4050”选项，在“设备组态：设备窗口”中出现“设备 0-[研华-4050]”，设备添加完成，如实训图4-10所示。

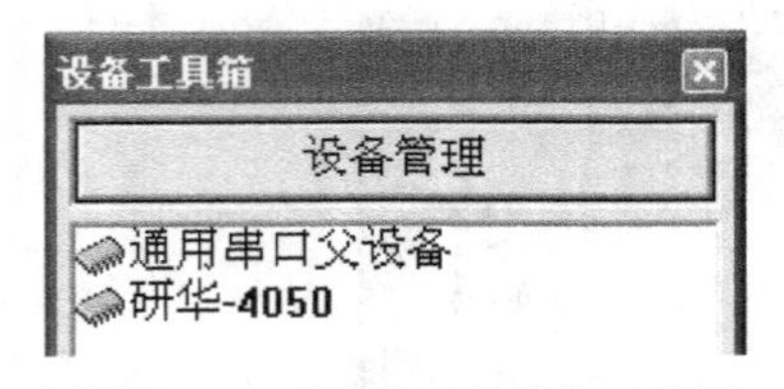

实训图4-9 “设备工具箱”对话框

实训图4-10 “设备组态：设备窗口”对话框

5. 设备属性设置

1）在“设备组态：设备窗口”对话框（见实训图4-10），双击“通用串口父设备0-[通用串口父设备]”项，弹出“通用串口设备属性编辑”对话框，如实训图4-11所示。在“基本属性”对话框中，“串口端口号”选择“0-COM1”，“通信波特率”选择“6-9600”，“数据位位数”选择“1-8位”，“停止位位数”选择“0-1位”，“数据校验方式”选择“0-无校验”。参数设置完毕，单击“确认”按钮。

2）在“设备组态：设备窗口”对话框（见实训图4-10），双击“设备0-[研华-4050]”项，弹出“设备属性设置”对话框，如实训图4-12所示。在“基本属性”对话框中将“设备地址”设为“2”。

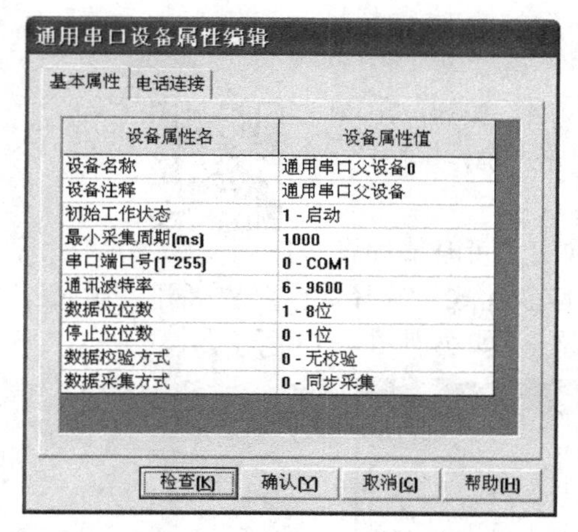

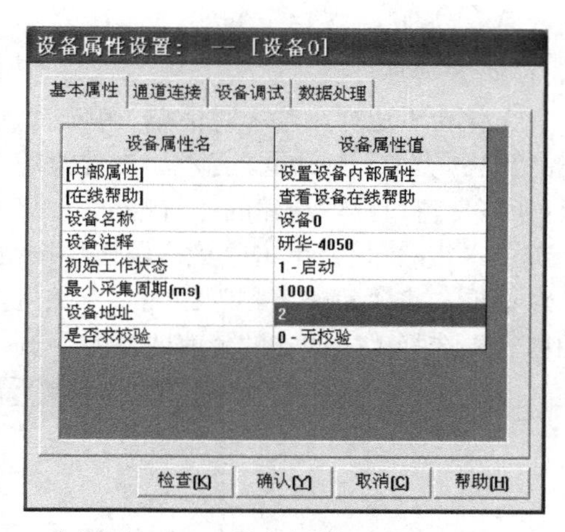

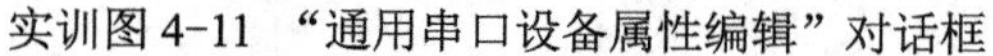
实训图 4-11　“通用串口设备属性编辑”对话框　　实训图 4-12　“设备属性设置”对话框

在“通道连接”对话框，选择通道 2 的对应数据对象单元格（对应模块数字量输入 1 通道），右击，弹出“连接对象”对话框，双击要连接的数据对象“开关输入”，完成对象连接，如实训图 4-13 所示。

实训图 4-13　“通道连接”对话框

6. 建立动画连接

在工作台“用户窗口”对话框，双击“DI”窗口图标进入开发系统。通过双击画面中各图形对象，将各对象与定义好的变量连接起来。

（1）建立压线报警“指示灯”元件的动画连接

双击画面中的指示灯，弹出“单元属性设置”对话框，选择“数据对象”对话框。连接类型选择“可见度”。单击右侧的“？”按钮，弹出“数据对象连接”对话框，双击数据对象“指示灯”，在“数据对象”对话框“可见度”行出现连接的数据对象“指示灯”。单击“确认”按钮完成开关输入指示灯的动画连接。

（2）建立信息提示“输入框”构件的动画连接

双击画面中信息提示“输入框”构件，出现“输入框构件属性设置”对话框。在“操作属性”对话框，将对应数据对象的名称设为“信息提示”。单击“确认”按钮完成信息提示“输入框”构件动画连接。注意：“可见度属性”对话框表达式为空。

7. 策略编程

在工作台“运行策略”对话框，单击“新建策略”按钮，出现“选择策略的类型”对话框，选择“事件策略”，单击“确定”按钮，“运行策略”窗口出现新建的“策略 1”。

选中“策略 1”，单击“策略属性”按钮，弹出“策略属性设置”对话框，将“策略名称”改为“开关”，“对应表达式”选择数据对象“开关输入”，“事件的内容”选择“表达式的值有改变时，执行一次”，如实训图 4-14 所示。

实训图 4-14　事件策略属性设置

在工作台“运行策略”对话框，双击“开关”事件策略，弹出“策略组态：开关”窗口。

单击 MCGS 窗口工具条中的“新增策略行”按钮，在“策略组态：开关”窗口中出现新增的策略行。单击选中策略工具箱中的“脚本程序”，将鼠标指针移动到策略块图标上，单击可添加“脚本程序”构件。双击“脚本程序”策略块，进入“脚本程序”编辑窗口，在编辑区输入如下程序（注释不需要输入）。

```
If 开关输入=0  Then                 '开关 KM1 闭合
  指示灯=1
  信息提示="汽车压线"
Else                                '开关 KM1 打开
  指示灯=0
  信息提示="正常状态"
Endif
```

程序说明：远程 I/O 模块开关量输入通道 DI1 开关闭合时，程序画面中压线报警指示灯颜色改变；信息提示框出现“汽车压线”信息。

单击“确定”按钮，完成程序的输入。

4-10

4.6 设备调试与程序运行

1. 设备调试

在工作台“设备窗口”对话框，双击“设备窗口”图标，出现“设备组态：设备窗口”

对话框（见实训图 4-10）。

双击“设备 0-[研华-4050]”，弹出“设备属性设置”对话框（见实训图 4-12）。

在“设备调试”对话框，如果系统连接正常，可以观察模块开关量输入通道状态值。当物体靠近光电接近开关时，继电器 KM 的常开触点 KM1 闭合（或用导线将远程 I/O 模块开关量输入端子 DI1 和数字地 GND 短接），观察到数据对象“开关输入”对应的通道值由“1”变为“0”，如实训图 4-15 所示。

4-11

2. 程序运行

实验平台搭建完成并测试无误后，运行已编写的组态程序。

当物体靠近光电接近开关时，继电器 KM 的常开触点 KM1 闭合（或用导线将远程 I/O 模块开关量输入端子 DI1 和数字地 GND 短接），程序画面中压线报警指示灯改变颜色，同时，信息提示框出现“汽车压线”信息。程序运行画面如实训图 4-16 所示。

设备属性设置：　--　[设备0]

基本属性　通道连接　设备调试　数据处理

通道号	对应数据对象	通道值	通道类型
0		0	通讯状态标志
1		1	DI0
2	开关输入	0	DI1
3		1	DI2
4		1	DI3
5		1	DI4
6		1	DI5
7		1	DI6
8			DO0
9			DO1
10			DO2

检查(K)　确认(Y)　取消(C)　帮助(H)

实训图 4-15　“设备调试”对话框

实训图 4-16　程序运行画面

实训 5 水库水位监测

5.1 学习目标

1）了解水库水位监测系统的组成和主要硬件选型。
2）掌握 PC 与远程 I/O 模块组成的模拟量输入和开关量输出系统线路设计。
3）掌握 PC 与远程 I/O 模块实现模拟量输入和开关量输出的 MCGS 程序设计方法。

5.2 水库水位监测系统

1．水库水位监测的意义

水库是指在山沟或河流的狭窄入口处建造河坝形成的人工湖泊，如实训图 5-1 所示。水库建成后，可用于防洪、灌溉、发电、养鱼等。

水库的规划设计，首先要合理确定各种库容和相应的库水位。具体来讲，就是要根据河流的水文条件、坝址的地形、地质条件和各用水部门的用水要求，通过计算，从技术、经济等方面进行全面的综合分析和论证，来确定水库的各种特征水位及相应的库容值。

特征水位包括正常蓄水位、设计低水位、防洪限制水位、防洪高水位和设计洪水位等。这些特征水位各有其特定的任务和作用，体现着水库利用和正常工作的各种特定要求，因此需要水库管理部门建立实时监测系统随时掌握这些特征水位值。

实训图 5-1　某地水库

2．水库水位监测系统组成

某水库水位监测系统主要由水位传感器、信号调理器、模拟量输入装置、计算机、开关量输出装置、驱动电路和声光报警器等部分组成，如实训图 5-2 所示。

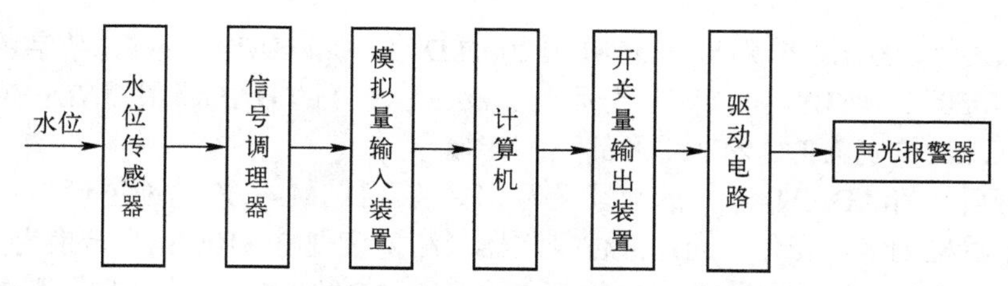

实训图 5-2　水库水位监测系统结构框图

水位传感器完成水位信息的检测，由信号调理器转换为电信号，通过模拟量输入装置传送到监控中心计算机。

监控中心计算机对水位电信号进行解析、处理、显示和判断，如果超过设定水位进行声光报警提示。

系统设计中，水位传感器选用投入式水位计（见实训图 5-3）。该水位计自带液位变送器（即信号调理器），可将水位传感器检测的水位信号转换成 4～20mA 标准电流信号。该变送器传输距离远，抗干扰能力强。为便于实训，所选液位变送器测量范围是 0～100cm。

模拟量输入装置可选用 ADAM-4017 远程 I/O 模块，如实训图 5-4 所示。

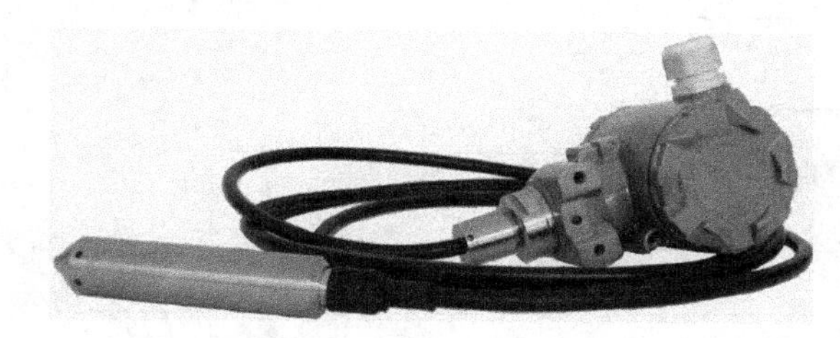

实训图 5-3　某投入式水位计产品图

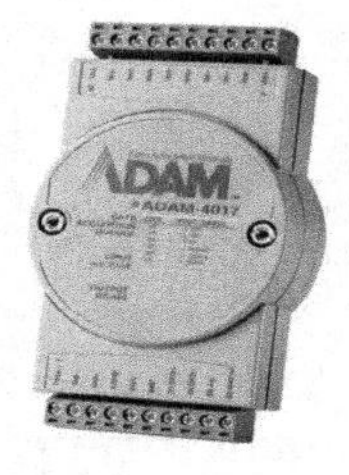

实训图 5-4　ADAM-4017 远程 I/O 模块产品图

开关量输出装置可选用 ADAM-4050 远程 I/O 模块，如实训图 5-5 所示。控制声光报警器的驱动电路控制元件可选用 DC 24V 电磁式继电器，如实训图 5-6 所示。

实训图 5-5　ADAM-4050 远程 I/O 模块产品图

实训图 5-6　电磁式继电器产品图

5.3 计算机与远程 I/O 模块组成的水位监测系统线路

计算机与 ADAM-4017 远程 I/O 模块组成的水位监测系统线路如实训图 5-7 所示。

5-2

实训图 5-7 中，RS-232 与 RS-485 转换模块 ADAM-4520 与计算机的 RS-232 串口 COM 连接；模拟量输入模块 ADAM-4017 的

通信端子 DATA+和 DATA-分别与 ADAM-4520 的 DATA+和 DATA-连接；数字量输入与输出模块 ADAM-4050 的 DATA+和 DATA-分别与 ADAM-4520 的 DATA+和 DATA-连接。模块电源端子+Vs、GND 分别与 DC 24V 电源的+、-连接。

线路连好后，将 ADAM-4017 的地址设为 01，将 ADAM-4050 的地址设为 02。

水位传感器检测水位变化，通过液位变送器（测量范围 0～100cm）转换为 4～20mA 电流信号，经过 250Ω 电阻转换为 1～5V 电压信号送入 ADAM-4017 模块的模拟量输入 1 通道（Vin1+和 Vin1-）。

当检测水位大于等于计算机设定的上限值时，计算机输出开关量控制信号，使 ADAM-4050 模块数字量输出 1 通道 DO1 置 1，模块内部 DO1 和 GND 之间的晶体管导通，继电器 KM 的线圈有电流通过，常开触点 KM1 闭合，声光报警器 L 指示灯亮、喇叭响；当检测水位小于计算机设定的上限值时，计算机输出开关量控制信号，使 ADAM-4050 模块数字量输出 1 通道 DO1 置 0，模块内部 DO1 和 GND 之间的晶体管截止，继电器 KM 的常开触点 KM1 断开，声光报警器 L 停止工作。

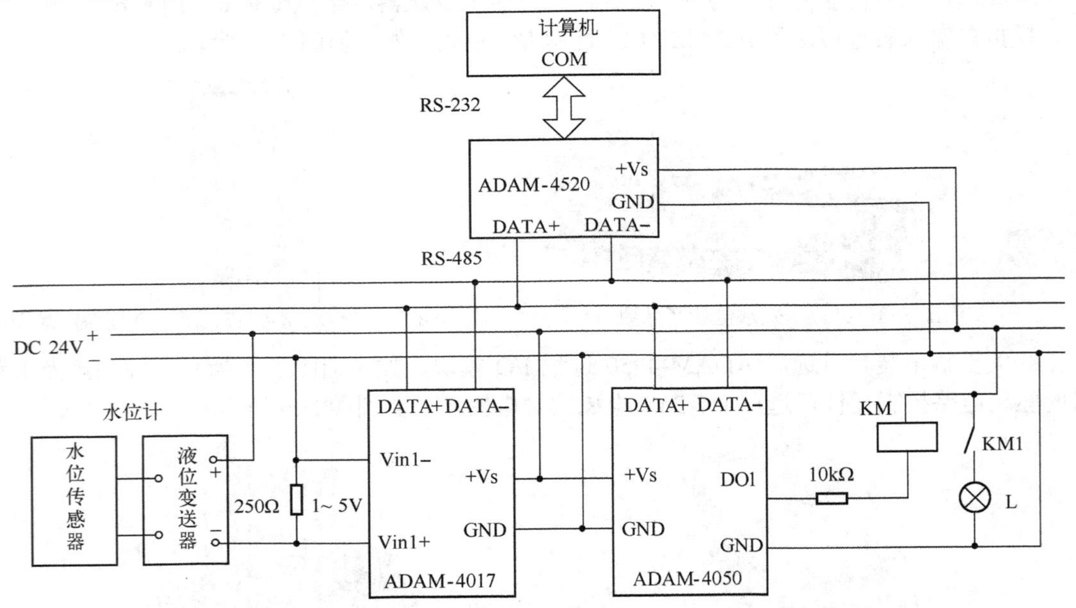

实训图 5-7 计算机与远程 I/O 模块组成的水位监测系统线路

实验室测试时，可以使用稳压电源输出 1～5V 变化电压（或者使用电位器产生变化电压），将其送入 ADAM-4017 模块的模拟量输入 1 通道（Vin1+和 Vin1-），模拟水位变化信号。该电压可以代替液位变送器输出的电信号，反映 0～100cm 范围水位变化。

5.4 水位监测程序设计任务

采用 MCGS（通用版）编写程序实现 PC 与远程 I/O 模块水位监测与报警（模拟量输入与开关量输出）。任务要求：

1）自动连续地读取并显示水位测量值。

2）绘制测量水位实时变化曲线和历史变化曲线。

3）当水位超过上限值时，实现报警指示。

5.5 水位监测程序设计

1．建立新的工程项目

5-3

双击桌面“MCGS 组态环境”图标，进入 MCGS 组态环境窗口。

1）单击“文件”菜单，从下拉菜单中选择“新建工程”命令，出现“工作台”对话框。

2）单击“文件”菜单，弹出下拉菜单，选择“工程另存为”命令，弹出“保存为”窗口，将文件名改为“水位监测”，单击“保存”按钮，进入工作台窗口。

3）单击工作台“用户窗口”对话框中的“新建窗口”按钮，工作台“用户窗口”对话框出现新建“窗口 0”。

4）选中“窗口 0”，单击“窗口属性”按钮，弹出“用户窗口属性设置”对话框。将“窗口名称”改为“主画面”，“窗口标题”改为“水位监测”，“窗口位置”选择“最大化显示”，单击“确认”按钮。

5）按照步骤 3）～步骤 4）同样建立两个用户窗口，“窗口名称”分别为“历史曲线”和“报警信息”；“窗口标题”分别为“历史曲线”和“报警信息”，“窗口位置”均选择“任意摆放”。

6）选择工作台“用户窗口”上的“主画面”窗口，单击右键，在弹出的快捷菜单中选择“设置为启动窗口”命令。

5-4

2．制作图形画面

（1）“主画面”窗口画面

在工作台“用户窗口”上，双击“主画面”窗口图标，进入画面开发系统。

1）通过工具箱为图形画面添加 1 个“实时曲线”构件。

2）通过工具箱“插入元件”工具为图形画面添加 1 个“仪表”元件。

3）通过工具箱为图形画面添加两个“标签”构件，字符分别为“水位值：”和“报警灯：”；将标签的边线颜色设置为“无边线颜色”（双击标签进行设置）。

4）通过工具箱为图形画面添加 1 个“输入框”构件。单击工具箱中的“输入框”构件图标，然后将鼠标指针移动到画面上，在空白处单击并拖动鼠标，画出适当大小的矩形框，出现“输入框”构件。

5）通过工具箱“插入元件”工具为图形画面添加 1 个“指示灯”元件。

设计的“主画面”窗口画面如实训图 5-8 所示。

（2）“历史曲线”窗口画面

在工作台“用户窗口”上，双击“历史曲线”窗口图标，进入画面开发系统。

1）通过工具箱为图形画面添加 1 个“标签”构件，字符为“历史曲线”。将标签的边线颜色设置为“无边线颜色”。

2）通过工具箱为图形画面添加1个“历史曲线”构件。单击工具箱中的“历史曲线”构件图标，然后将鼠标指针移动到画面上，在空白处单击并拖动鼠标，画出一个适当大小的矩形框，出现“历史曲线”构件。

设计的“历史曲线”窗口画面如实训图5-9所示。

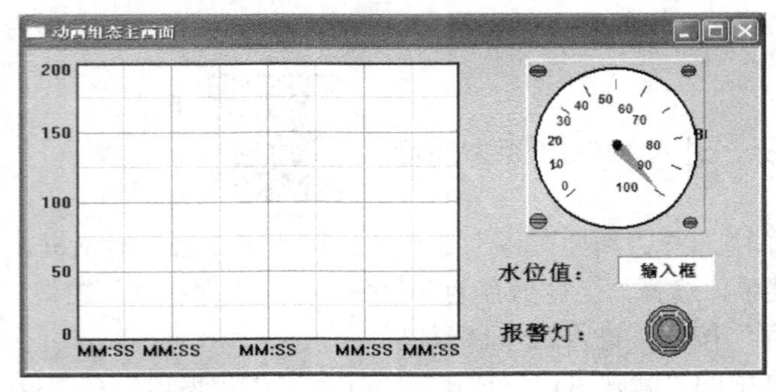

实训图5-8 “主画面”窗口画面

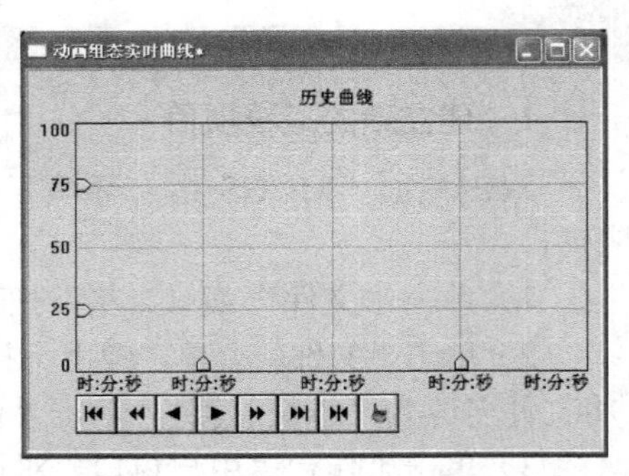

实训图5-9 “历史曲线”窗口画面

（3）“报警信息”窗口画面

在工作台“用户窗口”上，双击“报警信息”窗口图标，进入画面开发系统。

1）通过工具箱为图形画面添加1个“标签”构件，字符为“报警信息”。将标签的边线颜色设置为“无边线颜色”。

2）通过工具箱为图形画面添加1个“报警显示”构件。单击工具箱中的“报警显示”构件图标，然后将鼠标指针移动到画面上，在空白处单击并拖动鼠标，画出适当大小的矩形框，出现“报警显示”构件。

设计的“报警信息”窗口画面如实训图5-10所示。

动画组态报警信息*

报警信息

时间	对象名	报警类型	报警事件	当前值	界限值	报警描述
03-15 11:51:28.	Data0	上限报警	报警产生	120.0	100.0	Data0上限报警
03-15 11:51:28.	Data0	上限报警	报警结束	120.0	100.0	Data0上限报警
03-15 11:51:28.	Data0	上限报警	报警应答	120.0	100.0	Data0上限报警

实训图5-10 “报警信息”窗口画面

3. 菜单设计

1）在工作台“主控窗口”上，单击“菜单组态”按钮，弹出“菜单组态：运行环境菜单”窗口，如实训图5-11所示。单击右键“系统管理［&S］”，弹出快捷菜单，选择“删除菜单”项，清除自动生成的默认菜单。

2）单击工具条中的“新增菜单项”按钮，生成“［操作 0］”菜单。双击“［操作 0］”菜单，弹出“菜单属性设置”对话框。在“菜单属性”对话框中，将“菜单名”设为“系统”，“菜单类型”选择“下拉菜单项”，如实训图5-12所示。单击“确认”按钮，生成“系统”

菜单。

实训图 5-11 “菜单组态：运行环境菜单”窗口

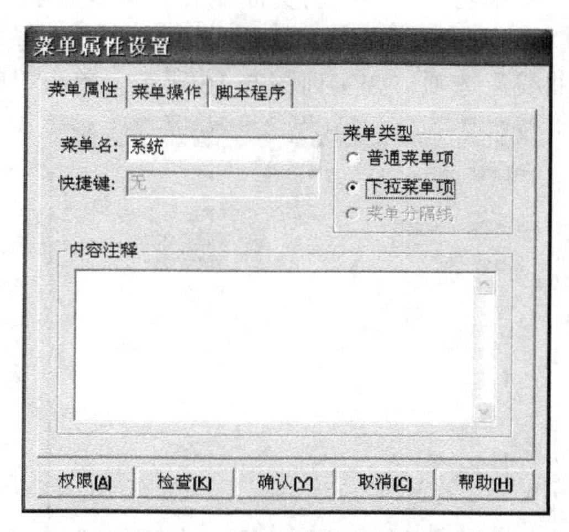

实训图 5-12 “菜单属性设置”对话框

3）在“菜单组态：运行环境菜单”窗口选择“系统”菜单，单击右键，弹出快捷菜单，选择“新增下拉菜单”项，新增1个下拉菜单“[操作集 0]”。

双击“[操作集 0]”菜单，弹出“菜单属性设置”对话框，在“菜单属性”对话框中，将“菜单名”改为“退出(X)”，“菜单类型”选择“普通菜单项”，鼠标放在快捷键输入框中同时按键盘上的〈Ctrl〉和〈X〉键，则输入框中出现“Ctrl+X”，如实训图 5-13 所示。在“菜单操作”对话框中，“菜单对应的功能”选择“退出运行系统”，单击右侧下拉箭头，选择“退出运行环境”，如实训图 5-14 所示。单击“确认”按钮，设置完毕。

4）单击工具条中的“新增菜单项”按钮，生成“[操作 0]”菜单。双击“[操作 0]”菜单，弹出“菜单属性设置”对话框。在“菜单属性”对话框中，将“菜单名”改为“功能”，“菜单类型”选择“下拉菜单项”，单击“确认”按钮，生成“功能”菜单。

5）在“菜单组态：运行环境菜单”窗口选择“功能”菜单，单击右键，弹出快捷菜单，选择“新增下拉菜单”项，新增1个下拉菜单“[操作集 0]”。

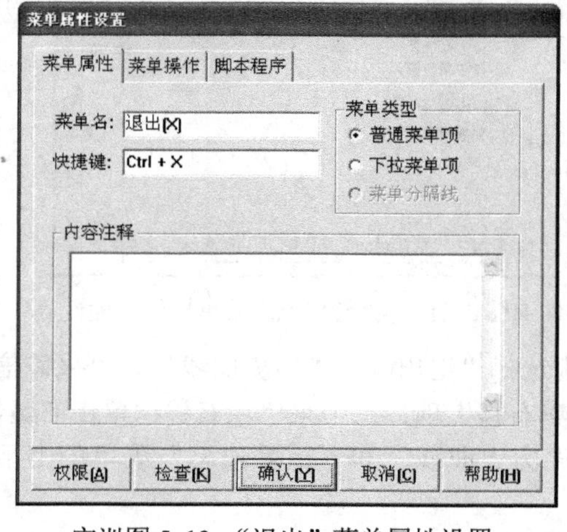

实训图 5-13 “退出”菜单属性设置

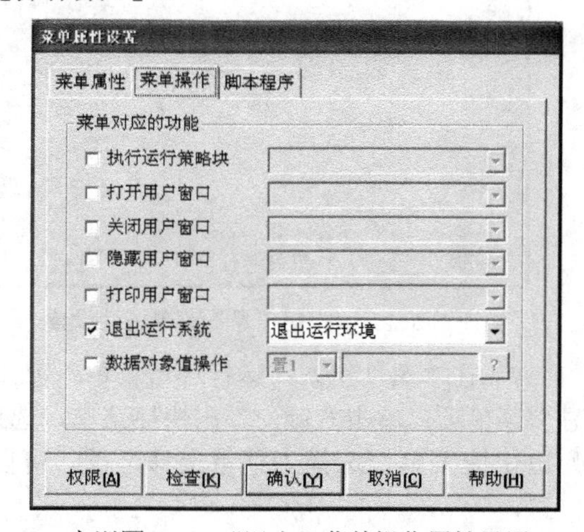

实训图 5-14 “退出”菜单操作属性设置

双击“[操作集 0]”菜单，弹出“菜单属性设置”对话框，在“菜单属性”对话框中，将“菜单名”设为“历史曲线”，“菜单类型”选择“普通菜单项”，如实训图 5-15 所示；在“菜单操作”对话框，“菜单对应的功能”选择“打开用户窗口”，在右侧下拉列表框中选择“历史曲线”选项，如实训图 5-16 所示。单击“确认”按钮，设置完毕。

实训图 5-15 “历史曲线”菜单属性设置

实训图 5-16 “历史曲线”菜单操作属性设置

6）在“菜单组态：运行环境菜单”窗口选择“功能”菜单，单击右键，弹出快捷菜单，选择“新增下拉菜单”项，新增 1 个下拉菜单“[操作集 0]”。

双击“[操作集 0]”菜单，弹出“菜单属性设置”对话框，在“菜单属性”对话框中，将“菜单名”设为“报警信息”，“菜单类型”选择“普通菜单项”，如实训图 5-17 所示；在“菜单操作”对话框，“菜单对应的功能”选择“打开用户窗口”，在右侧下拉列表框中选择“报警信息”，如实训图 5-18 所示。单击“确认”按钮，设置完毕。

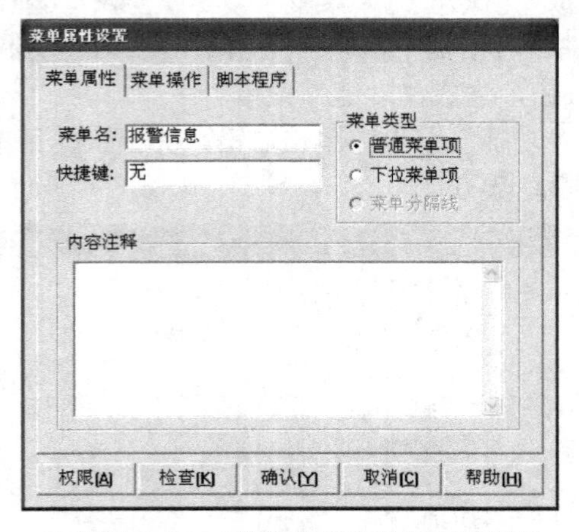

实训图 5-17 “报警信息”菜单属性设置

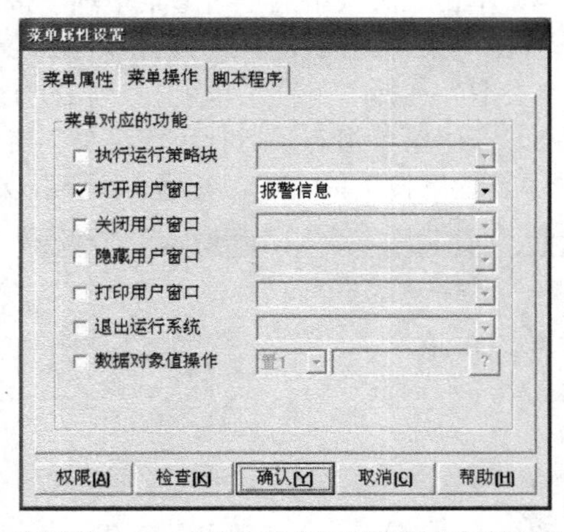

实训图 5-18 “报警信息”菜单操作属性设置

7）在“菜单组态：运行环境菜单”窗口中分别选择“退出(X)”“历史曲线”和“报警信息”菜单项，单击右键，弹出快捷菜单，选择“菜单右移”项，三个菜单项右移；单击右键，弹出快捷菜单，选择“菜单上移”项，可以调整“历史曲线”和“报警信息”菜单的上下位置。

设计完成的菜单结构如实训图 5-19 所示。

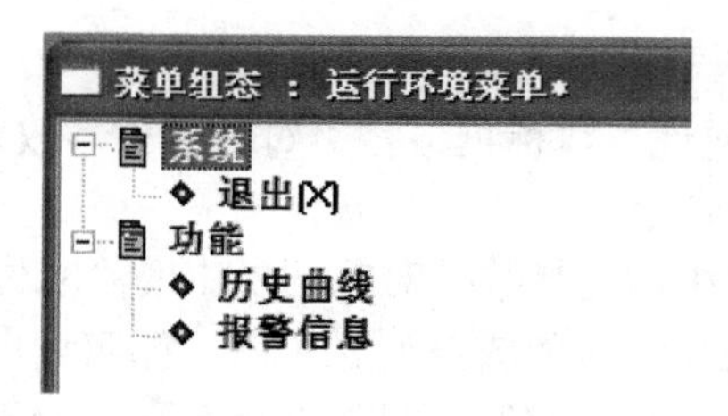

实训图 5-19　菜单结构

4. 定义数据对象

在工作台“实时数据库”对话框，单击“新增对象”按钮，再双击新出现的对象，弹出“数据对象属性设置”对话框。

1）在“基本属性”对话框，将“对象名称”改为“水位”，“对象类型”选择“数值”，“小数位数”设为“1”，“最小值”设为“0”，“最大值”设为“100”。

在“报警属性”对话框，选择“允许进行报警处理”复选框，报警设置域被激活。选择“报警设置域”中的“上限报警”，“报警值”设为“30”，“报警注释”输入“水位高于上限！”，如实训图 5-20 所示。

在“存盘属性”对话框，“数据对象值的存盘”选择“定时存盘”，“存盘周期”设为“1”秒，“报警数值的存盘”项选择“自动保存产生的报警信息”，如实训图 5-21 所示。

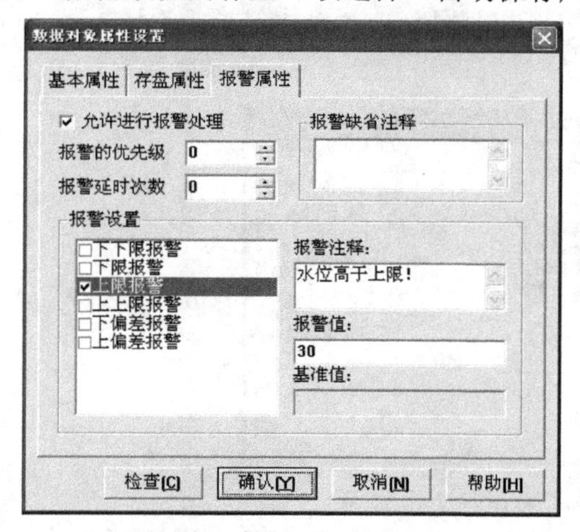

实训图 5-20　“水位”报警属性设置

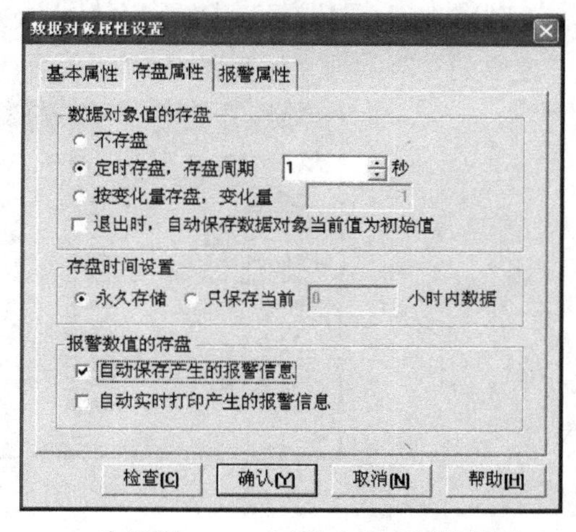

实训图 5-21　“水位”存盘属性设置

单击“确认”按钮，“水位”报警设置完毕。

2）新增对象，在“基本属性”对话框，将“对象名称”改为“电压”，“对象类型”选择“数值”，“小数位数”设为“2”，“最小值”设为“0”，“最大值”设为“10”。

3）新增对象，在“基本属性”对话框，将“对象名称”改为“水位上限”，“对象类型”选择“数值”，“小数位”设为“0”，“对象初值”设为“30”，“最小值”设为“10”，“最大值”设为“100”。

4）新增对象，在“基本属性”对话框，将“对象名称”改为“上限灯”，对象类型选择“开关”为“0”。

5）新增对象，在“基本属性”对话框，将“对象名称”改为“上限开关”，对象类型选择“开关”为“0”。

6）新增对象，在“基本属性”对话框，将“对象名称”改为“水位组”，“对象类型”选择“组对象”，如实训图5-22所示。

在“组对象成员”对话框中，选择数据对象列表中的“水位”，单击“增加”按钮，数据对象“水位”被添加到右边的“组对象成员列表”中，如实训图5-23所示。

在“存盘属性”对话框，选择“定时存盘”选项，存盘周期设为“1”秒。

实训图5-22 “水位组”对象基本属性设置

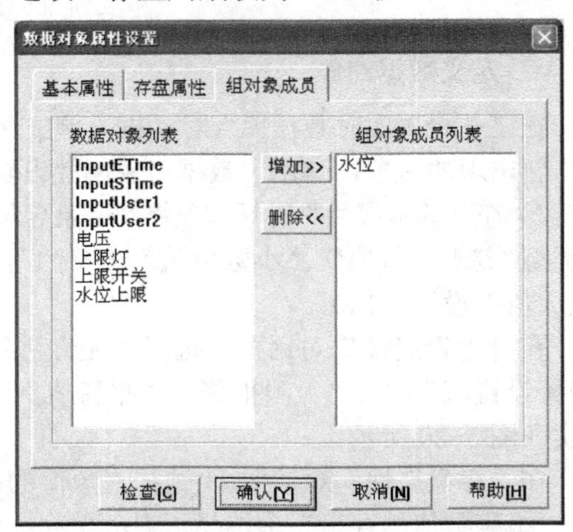

实训图5-23 “组对象成员”对话框

建立的实时数据库如实训图5-24所示。

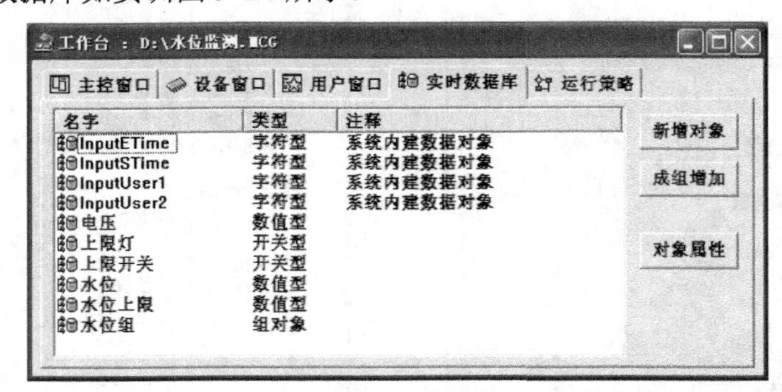

实训图5-24 实时数据库

5. 添加模块设备

在工作台“设备窗口”上，双击“设备窗口”，出现“设备组态：设备窗口”，单击工具条上的“工具箱”按钮，弹出“设备工具箱”对话框。

1）单击“设备管理”按钮，弹出“设备管理”对话框。在“可选设备”列表中双击“通用串口父设备”，将其添加到右侧的选定设备列表中，如实训图5-25所示。

2）依次选择“所有设备”→“智能模块”→“研华模块”→“ADAM4000”→“研华-4017”选面，单击“增加”按钮，将“研华-4017”添加到右侧的选定设备列表中，如实训图5-25所示。

3）依次选择“所有设备”→“智能模块”→“研华模块”→“ADAM4000”→“研华-4050”，单击“增加”按钮，将“研华-4050”添加到右侧的选定设备列表中，如实训图 5-25 所示。

单击“确认”按钮，选定的设备“通用串口父设备”“研华-4017”和“研华-4050”，添加到“设备工具箱”对话框中，如实训图 5-26 所示。

4）在“设备工具箱”对话框中双击“通用串口父设备”，“设备组态：设备窗口”中出现“通用串口父设备 0-[通用串口父设备]”；在“设备工具箱”对话框中双击“研华-4017”，“设备组态：设备窗口”中出现“设备 0-[研华-4017]”；在“设备工具箱”对话框中双击“研华-4050”，“设备组态：设备窗口”中出现“设备 2-[研华-4050]”，设备添加完成，如实训图 5-27 所示。

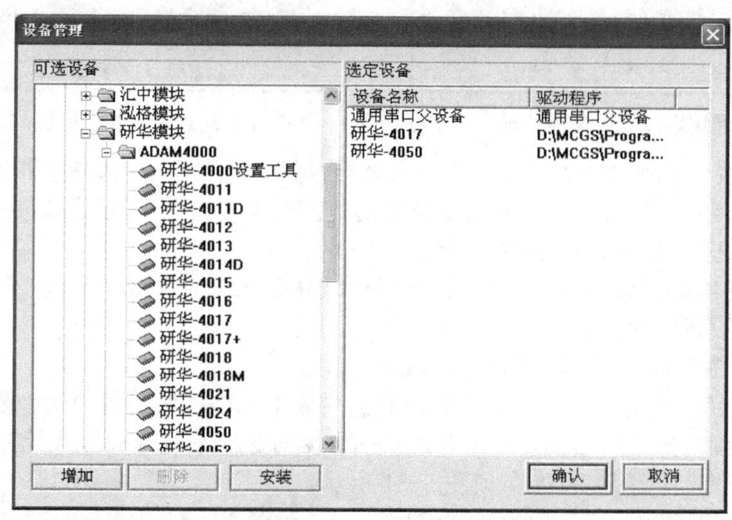

实训图 5-25 “设备管理”对话框

实训图 5-26 “设备工具箱”对话框

实训图 5-27 “设备组态：设备窗口”对话框

6．设备属性设置

1）在“设备组态：设备窗口”对话框（见实训图 5-27），双击“通用串口父设备 0-[通用串口父设备]”，弹出“通用串口设备属性编辑”对话框，如实训图 5-28 所示。

在“基本属性”对话框中，“串口端口”号选择“0-COM1”，“通信波特率”选择“6-9600”，“数据位位数”选择“1-8 位”，“停止位位数”选择“0-1 位”，“数据校验方式”选择“0-无校验”，参数设置完毕，单击“确认”按钮。

2）在“设备组态：设备窗口”对话框（见实训图 5-25），双击“设备 0-[研华-4017]”，弹出“设备属性设置”对话框，如实训图 5-29 所示。

在“基本属性”对话框中将设备地址设为“1”。

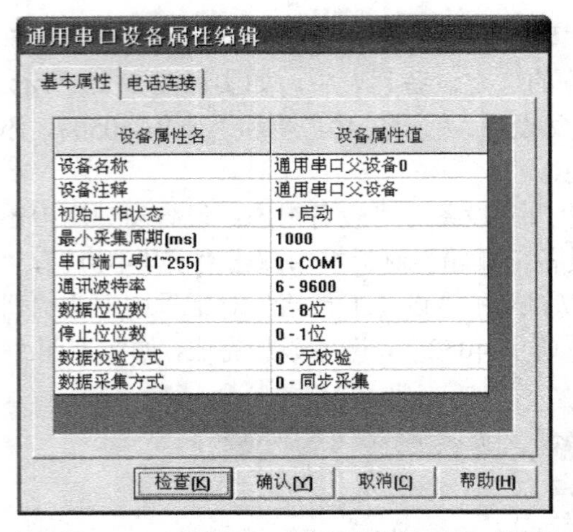

实训图 5-28 “通用串口设备属性编辑”对话框

设备属性设置： -- [设备0]

基本属性 | 通道连接 | 设备调试 | 数据处理

设备属性名	设备属性值
[内部属性]	设置设备内部属性
[在线帮助]	查看设备在线帮助
设备名称	设备0
设备注释	研华-4017
初始工作状态	1 - 启动
最小采集周期[ms]	1000
设备地址	1
是否求校验	0 - 无校验

检查[K] 确认[Y] 取消[C] 帮助[H]

实训图 5-29 “设备属性设置”对话框

在“通道连接”对话框中选择通道2对应数据对象单元格（对应模块模拟量输入1通道），右击可弹出“连接对象”对话框，双击要连接的数据对象“电压”，通道连接页通道2对应数据对象设为“电压”，如实训图5-30所示。

3）在“设备组态：设备窗口”对话框（见实训图5-27），双击“设备2-[研华-4050]”，弹出“设备属性设置”对话框。

在“基本属性”对话框中将设备地址设为“2”。

在“通道连接”对话框选择通道9对应数据对象单元格（对应模块数字量输出1通道），右击可弹出“连接对象”对话框，双击要连接的数据对象“上限开关”，通道连接页通道9对应数据对象设为“上限开关”，如实训图5-31所示。

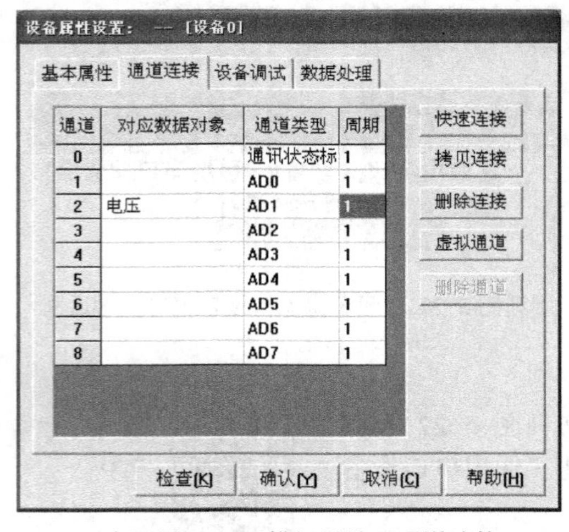

实训图 5-30 模拟量输入通道连接

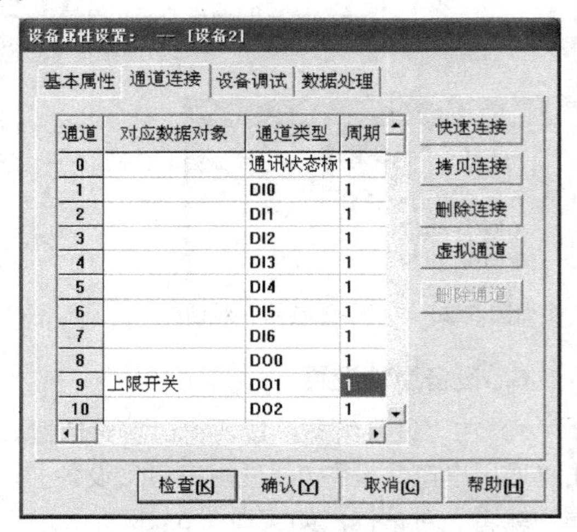

实训图 5-31 开关量输出通道连接

7. 建立动画连接

（1）“主画面”窗口画面对象动画连接

在工作台“用户窗口”上，双击“主画面”窗口图标，进入“动画组态主画面”窗口。

1）建立“仪表”元件的动画连接

双击窗口画面中的仪表元件，弹出“单元属性设置”对话框。选择“数据对象”对话框。“连接类型”选择“仪表输出”。单击右侧的“？”按钮，弹出“数据对象连接”对话框，双击数据对象“水位”，在“数据对象”对话框中“仪表输出”行出现连接的数据对象“水位”，单击“确认”按钮完成仪表元件的动画连接。

2）建立水位值显示“输入框”构件动画连接

双击窗口画面中的水位值“输入框”构件，出现“输入框构件属性设置”对话框。在“操作属性”对话框中，将“对应数据对象的名称”设置为“水位”，将数值输入的取值范围“最小值”设为“0”，“最大值”设为“100”。注意：“可见度属性”对话框中表达式为空。

3）建立“指示灯”元件的动画连接

双击窗口画面中的报警指示灯元件，弹出“单元属性设置”对话框。

在“动画连接”对话框，单击“组合图符”图元后的“？”按钮，在弹出窗口中双击数据对象“上限灯”，单击“确认”按钮完成连接。

4）“实时曲线”窗口画面对象动画连接

双击窗口画面中的“实时曲线”构件，弹出“实时曲线构件属性设置”对话框。

在“画笔属性”对话框，“曲线 1 表达式”选择数据对象“水位”；在“标注属性”对话框，“时间单位”选择“分钟”，“X 轴长度”设为“2”，“Y 轴最大值”设为“100”。

注意：“可见度属性”对话框表达式为空。

（2）“历史曲线”窗口画面对象动画连接

在工作台“用户窗口”上，双击“历史曲线”窗口图标，进入“动画组态历史曲线”窗口。双击窗口画面中的“历史曲线”构件，弹出“历史曲线构件属性设置”对话框。

1）在“基本属性”对话框中，将“曲线名称”设为“水位历史曲线”。

2）在“存盘数据”对话框中，“历史存盘数据来源”选择“组对象对应的存盘数据”，在右侧下拉列表框中选择“水位组”选项。

3）在“标注设置”对话框中，将“X 轴坐标长度”设为“10”，“时间单位”选择“分”，“标注间隔”设为“1”。

4）在“曲线标识”对话框中，选择“曲线 1”，“曲线内容”设为“水位”，“最大坐标”设为“100”，“实时刷新”设为“水位”。

单击“确认”按钮完成“历史曲线”构件动画连接。

（3）“报警信息”窗口画面对象动画连接

在工作台“用户窗口”上，双击“报警信息”窗口图标，进入“动画组态报警信息”窗口。双击窗口画面中的“报警显示”构件，弹出“报警显示构件属性设置”对话框。

在“基本属性”对话框，将“对应的数据对象的名称”设为“水位”。

注意：“可见度属性”对话框中表达式为空。

8．策略编程

5-10

在工作台“运行策略”对话框，双击“循环策略”项，弹出“策略组态：循环策略”编辑窗口，策略工具箱自动加载（如果未加载，右击，在弹出的快捷菜单中选择“策略工具箱”命令）。

单击MCGS组态环境窗口工具条中的“新增策略行”按钮，在“策略组态：循环策略”编辑窗口中出现新增的策略行。单击选中策略工具箱中的“脚本程序”，将鼠标指针移动到策略块图标上，单击可添加“脚本程序”构件。

双击“脚本程序”策略块，进入“脚本程序”编辑窗口，在编辑区输入如下程序。

```
水位=(电压-1)*25
水位上限=80
IF 水位>=水位上限 THEN
  上限开关=1                        'DO1 置 1
  上限灯=1
ELSE
  上限开关=0                        'DO1 置 0
  上限灯=0
ENDIF
!SETALMVALUE(水位,水位上限,3)
```

程序说明：利用公式“水位 =（电压-1）*25”把模块监测到的电压值转换为水位值（模块采集到范围为1～5V电压值，对应的水位值范围是0～100cm，水位与电压是线性关系）；当水位大于等于设定的上限水位值（80cm），上限开关对应的数字量输出通道（DO1）置1，画面中上限灯改变颜色。同时，显示报警信息。

单击“确定”按钮，完成程序的输入。

关闭“策略组态：循环策略”编辑窗口，保存程序，返回到工作台“运行策略”对话框，选择“循环策略”，单击“策略属性”按钮，弹出“策略属性设置”对话框，将“策略执行方式”的定时循环时间设置为“1000”ms，单击“确认”按钮。

5.6 设备调试与程序运行

1．设备调试

5-11

在工作台“设备窗口”上，双击“设备窗口”图标，出现“设备组态：设备窗口”对话框（见实训图5-27）。

（1）模拟量输入调试

双击“设备0-[研华-4017]”，弹出“设备属性设置”对话框。选择“设备调试”对话框，如果系统连接正常，可以看到研华-4017模拟量输入1通道输入的电压值，当前显示2.2V，如实训图5-32所示。

使用万用表测量模块Vin1+引脚和Vin1-引脚之间的电压值，大小应该与“设备调试”对话框显示的值基本相同（存在测量误差）。

利用公式“水位 =（电压-1）*25”把电压值转换为水位值，当前水位值为 30cm。

（2）开关量输出调试

双击“设备 2-［研华-4050］”，弹出“设备属性设置”对话框。选择“设备调试”对话框，用鼠标长按通道 9 对应数据对象“上限开关”的通道值单元格，通道值由“0”变为“1”，如实训图 5-33 所示。如果系统连接正常，线路中 ADAM4050 模块对应数字量输出通道 DO1 置 1，继电器常开触点闭合，上限指示灯 L 亮。

设备属性设置： --［设备0］

基本属性　通道连接　设备调试　数据处理

通道号	对应数据对象	通道值	通道类型
0		0	通讯状态标志
1		0.0	AD0
2	电压	2.2	AD1
3		1.5	AD2
4		0.8	AD3
5		0.4	AD4
6		0.2	AD5
7		0.1	AD6
8		0.0	AD7

检查[K]　确认[Y]　取消[C]　帮助[H]

实训图 5-32　模拟量电压输入调试

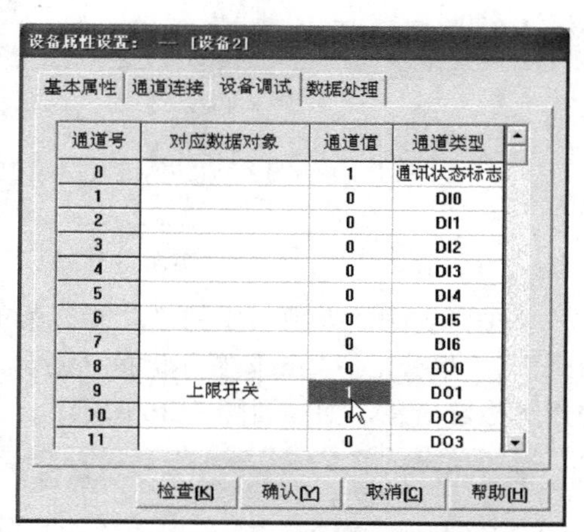

设备属性设置： --［设备2］

基本属性　通道连接　设备调试　数据处理

通道号	对应数据对象	通道值	通道类型
0		1	通讯状态标志
1		0	DI0
2		0	DI1
3		0	DI2
4		0	DI3
5		0	DI4
6		0	DI5
7		0	DI6
8		0	DO0
9	上限开关	1	DO1
10		0	DO2
11		0	DO3

检查[K]　确认[Y]　取消[C]　帮助[H]

实训图 5-33　开关量输出调试

2．程序运行

实验平台搭建完成并测试无误后，运行已编写的组态程序。

将水位传感器放入水容器中，随着传感器位置变化，变送器输出电压发生变化（或转动电位器改变输出电压，模拟水位变化），“主画面”窗口画面中显示当前测量水位值、水位值实时变化曲线，仪表指针随着水位变化而转动。

当测量水位值大于或等于设定的上限值 80cm 时，画面中报警灯改变颜色，线路中 ADAM-4050 模块的数字量输出 DO1 置 1，继电器常开触点闭合，上限指示灯 L 亮。

“主画面”窗口运行画面如实训图 5-34 所示。

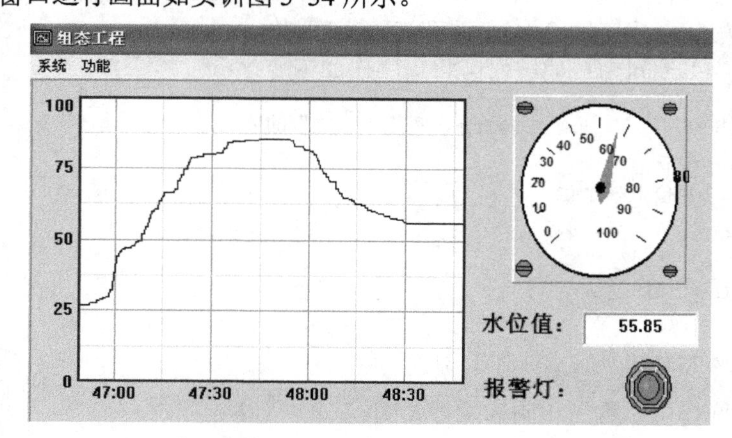

实训图 5-34　“主画面”窗口运行画面

单击“主画面”窗口中的“功能”菜单，选择“历史曲线”命令，弹出“历史曲线”窗口画面。画面中显示水位值变化历史曲线，如实训图 5-35 所示。

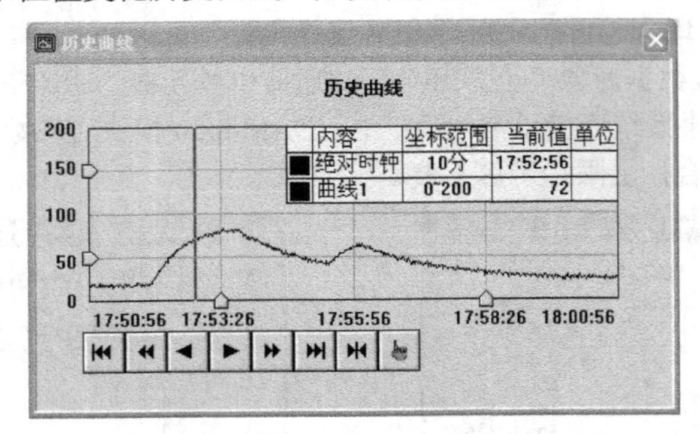

实训图 5-35 “历史曲线”窗口运行画面

单击“主画面”窗口中的“功能”菜单，选择“报警信息”命令，出现“报警信息”窗口画面。“报警信息”窗口显示时间、对象名、报警类型、报警事件、当前值、界限值和报警描述等报警信息，如实训图 5-36 所示。

报警信息

报警信息

时间	对象名	报警类型	报警事件	当前值	界限值	报警描述
12-16 18:45:12	水位	上限报警	报警产生	81.075	80	水位高于上限!
12-16 18:45:23	水位	上限报警	报警结束	79.8	80	水位高于上限!
12-16 18:47:31	水位	上限报警	报警产生	80.3	80	水位高于上限!
12-16 18:48:01	水位	上限报警	报警结束	79.8	80	水位高于上限!

实训图 5-36 “报警信息”窗口运行画面

3. 模拟仿真

如果条件有限，无法搭建远程 I/O 模块水位监测实验平台，又想测试组态程序，观看运行画面效果，可以修改程序进行模拟仿真。

因为没有搭建硬件系统，上面程序中，变量“水位”无法获得随水位变化的数值，为实现模拟仿真，在程序中让变量“水位”随时间自动变化。

在“脚本程序”编辑窗口的编辑区将程序作如下变化：

```
水位=水位+1         '每隔 1000ms，变量“水位”的值增加 1
水位上限=80
IF 水位>=水位上限 THEN
  上限灯=1
ELSE
  上限灯=0
ENDIF
!SETALMVALUE(水位,水位上限,3)
```

运行程序，同样可以看到相同的运行画面。

实训 6　饮料瓶计数喷码

6.1 学习目标

1）了解饮料瓶计数喷码系统的组成和主要硬件选型。
2）掌握 PC 与三菱 PLC 组成的开关量输入和开关量输出系统线路设计。
3）掌握 PC 与三菱 PLC 实现开关量输入和开关量输出的 MCGS 程序设计方法。

6.2 饮料瓶计数喷码控制系统

6-1

1．喷码机简介

喷码是指用喷码机在食品、建材、日化、电子、汽配和线缆等需要标识的行业产品上注明生产日期、保质期、批号、企业 Logo 等信息的过程。

喷码机是用来在产品表面喷印字符、图标、规格、条码及防伪标识等内容的机器。其优点在于不接触产品，喷印内容灵活可变，字符大小可以调节，可以和计算机连接进行复杂数据库喷印。实训图 6-1 是某喷码机工作示意图。

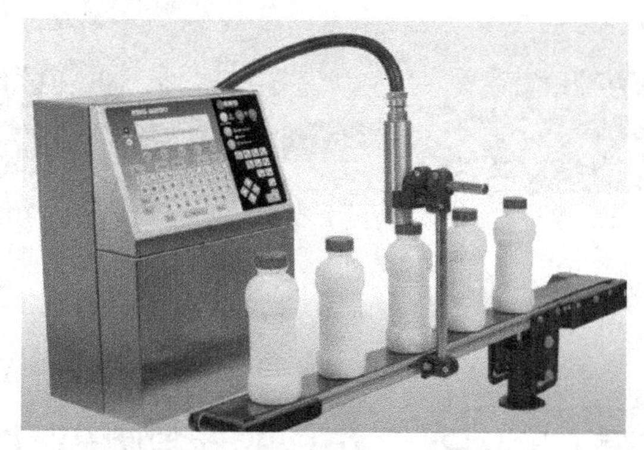
实训图 6-1　某喷码机工作示意图

按需滴落式喷码机的喷头由多个高精密阀门组成，在喷字时，字形相对应的阀门迅速启闭，墨水依靠内部恒定压力喷出，在运动的表面形成字符或图形。

瓶装饮料如矿泉水生产工艺中，灌装完成后、装箱前可使用喷码机进行喷码。

2．饮料瓶计数喷码控制系统组成

某饮料瓶计数喷码控制系统主要由计算机、接近开关、检测电路、开关量输入装置、开关量输出装置、电磁阀和喷头等部分组成，如实训图 6-2 所示。它们都是自动化喷码机成套系统的组成部分。传感器和喷头往往做成一体。

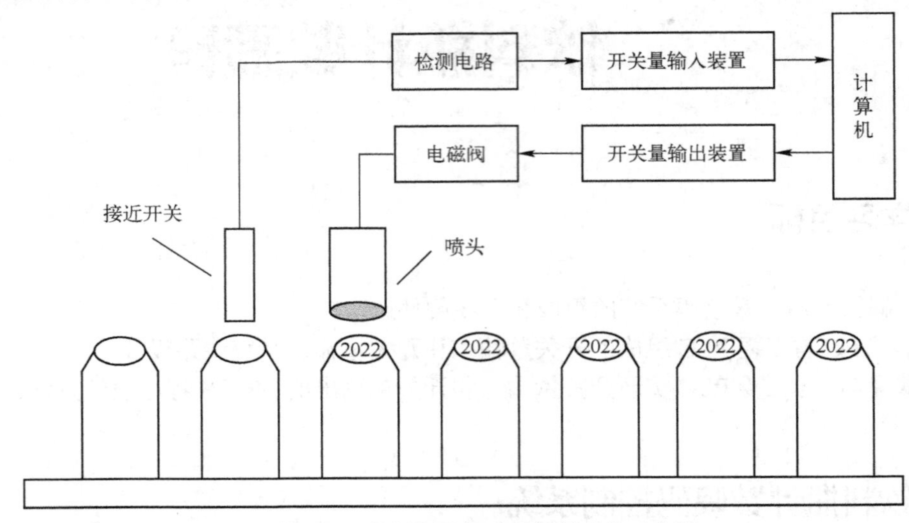

实训图 6-2 饮料瓶计数喷码控制系统示意图

当饮料瓶移动到接近开关探头下方时，开关响应经检测电路输出开关信号，此信号通过开关量输入装置送入计算机，计算机计数程序加 1；同时计算机发出控制指令通过开关量输出装置输出的开关信号控制电磁阀打开，此时饮料瓶刚好移动到喷头下方，喷头内部墨水在压力作用下在瓶盖上喷出需要的字形。喷完后电磁阀迅速关闭。

系统设计中，接近开关可选用电容接近开关，如实训图 6-3 所示；开关量输入装置和开关量输出装置均选用三菱 FX_{3U}-32MR PLC，如实训图 6-4 所示。

实训图 6-3 电容接近开关

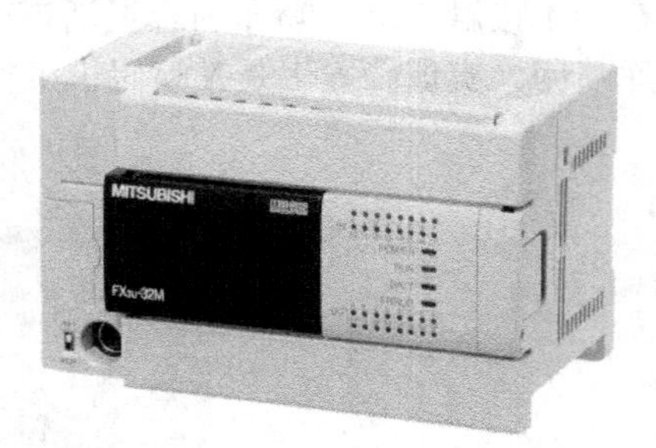

实训图 6-4 三菱 FX_{3U}-32MR PLC

6.3 计算机与三菱 FX_{3U} PLC 组成的计数喷码控制系统线路

计算机与三菱 FX_{3U}-32MR PLC 组成的计数喷码控制系统线路如实训图 6-5 所示。

6-2

首先使用 SC-09 编程电缆将计算机的串口 COM1 与三菱 FX_{3U}-32MR PLC 的编程口连接起来。如果计算机没有串口，使用 USB-SC09-FX 编程电缆将 PLC 的编程口与计算机的 USB 口连接。

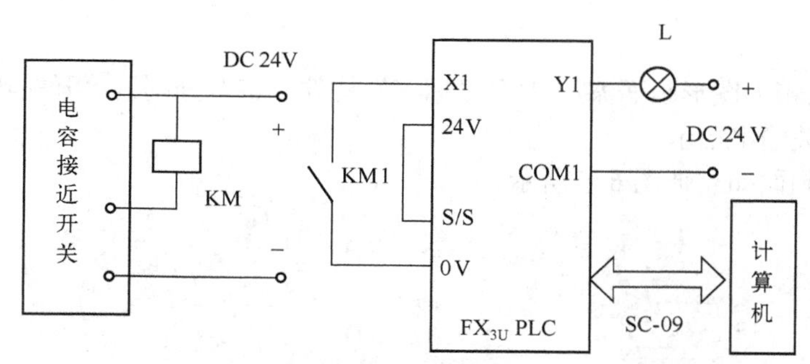

实训图 6-5　计算机与三菱 FX_{3U} PLC 组成的计数喷码控制系统线路

实训图 6-5 中，电容接近开关控制电磁继电器 KM，继电器 KM 的常开触点 KM1 一端接 PLC 开关量输入端子 X1，另一端接 0V 端子。注意将 24V 端子与 S/S 端子短接。当饮料瓶（或其他物体）移动到电容接近开关探头下方时，继电器 KM 的常开触点 KM1 闭合；当饮料瓶（或其他物体）离开电容接近开关探头下方时，继电器 KM 的常开触点 KM1 打开。

PLC 的开关量输出端子 Y1 接电磁阀（实验时，为便于操作，用指示灯 L 代替电磁阀）。

测试中，可用导线将输入端子 X1 与 0V 端子之间短接或断开产生开关量输入信号；可用 PLC 面板上提供的输出信号指示灯的亮灭来表示开关量输出状态（电磁阀的启闭）。

6.4　计数喷码控制程序设计任务

采用 MCGS（嵌入版）编写程序实现 PC 与三菱 PLC 计数喷码（开关量输入与输出）。

任务要求：PC 接收 PLC 发送的开关量输入信号状态值，使画面中开关输入指示灯颜色改变，开关计数器从 0 开始累加计数；同时，线路中，PLC 开关量输出端子 Y1 和 COM1 之间的开关闭合，电磁阀打开（或指示灯亮），画面中开关输出指示灯改变颜色。

6.5　PC 端计数喷码控制程序设计

6-3

1. 建立新工程项目

工程名称：“计数喷码”。
窗口名称：“DI&DO”。
窗口标题：“开关量输入与输出”。

2. 制作图形画面

在工作台“用户窗口”对话框，双击新建的“DI&DO”窗口图标，进入画面开发系统。

1）通过工具箱“插入元件”工具为图形画面添加两个“指示灯”元件。

2）为图形画面添加 1 个“输入框”构件。选择工具箱中的“输入框”构件图标，然后将鼠标指针移动到画面中，在画面空白单击处并拖动鼠标，画出一个适当大小的矩形框，出现

“输入框”构件。

3）通过工具箱为图形画面添加 3 个“标签”构件，字符分别为“开关输入指示”“开关计数器”和“开关输出指示”。

设计的图形画面如实训图 6-6 所示。

实训图 6-6 图形画面

3．定义数据对象

在工作台“实时数据库”对话框，单击“新增对象”按钮，再双击新出现的对象，弹出“数据对象属性设置”对话框。

1）新增对象，在“基本属性”对话框，将“对象名称”改为“开关输入”，“对象类型”选择“开关”。

2）新增对象，在“基本属性”对话框，将“对象名称”改为“开关输出”，“对象类型”选择“开关”。

3）新增对象，在“基本属性”对话框，“对象名称”改为“输入灯”，“对象类型”选择“开关”。

4）新增对象，在“基本属性”对话框，“对象名称”改为“输出灯”，“对象类型”选择“开关”。

5）新增对象，在“基本属性”对话框，“对象名称”改为“num”，“对象类型”选择“数值”，“对象初值”设为“0”，“最小值”设为“0”，“最大值”设为“100”。

建立的实时数据库如实训图 6-7 所示。

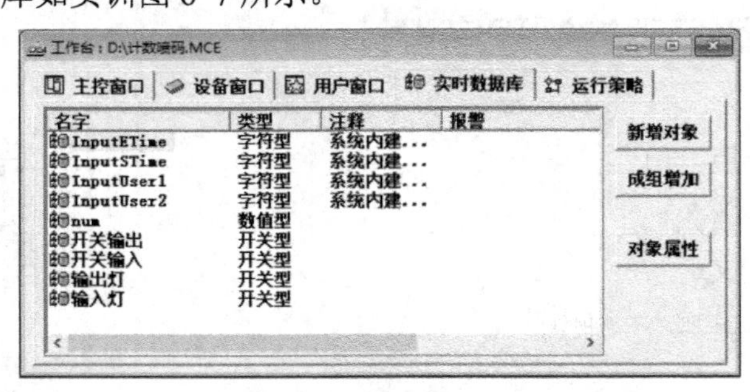

实训图 6-7 实时数据库

4．添加三菱 PLC 设备

在工作台“设备窗口”对话框，双击“设备窗口”图标，出现“设备组态：设备窗口”，单击工具条上的“工具箱”按钮，弹出“设备工具箱”对话框。

1）单击“设备管理”按钮，弹出“设备管理”对话框，如实训图6-8所示。在“可选设备”列表中双击“通用串口父设备”，将其添加到右侧的选定设备列表中。

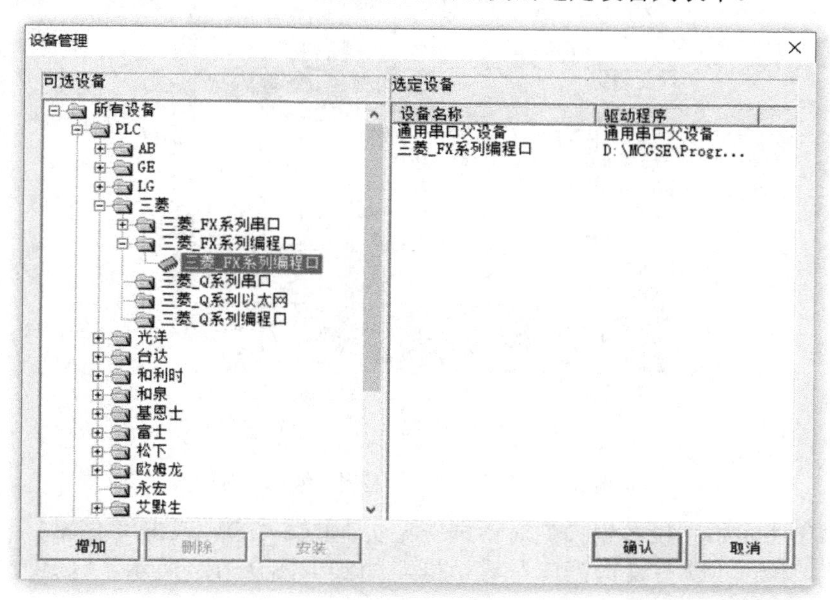

实训图6-8　“设备管理”对话框

2）在“设备管理”对话框可选设备列表中依次选择“所有设备”→“PLC设备”→“三菱”→“三菱_FX系列编程口”→“三菱_FX系列编程口”，单击“增加”按钮，将“三菱_FX系列编程口”添加到右侧的选定设备列表中，如实训图6-8所示。单击“确认”按钮，选定的设备添加到“设备工具箱”对话框中，如实训图6-9所示。

3）在“设备工具箱”对话框双击“通用串口父设备”，在“设备组态：设备窗口”中出现“通用串口父设备0--[通用串口父设备]”。同理，在“设备工具箱”对话框双击“三菱_FX系列编程口”，在“设备组态：设备窗口”中出现“设备1--[三菱_FX系列编程口]”，设备添加完成，如实训图6-10所示。

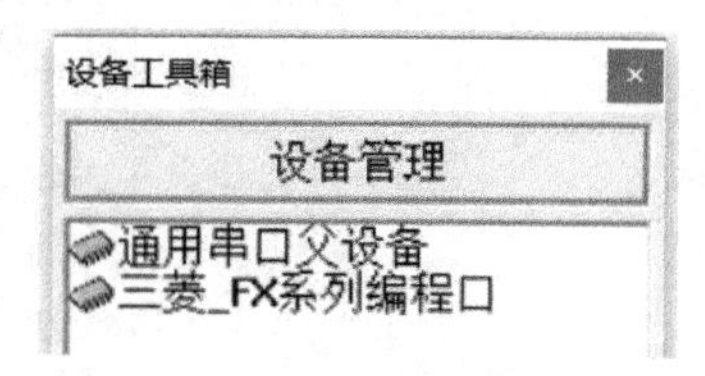

实训图6-9　“设备工具箱”对话框

实训图6-10　“设备组态：设备窗口”对话框

5．设备属性编辑

1）在“设备组态：设备窗口”对话框（见实训图6-10），双击“通用串口父设备0--[通用串口父设备]”，弹出“通用串口设备属性编辑”对话框，如实训图6-11所示。

在“基本属性”对话框中，“串口端口号”选择“0-COM1”，“通信波特率”选择“6-9600”，“数据位位数”选择“0-7位”，“停止位位数”选择“0-1位”，“数据校验方式”选择“2-偶校验”，单击“确认”按钮。

实训图 6-11 “通用串口设备属性编辑”对话框

2）在“设备组态：设备窗口”对话框（见实训图 6-10），双击“设备 1--[三菱_FX 系列编程口]”，弹出“设备编辑窗口”对话框，如实训图 6-12 所示。“CPU 类型”选择“4-FX3UCPU”。

实训图 6-12 “设备编辑窗口”对话框

3）在“设备编辑窗口”对话框中，单击“增加设备通道”按钮，弹出“添加设备通道”对话框，如实训图 6-13 所示。“通道类型”选择“Y 输出寄存器”，“通道地址”设为“0”，“通道个数”设为“8”，读写方式选择“只写”。

实训图 6-13 “添加设备通道”对话框

单击“确认”按钮，“设备编辑窗口”对话框中出现新增加的通道，如实训图 6-14 所示。

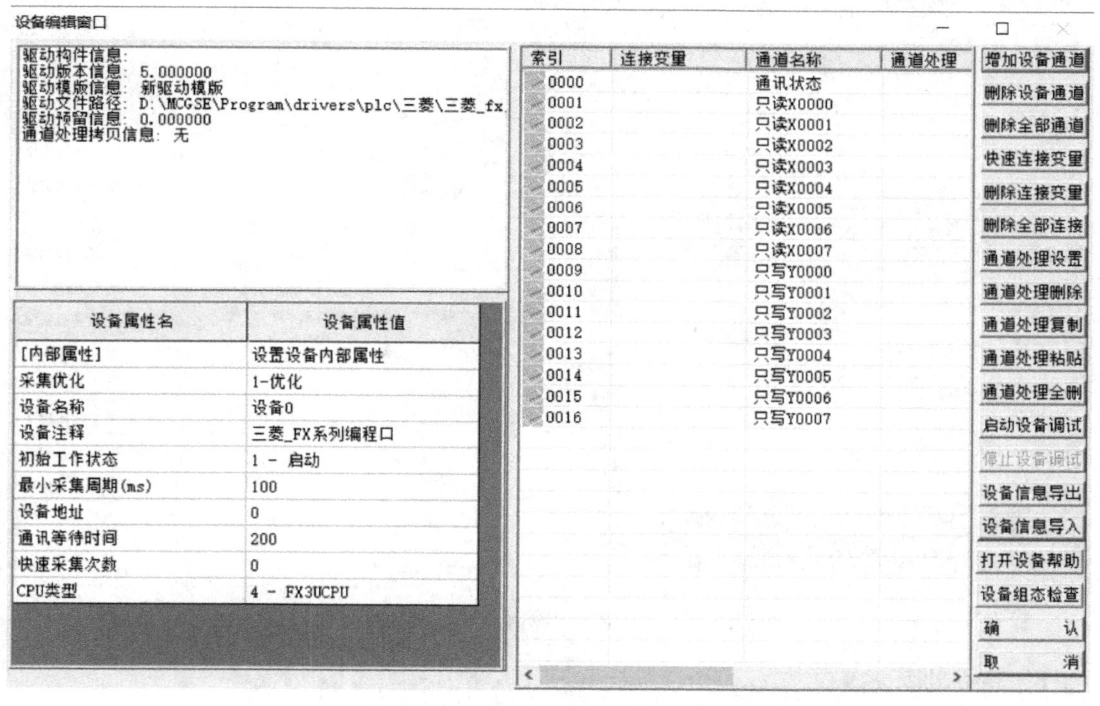

实训图 6-14 “设备编辑窗口”新增加的通道

4）在“设备编辑窗口”对话框右侧子窗口，选择索引 0002 连接变量对应的单元格（通道名称为“只读 X0001”），单击右键，弹出“变量选择”对话框，如实训图 6-15 所示，双击要连接的数据对象“开关输入”。

选择索引 0010 连接变量对应的单元格（通道名称“只写 Y0001”），单击右键，弹出“变量选择”对话框，如实训图 6-15 所示，选择要连接的数据对象“开关输出”。

单击“确认”按钮，在“设备编辑窗口”对话框，出现已连接的变量“开关输入”和“开关输出”，如实训图 6-16 所示。

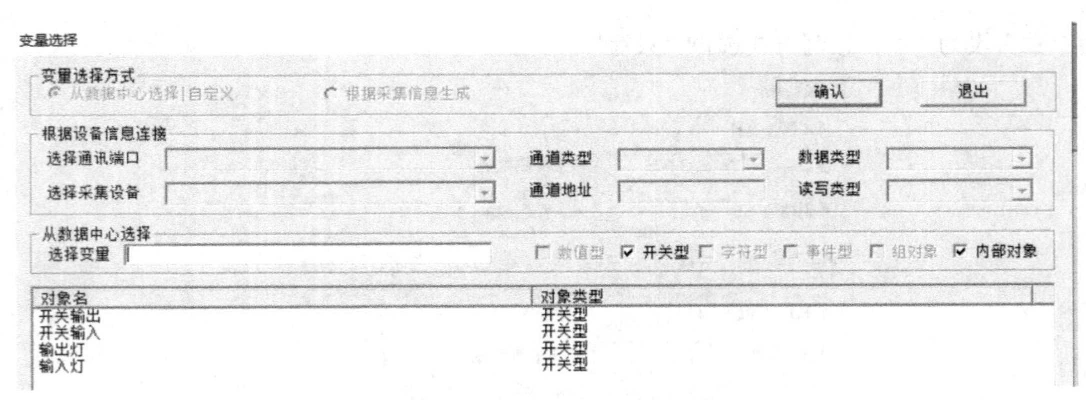

实训图 6-15 “变量选择”对话框

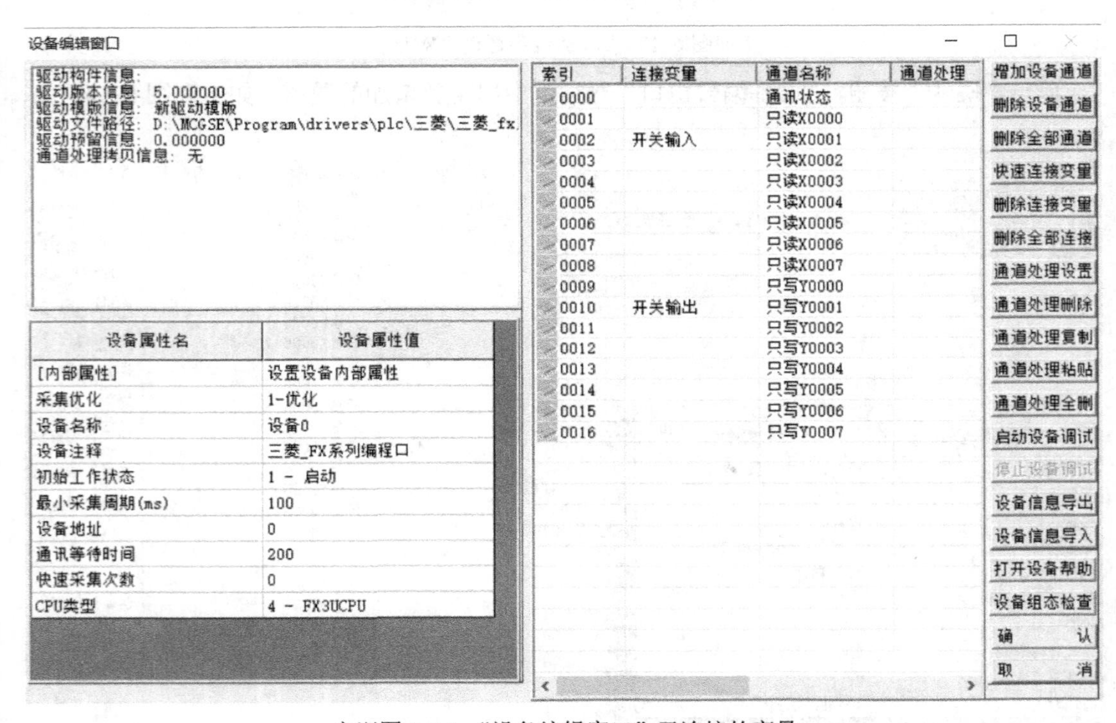

实训图 6-16 “设备编辑窗口”已连接的变量

6. 建立动画连接

在工作台“用户窗口”对话框，双击“DI&DO”窗口图标进入开发系统。通过双击画面中各图形对象，将各对象与定义好的变量连接起来。

（1）建立“指示灯”元件的动画连接

双击画面中开关输入指示灯，弹出“单元属性设置”对话框，选择“数据对象”对话框。连接类型选择“可见度”。单击右侧的“？”按钮，弹出“变量选择”对话框，双击数据对象“输入灯”，在“数据对象”对话框“可见度”行出现连接的数据对象“输入灯”。单击“确认”按钮完成开关输入指示灯的动画连接。

同样对开关输出指示灯进行动画连接，数据对象连接选择“输出灯”。

（2）建立开关计数器“输入框”构件动画连接

双击画面中的“输入框”构件，出现“输入框构件属性设置”对话框。在“操作属性”对话框，将“对应数据对象的名称”设为“num”，将最小值设为 0，最大值设为 100。单击“确认”按钮完成“输入框”构件数据连接。

6-9

7. 策略编程

在工作台“运行策略”对话框，单击“新建策略”按钮，出现“选择策略的类型”对话框，如实训图 6-17 所示。选择“事件策略”，单击“确定”按钮，“运行策略”窗口出现新建的“策略 1”。

选中“策略 1”，单击“策略属性”按钮，弹出“策略属性设置”对话框，将“策略名称”改为“开关控制”，“关联数据对象”选择数据对象“开关输入”，“事件的内容”选择“数据对象的值有改变时，执行一次”，如实训图 6-18 所示。

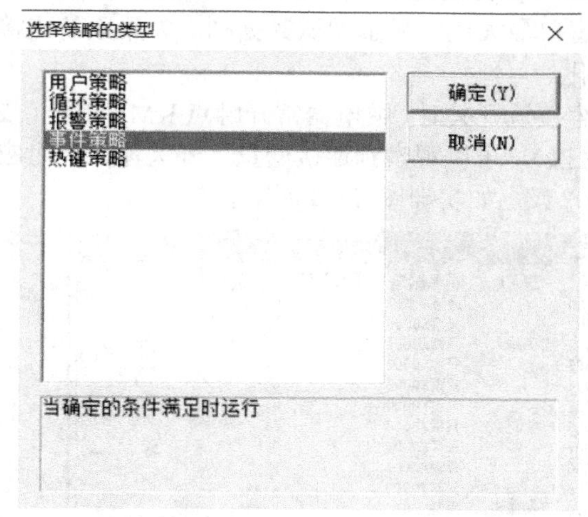

实训图 6-17 “选择策略的类型”对话框

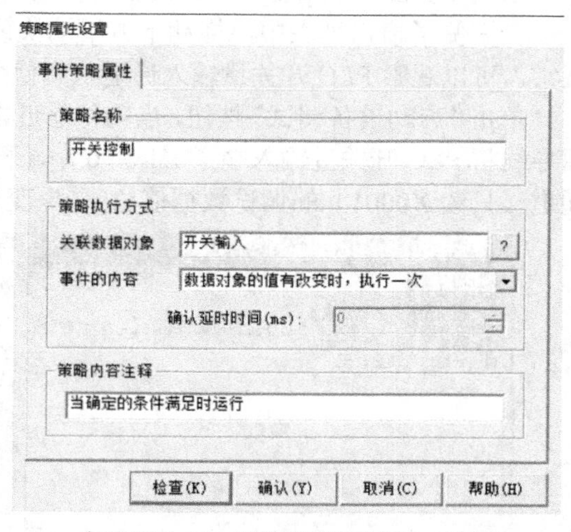

实训图 6-18 “策略属性设置”对话框

在工作台“运行策略”对话框，双击“开关控制”事件策略，弹出“策略组态：开关控制”窗口。

单击 MCGS 组态环境窗口工具条中的“新增策略行”按钮，在“策略组态：开关控制”窗口中出现新增的策略行。

单击选中策略工具箱中的“脚本程序”，将鼠标指针移动到策略块图标上，单击可添加“脚本程序”构件。双击“脚本程序”策略块，进入“脚本程序”编辑窗口，在编辑区输入如下程序（注释不需要输入）。

```
If  开关输入=1 Then          '开关 KM1 闭合
    输入灯=1                  '开关输入指示灯颜色改变
    num=num + 1               '开关 KM1 每闭合 1 次程序计数器数字加 1
    输出灯=1                  '开关输出指示灯颜色改变
    开关输出=1                'PLC 开关输出端子 Y1 置 1
Else                          '开关 KM1 断开
    输入灯=0                  '开关输入指示灯颜色改变
```

```
      输出灯=0                    '开关输出指示灯颜色改变
      开关输出=0                  'PLC 开关输出端子 Y1 置 0
   Endif
```

单击“确定”按钮，完成程序的输入。

6.6 设备调试与程序运行

1. 设备调试

6-10

在工作台“设备窗口”对话框，双击“设备窗口”图标，出现“设备组态：设备窗口”对话框（见实训图 6-10）。

双击“设备 1--[三菱_FX 系列编程口]”，弹出“设备编辑窗口”对话框（见实训图 6-16）。

在右侧子窗口列表中，拖动下方滑动块或窗口最大化，显示调试数据列。如果系统连接正常，可以观察 PLC 开关量输入通道状态值变化。

单击“启动设备调试”按钮，当物体靠近电容接近开关时，继电器常开触点 KM1 闭合（或用导线将 PLC 开关量输入端子 X1 和 0V 端子短接），可以观察到连接变量“开关输入”对应通道（只读 X0001）的调试数据值由“0”变为“1”，如实训图 6-19 所示。

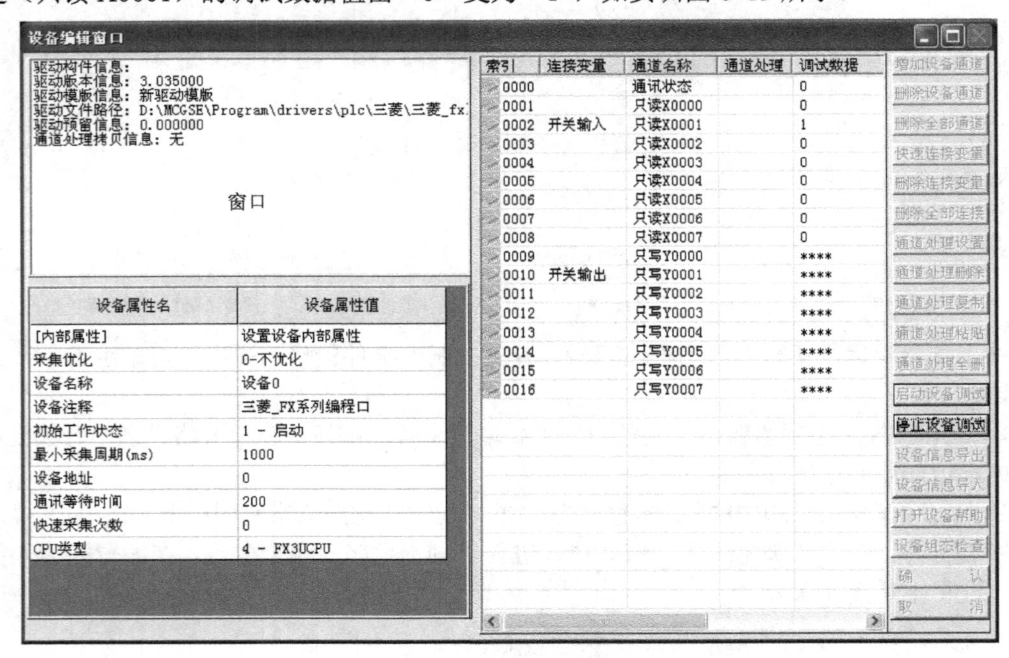

实训图 6-19 开关量输入调试

2. 程序运行

6-11

实验平台搭建完成并测试无误后，运行已编写的组态程序。

在 MCGS 工作台窗口，单击工具栏上“下载工程并进入运行环境”按钮，出现“下载配置”对话框，如实训图 6-20 所示。

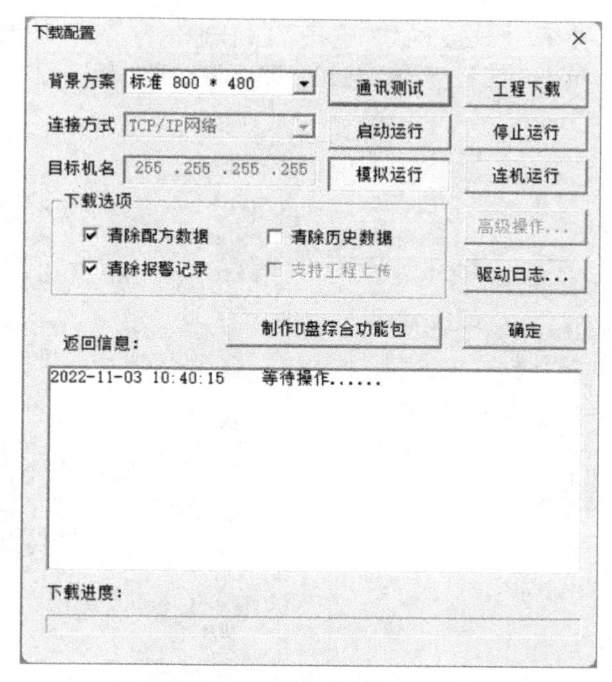

实训图 6-20 “下载配置”对话框

单击“通讯测试”按钮，若通讯测试正常，单击“工程下载”按钮，若工程下载成功，单击“启动运行”按钮，出现程序运行画面。

当物体靠近电容接近开关时，继电器的常开触点 KM1 闭合（或用导线将 PLC 开关量输入端子 X1 和 0V 端子短接），画面中开关输入指示灯改变颜色，开关计数器的数字从 0 开始累加；同时，线路中 PLC 开关输出指示灯 L 亮，画面中开关输出指示灯改变颜色。

程序运行画面如实训图 6-21 所示。

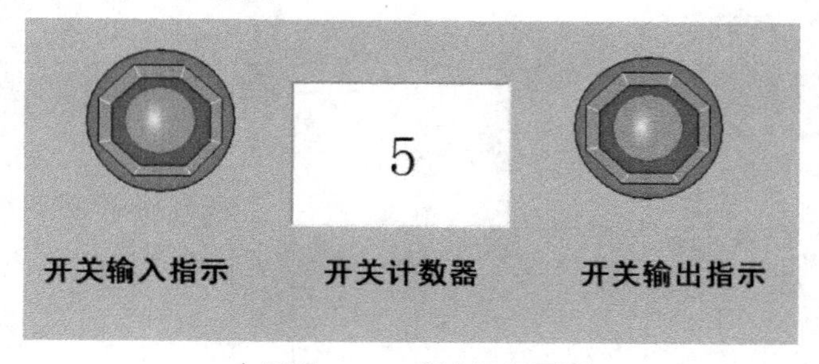

实训图 6-21　程序运行画面

3．触摸屏运行显示

1）组态程序下载

（1）下载方式 1

使用 USB-B 型数据线缆将触摸屏的 USB2 接口与计算机 USB 接口相连。

打开工程文件“计数喷码.MCE”，在 MCGS 工作台窗口，单击工具栏上“下载工程并进入运行环境”按钮，出现“下载配置”对话框，如实训图 6-22 所示。

单击“连机运行”按钮，“连接方式”选择“USB 通讯”，再单击“通讯测试”按钮。

若通讯测试正常，单击“工程下载”按钮，即可将打开的组态程序下载至触摸屏，如实训图 6-23 所示。

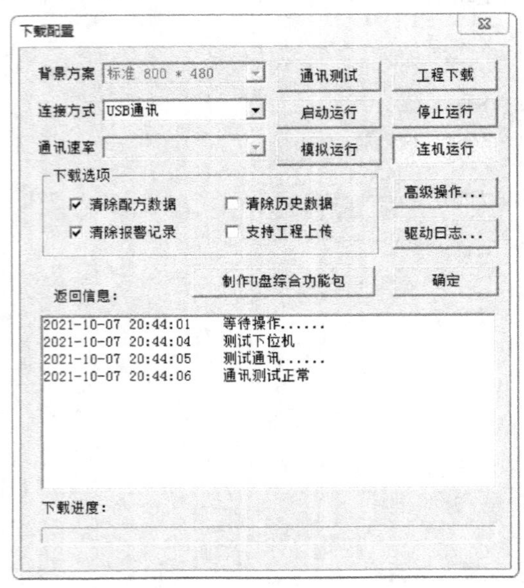

实训图 6-22 “下载配置”对话框

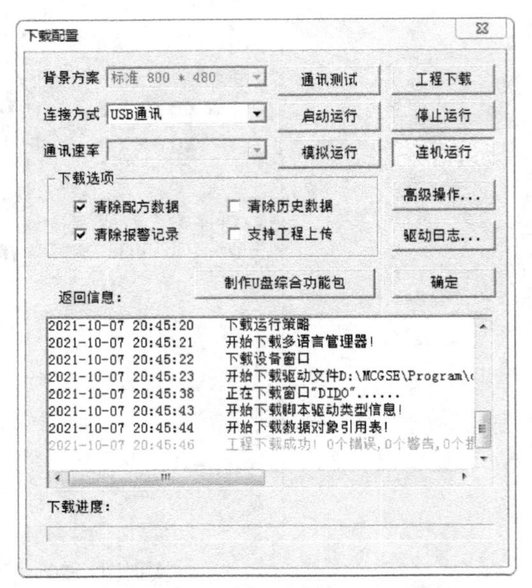

实训图 6-23 “工程下载”对话框

（2）下载方式 2

打开工程文件“计数喷码.MCE”，在 MCGS 工作台窗口，单击工具栏上“下载工程并进入运行环境”按钮，出现“下载配置”对话框，如实训图 6-22 所示。

将 U 盘插入计算机 USB 接口。单击“制作 U 盘综合功能包”按钮，弹出“U 盘功能包内容选择对话框”，如实训图 6-24 所示。单击“确定”按钮，提示“U 盘综合功能包制作成功！”，如实训图 6-25 所示。

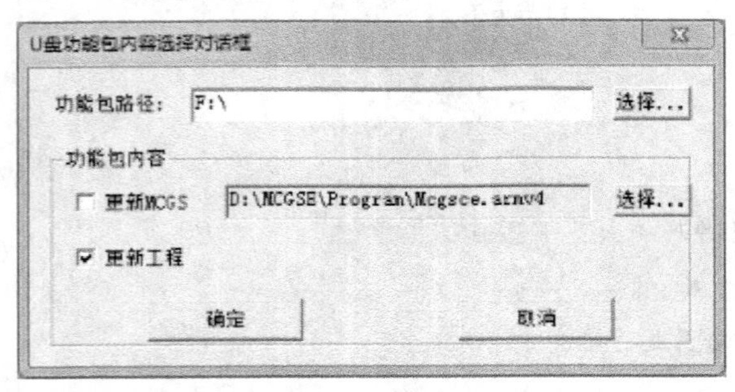

实训图 6-24 “U 盘功能包内容选择”对话框

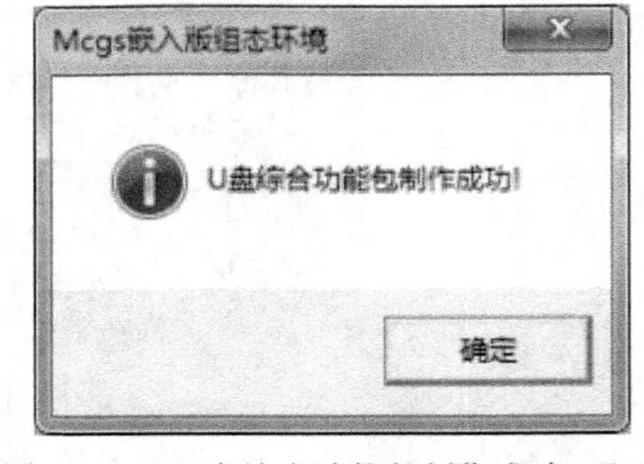

实训图 6-25 “U 盘综合功能包制作成功！”对话框

再将 U 盘插入触摸屏 USB1 接口，触摸屏上弹出“mcgs Tpc U 盘综合功能包”提示信息，依次单击“是”→“用户工程更新”→“开始”→“开始下载”→“重启 TPC”等按钮，即可完成程序下载。

2）实验线路连接

将 MCGS-7062Ti 触摸屏的串口用 SC-09 电缆与三菱 FX_{3U}-32MR PLC 的编程口连接起来，实验线路连接如实训图 6-26 所示。

实训图 6-26　触摸屏与三菱 FX_{3U}-32MR PLC 接线

3）触摸屏程序运行

当物体靠近电容接近开关时，继电器的常开触点 KM1 闭合（或用导线将 PLC 开关量输入端子 X1 和 0V 端子短接），触摸屏画面中开关输入指示灯改变颜色，开关计数器的数字从 0 开始累加；同时，线路中 PLC 开关输出指示灯 L 亮，触摸屏画面中开关输出指示灯改变颜色。

触摸屏程序运行画面如实训图 6-27 所示。

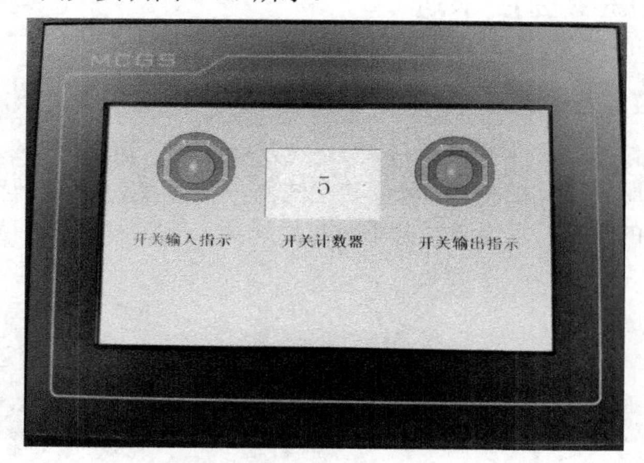

实训图 6-27　触摸屏程序运行画面

实训 7　温室大棚温度监控

7.1 学习目标

1）了解温室大棚温度监控系统的组成和主要硬件选型。
2）掌握 PC 与三菱 PLC 组成的模拟量输入和开关量输出系统线路设计。
3）掌握 PC 与三菱 PLC 实现模拟量输入和开关量输出的 MCGS 程序设计方法。

7.2 温室大棚温度监控系统

1. 温室大棚温度监控的意义

温室又称暖房，能透光、保温（或加温）。它是以采光、覆盖材料作为全部或部分围护结构的材料，可供某些植物在不适宜室外生长的季节进行栽培的建筑，多用于低温季节喜温蔬菜、花卉和林木等植物的栽培或育苗等，如实训图 7-1 所示。

实训图 7-1　某温室大棚

现代化温室中包括供水控制系统、温度控制系统、湿度控制系统和照明控制系统。供水控制系统根据植物需要自动适时适量供给水分；温度控制系统适时调节温度；湿度控制系统调节湿度；照明控制系统提供辅助照明，使植物进行光合作用。以上系统可使用计算机自动控制，创造植物所需的最佳环境条件。

2. 温室大棚温度监控系统组成

某温室大棚温度监控系统由计算机、温度传感器、信号调理器、模拟量输入装置、开关量输出装置、驱动电路和加热器等部分组成，如实训图7-2所示。

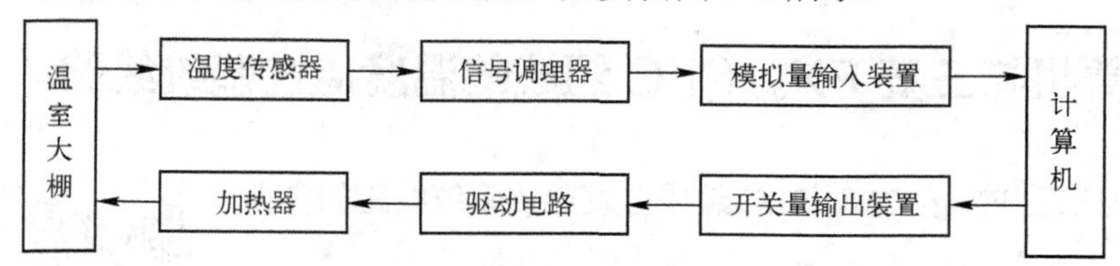

实训图7-2　温室大棚温度监控系统结构框图

温度传感器检测温室大棚温度，通过信号调理器转换为电压信号，经模拟量输入装置传送给计算机显示、处理、记录和判断；当低于规定温度值（下限）时，计算机经开关量输出装置发出控制信号，给加热器通电加热；当高于规定温度值（上限）时，加热器断电停止加热。

温室大棚温度监控系统是一个典型的闭环控制系统。

系统设计中，模拟量输入装置和开关量输出装置均选用三菱FX_{3U}-32MR PLC，如实训图7-3所示。因为采集的温度信号是模拟量，因此需要通过PLC模拟量输入模块将其转换成数字量才能送入PLC主机。本实训选用FX_{3U}-3A-ADP模拟量扩展模块，如实训图7-4所示。该模块通过扩展电缆与PLC主机相连。

实训图7-3　三菱FX_{3U}-32MR PLC

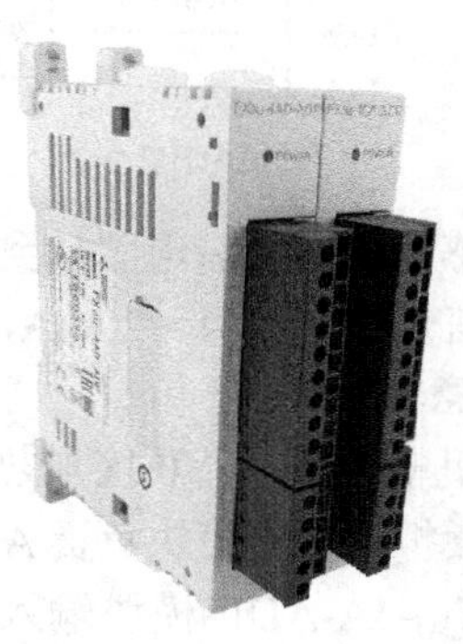

实训图7-4　FX_{3U}-3A-ADP扩展模块

温度传感器可选用Pt100热电阻，如实训图7-5所示；信号调理器可选用与Pt100热电阻配套的WB温度变送器，如实训图7-6所示，该变送器传输距离远，抗干扰能力强。温度变送器的测温范围是0～200℃，输出4～20mA标准电流信号。

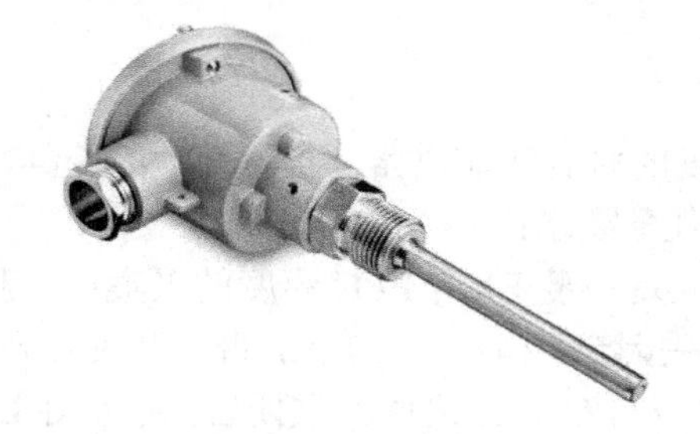

实训图7-5　Pt100热电阻

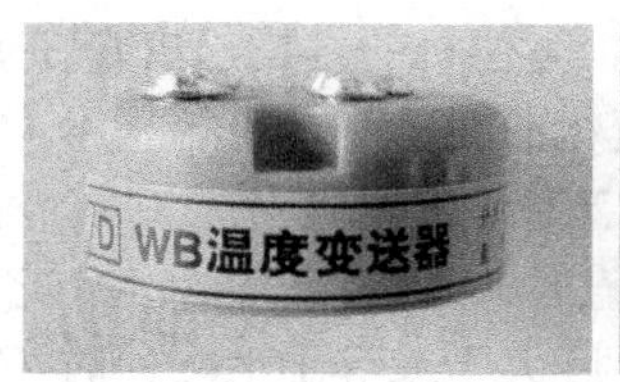

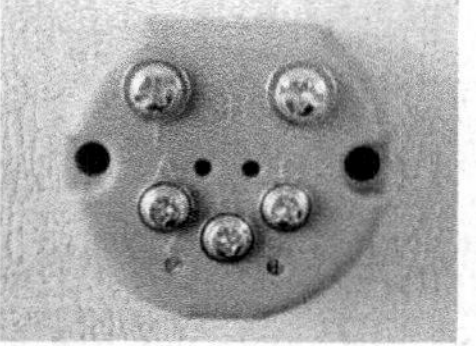

实训图7-6　WB温度变送器

加热器可选用电炉，AC 220V供电。实验室测试时，考虑到安全性和操作性，可用DC 24V指示灯来代替电炉。

7.3 计算机与三菱 FX_{3U} PLC 组成的温度监控系统线路

计算机与三菱 FX_{3U}-32MR PLC 组成温度监控系统线路如实训图 7-7 所示。

7-2

首先使用 SC-09 编程电缆将计算机的串口 COM1 与三菱 FX_{3U}-32MR PLC 的编程接口连接起来（如果计算机没有串口，使用 USB-SC09-FX 编程电缆将 PLC 的编程接口与计算机的 USB 接口连接）。

将三菱 FX_{3U}-3A-ADP 模拟量扩展模块与 PLC 主机相连。

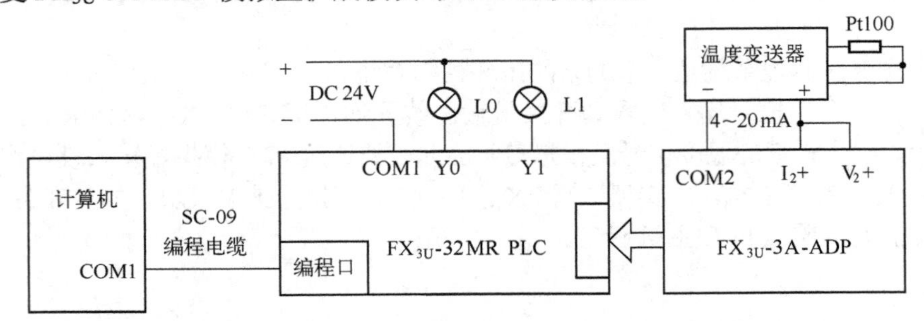

实训图 7-7 计算机与三菱 PLC 组成的温度监控系统线路

温度传感器 Pt100 热电阻接到温度变送器输入端，温度变送器温度测量范围是 0～200℃，输出的电流信号范围为 4～20mA，输入到 FX_{3U}-3A-ADP 扩展模块模拟量输入 2 通道（I_2+和 COM2），注意将 I_2+端子和 V_2+端子短接。

PLC 主机输出端子 Y0 接加热炉（实训中用指示灯 L0 代替）。

PLC 的模拟量扩展模块负责 A-D 转换，即将模拟电流值转换为 PLC 可以识别的数字量值。

根据 FX_{3U}-3A-ADP 模块输入特性，输入电流 4～20mA 对应数字量为 0～3200，温度变送器输出电流 4～20mA 对应测量温度为 0～200℃，测量温度与扩展模块数字量值的换算关系为“温度值=数字量值/16”。

7.4 温度监控系统程序设计任务

本实训采用上位机、下位机的结构，PLC 完成温度的检测和加热器（指示灯）的控制，PC 完成温度的显示、变化曲线绘制及报警指示。具体任务要求：

1）采用 GX Works2 编程软件编写 PLC 端程序：实现三菱 FX_{3U} PLC 温度的采集；当测量温度小于或等于下限值时，Y0 端子与 COM1 之间开关闭合，指示灯 L0 亮，否则开关打开，指示灯 L0 灭；当测量温度大于或等于上限值时，Y1 端子与 COM1 之间开关闭合，指示灯 L1 亮，否则开关打开，指示灯 L1 灭。

2）采用 MCGS（嵌入版）编写 PC 端程序：PC 读取三菱 PLC 检测的温度值并显示，绘制温度变化曲线；当测量温度小于或等于下限值时，程序画面中下限指示灯改变颜色；当测量温度大于或等于上限值时，程序画面中上限指示灯改变颜色。

7.5　PLC 端温度监控程序设计

1. PLC 梯形图

三菱 FX_{3U}-32MR PLC 使用 FX_{3U}-3A-ADP 模拟量扩展模块实现温度采集。采用 GX Works2 编程软件编写的温度监控梯形图程序如实训图 7-8 所示。

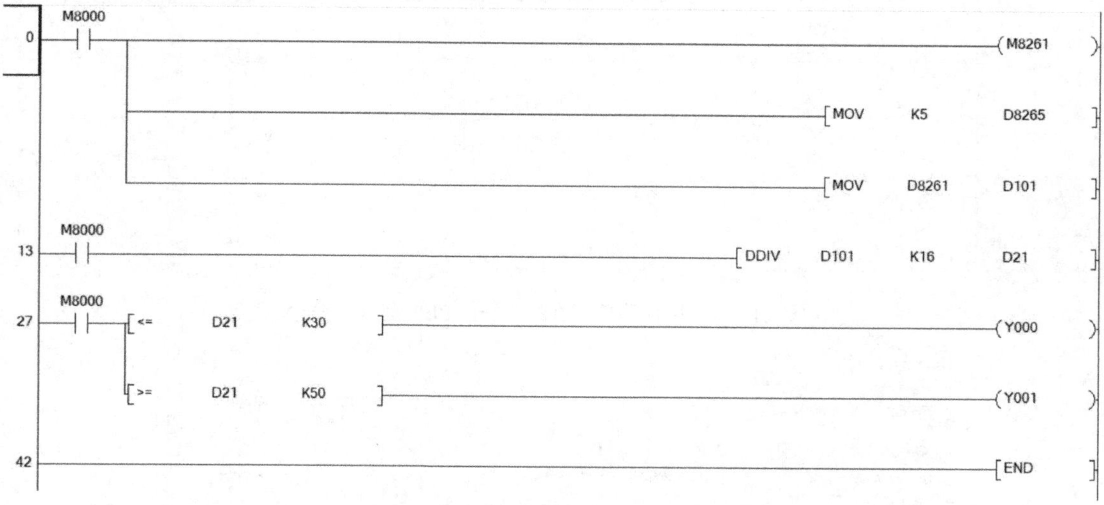

```
    M8000
 0 --| |--+--------------------------------------------( M8261 )
          |
          +------------------------------[ MOV   K5     D8265 ]
          |
          +------------------------------[ MOV   D8261  D101  ]
    M8000
13 --| |-------------------------[ DDIV   D101   K16    D21   ]
    M8000
27 --| |--+-[ <=   D21   K30 ]---------------------------( Y000 )
          |
          +-[ >=   D21   K50 ]---------------------------( Y001 )

42 ----------------------------------------------------[ END ]
```

实训图 7-8　PLC 温度监控梯形图程序

程序说明：

第 1 逻辑行，设置输入通道 2 为电流输入（4～20mA）。

第 2 逻辑行，设置输入通道 2 的平均次数为 5 次。

第 3 逻辑行，将输入通道 2 中 A-D 转换后的数字保存到 D101 中。

第 4 逻辑行，根据公式“温度值=数字量值/16”，将采集的数字值转换成温度值并保存到寄存器 D21 中。

第 5 逻辑行，当采集的温度值小于或等于下限值（30℃）时，输出端子 Y0 与 COM1 之间开关闭合，线路中指示灯 L0 亮。

第 6 逻辑行，当采集的温度值大于或等于上限值（50℃）时，输出端子 Y1 与 COM1 之间开关闭合，线路中指示灯 L1 亮。

2. 程序写入

PC 端程序编写完成后需将其写入 PLC 才能正常运行，步骤如下：

1）接通 PLC 主机电源，将 RUN/STOP 转换开关置于 STOP 位置。

2）运行 GX Works2 编程软件，打开温度监控程序。

3）依次执行菜单“在线”→“PLC 写入”命令，如实训图 7-9 所示。打开“在线数据操作”对话框，选中“参数+程序”选项，单击“执行”按钮，即开始写入程序，如实训图 7-10 所示。

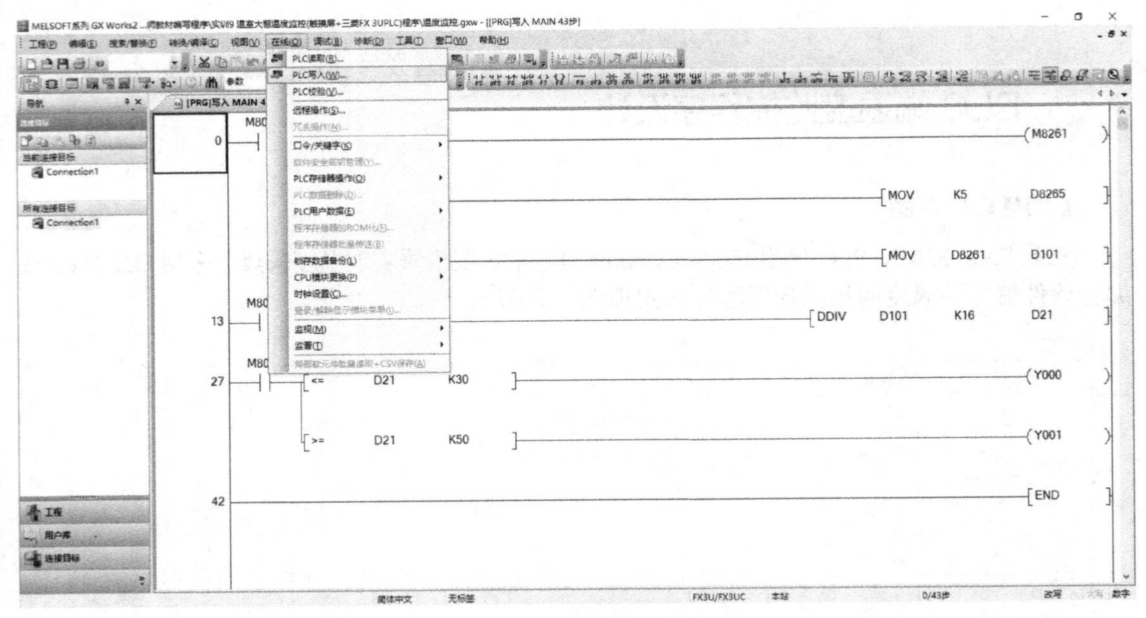

实训图 7-9　执行菜单“在线”→“PLC 写入”命令

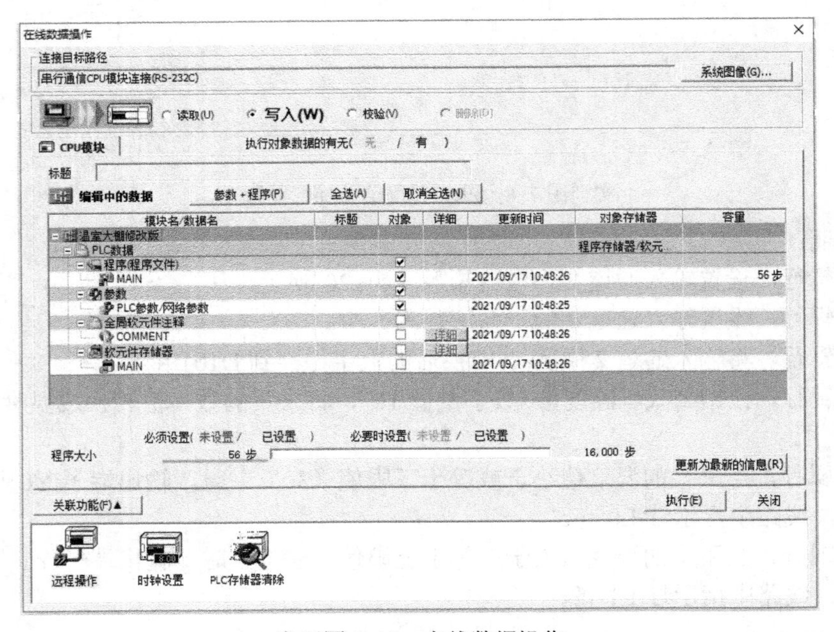

实训图 7-10　在线数据操作

4）程序写入完毕，将 RUN/STOP 转换开关置于 RUN 位置，即可运行程序。

3. 程序监控

PLC 端程序写入后，可以进行实时监控，步骤如下：

1）接通 PLC 主机电源，将 RUN/STOP 转换开关置于 RUN 位置。

2）运行 GX Works2 编程软件，打开温度监控程序。

3）依次执行菜单“在线”→“监视”→“监视模式”命令，即可开始监控程序的运行，如实训图 7-11 所示。

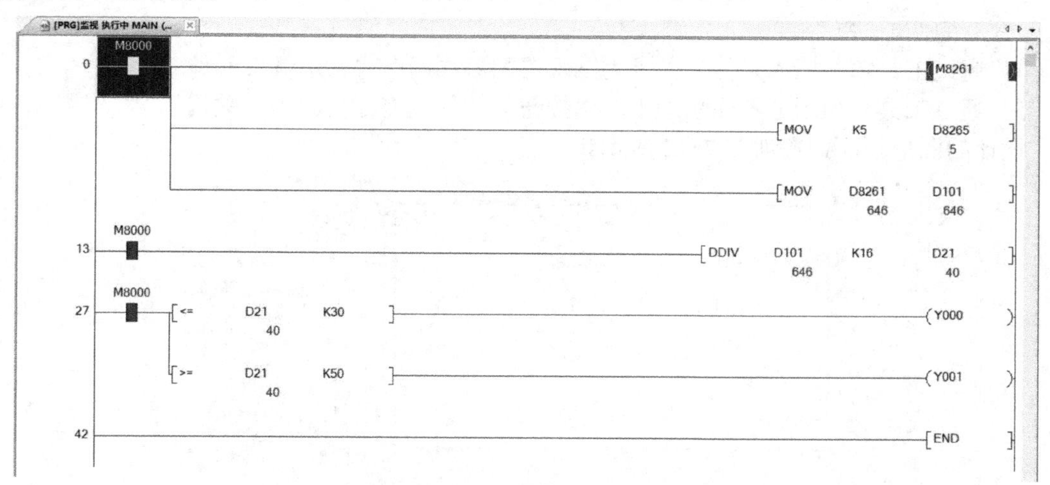

实训图 7-11　PLC 程序监控

监控画面中，寄存器 D101 下方的数字如 646 就是模拟量输入 2 通道输入电流的数字量值（换算后的电流值为 7.23mA），换算的温度值为 40℃（不保留小数），改变温度值，输入电流改变，该数字量值随着改变。

当寄存器 D21 中的值（当前值为 40）大于 30℃时，Y000、Y001 寄存器都置 0，PLC 输出端子 Y0、Y1 与 COM1 之间的开关均断开，指示灯 L0、L1 灭。

4）监控完毕，依次执行菜单“在线”→“监视”→“监视停止”命令，即可停止监控程序的运行。

注意：程序监控完成后必须停止监控，否则影响上位机程序的运行。

7.6　PC 端温度监控程序设计

7-3

1. 建立新工程项目

工程名称：“温度监控”。

窗口名称：“AI”。

窗口标题：“模拟量输入与开关量输出”。

7-4

2. 制作图形画面

在工作台“用户窗口”对话框，双击新建的“AI”窗口，进入动画组态界面。

1）通过工具箱为图形界面添加 1 个“实时曲线”构件。

2）通过工具箱为图形界面添加 3 个“标签”构件，字符分别是“温度值：”“下限灯：”和“上限灯：”。

3）为图形画面添加 1 个“输入框”构件。选择工具箱中的“输入框”构件图标，然后将鼠标指针移动到画面中，在画面空白处单击并拖动鼠标，画出一个适当大小的矩形框，出现“输入框”构件。

4）通过工具箱“插入元件”工具为图形界面添加两个“指示灯”元件。

5）通过工具箱为图形界面添加1个“按钮”构件，将标题改为“关闭”。

设计的图形画面如实训图7-12所示。

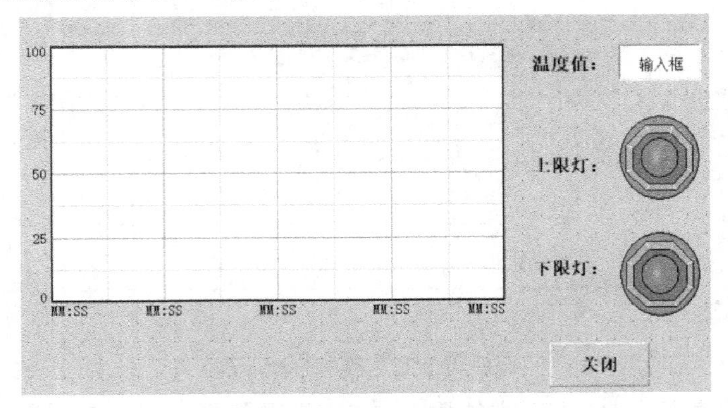

实训图7-12 图形画面

3. 定义数据对象

在工作台“实时数据库”上，单击“新增对象”按钮，再双击新出现的对象，弹出“数据对象属性设置”对话框。

（1）定义2个数值型对象

将“对象名称”设为“温度”，“对象类型”选择“数值”，“小数位”设为“1”，“最小值”设为“0”，“最大值”设为“200”。

将“对象名称”设为“数字量”，“对象类型”选择“数值”，“最小值”设为“0”，“最大值”设为“27648”。

（2）定义2个开关型对象

将“对象名称”设为“上限灯”，“对象类型”选择“开关”。

将“对象名称”设为“下限灯”，“对象类型”选择“开关”。

建立的实时数据库如实训图7-13所示。

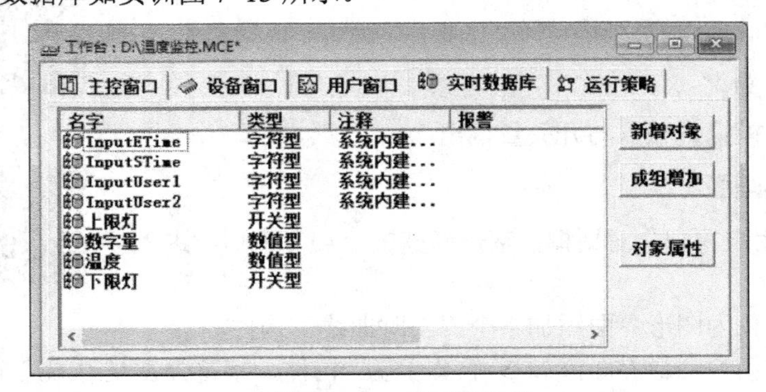

实训图7-13 实时数据库

4. 添加 PLC 设备

在工作台“设备窗口”上，双击“设备窗口”图标，出现“设备组态：设备窗口”，单击工具条上的“工具箱”按钮，弹出“设备工具箱”对话框。

1）单击“设备管理”按钮，弹出“设备管理”对话框，如实训图 7-14 所示。在“可选设备”列表中双击“通用串口父设备”，将其添加到右侧的选定设备列表中。

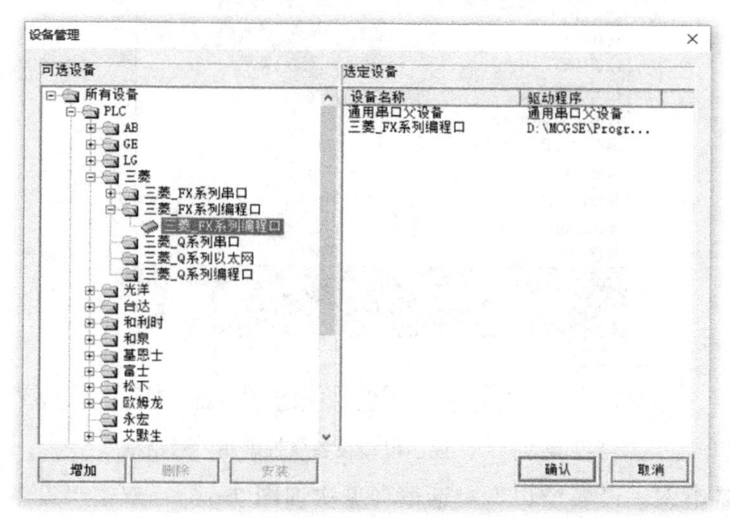

实训图 7-14 “设备管理”对话框

2）在“设备管理”对话框可选设备列表中依次选择“所有设备”→“PLC 设备”→“三菱”→“三菱_FX 系列编程口”→“三菱_FX 系列编程口”，单击“增加”按钮，将“三菱_FX 系列编程口”添加到右侧的选定设备列表中，如实训图 7-14 所示。单击“确认”按钮，选定设备添加到“设备工具箱”对话框中，如实训图 7-15 所示。

3）在“设备工具箱”对话框中双击“通用串口父设备”，在“设备组态：设备窗口”中出现“通用串口父设备 0--[通用串口父设备]”。同理，在“设备工具箱”对话框中双击“三菱_FX 系列编程口”，在“设备组态：设备窗口”中出现“设备 1--[三菱_FX 系列编程口]”，设备添加完成，如实训图 7-16 所示。

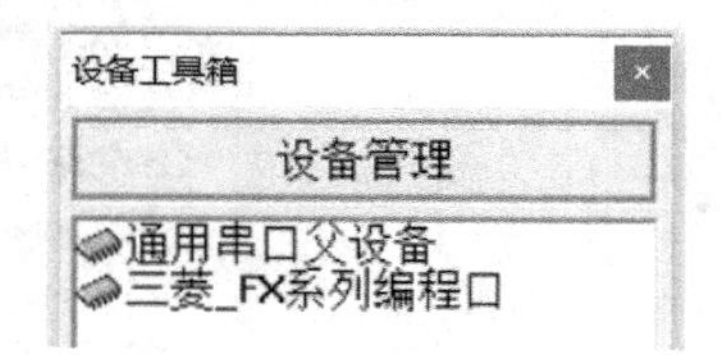

实训图 7-15 “设备工具箱”对话框

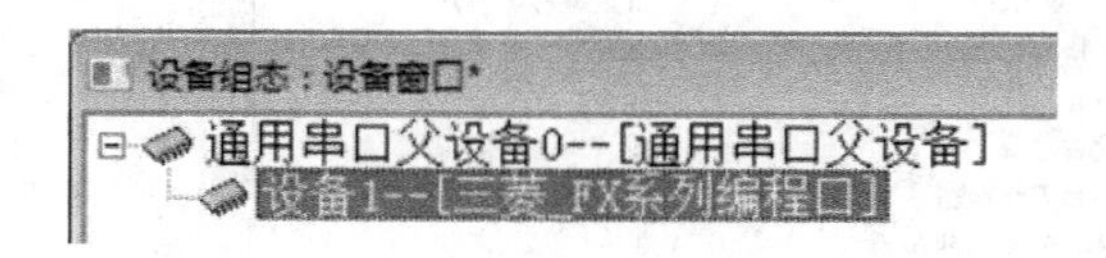

实训图 7-16 “设备组态：设备窗口”对话框

5. 设备属性编辑

7-7

1）在“设备组态：设备窗口”对话框（见实训图 7-16），双击“通用串口父设备 0-[通用串口父设备]”，弹出“通用串口设备属性编辑”对话框，如实训图 7-17 所示。

在“基本属性”对话框中，“串口端口号”选择“0-COM1”，“通信波特率”选择“6-9600”，“数据位位数”选择“0-7位”，“停止位位数”选择“0-1位”，“数据校验方式”选择“2-偶校验”，单击“确认”按钮。

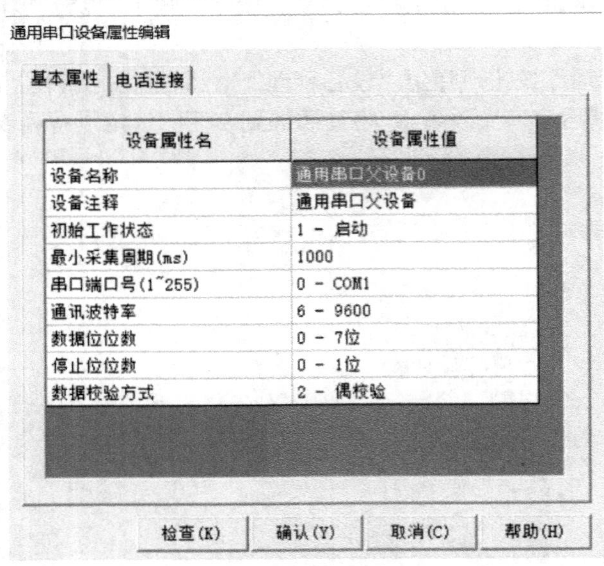

实训图 7-17 “通用串口设备属性编辑”对话框

2）在“设备组态：设备窗口”对话框（见实训图 7-16），双击“设备 1--[三菱_FX 系列编程口]”，弹出“设备编辑窗口”对话框，如实训图 7-18 所示。CPU 类型选择“4-FX3UCPU”。

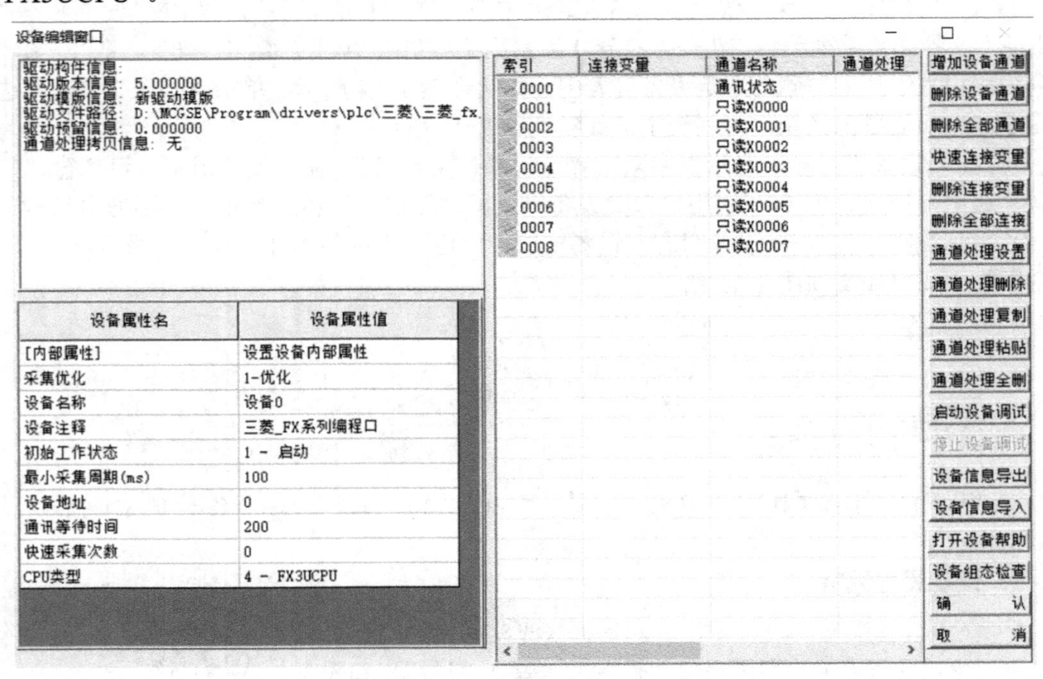

实训图 7-18 “设备编辑窗口”对话框

3）在“设备编辑窗口”对话框，单击“增加设备通道”按钮，弹出“添加设备通道”对话框，如实训图 7-19 所示。“通道类型”选择“D 数据寄存器”，“数据类型”选择“32 位无符号二进制”，“通道地址”设为“101”，“通道个数”设为“1”，“读写方式”选择“读写”。单击“确认”按钮，“设备编辑窗口”对话框中出现新增加的通道“读写 DDUB0101”，如实训图 7-20 所示。

实训图 7-19 “添加设备通道”对话框

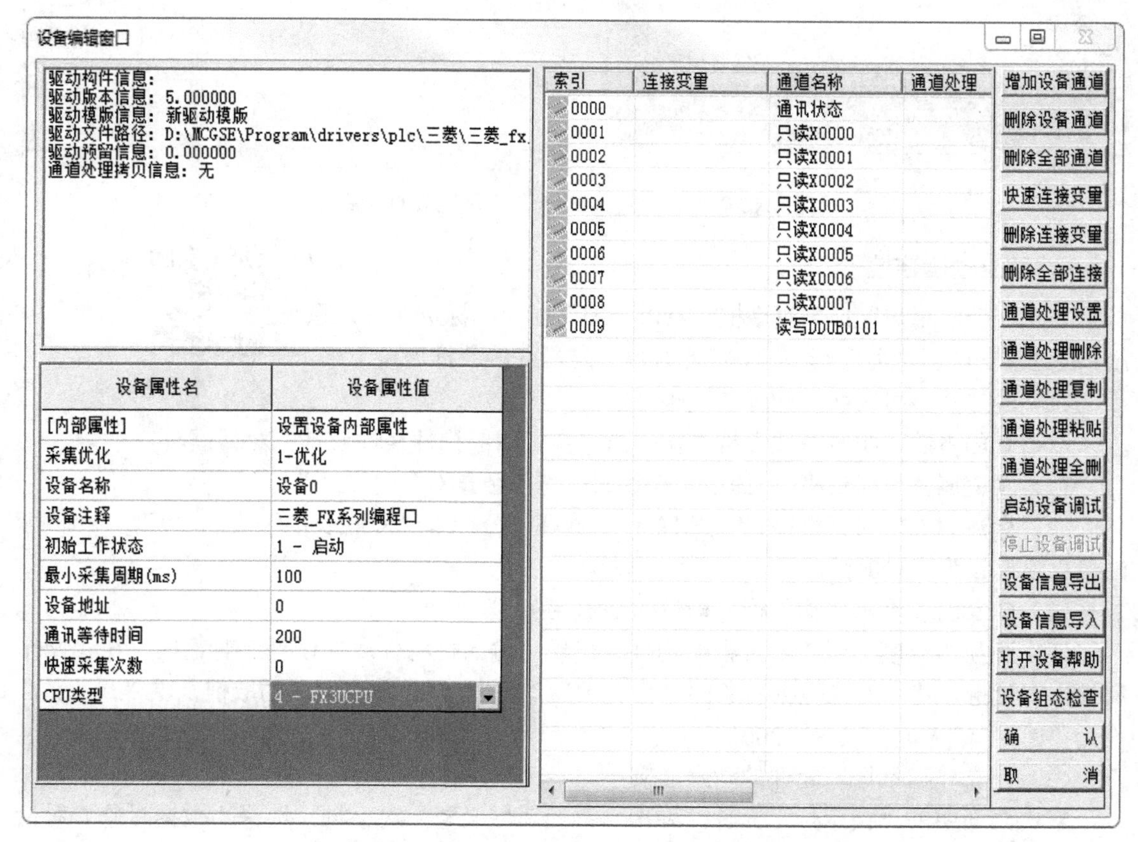

实训图 7-20 “设备编辑窗口”新增加的通道

4）在“设备编辑窗口”对话框右侧子窗口，选择索引 0009 连接变量对应的单元格（通道名称“读写 DDUB0101”），单击右键，弹出“变量选择”对话框，双击要连接的数据对象“数字量”，完成对象连接，如实训图 7-21 所示。

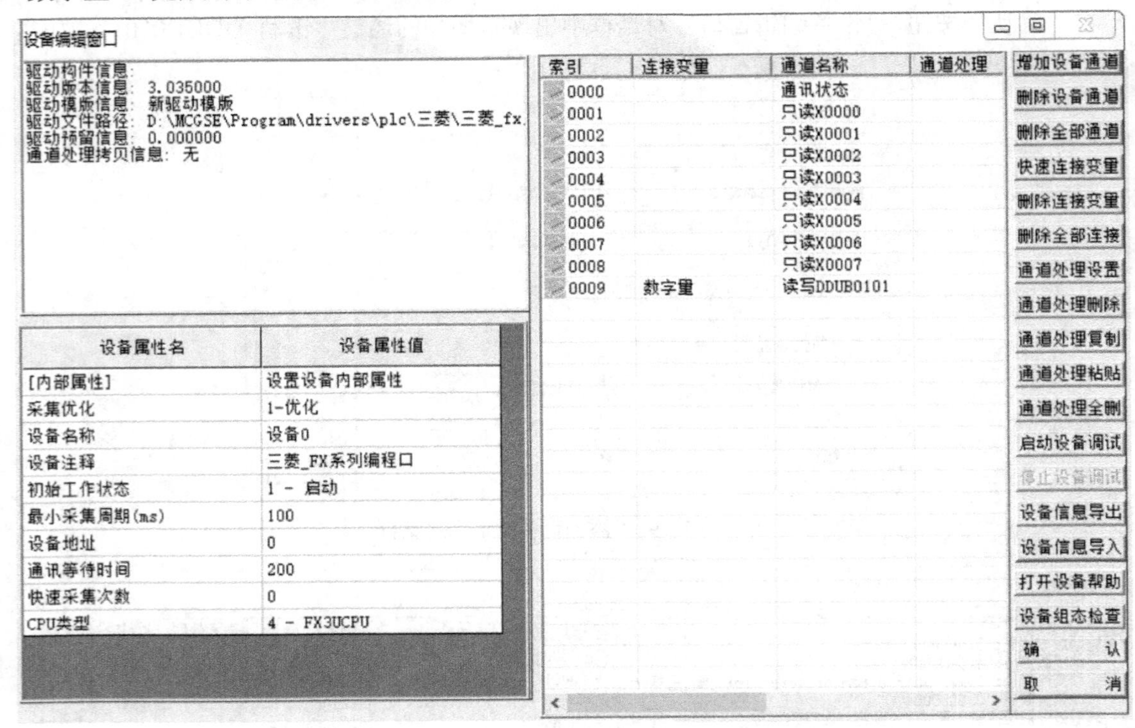

实训图 7-21 “设备编辑窗口”已连接的变量

6. 建立动画连接

在工作台“用户窗口”对话框，双击“AI”窗口图标进入开发系统。通过双击画面中各图形对象，将各对象与定义好的数据连接起来。

（1）建立“实时曲线”构件的动画连接

双击画面中的“实时曲线”构件，弹出“实时曲线构件属性设置”对话框。

在“画笔属性”对话框，“曲线 1 表达式”选择数据对象“温度”。

在“标注属性”对话框中，“时间单位”选择“分钟”，“X 轴长度”设为“2”，“Y 轴标注最大值”设为“100”。

（2）建立温度显示“输入框”构件的动画连接

双击画面中温度显示“输入框”构件，出现“输入框构件属性设置”对话框。在“操作属性”对话框，将“对应数据对象的名称”设为“温度”，将数值输入的取值范围“最小值”设为“0”，“最大值”设为“200”。

（3）建立“指示灯”元件的动画连接

双击画面中的“指示灯”元件，弹出“单元属性设置”对话框。选择“数据对象”对话框，“连接类型”选择“可见度”。单击右侧的“?”按钮，弹出“数据对象连接”对话框，双击数据对象“上限灯”，在“数据对象”对话框“可见度”行出现连接的数据对象“上限灯”。单击“确认”按钮完成上限“指示灯”元件的数据连接。

同样可建立下限指示灯元件的数据连接，选择数据对象“下限灯”。

（4）建立“按钮”构件的动画连接

双击“关闭”按钮对象，出现“标准按钮构件属性设置”对话框。选择“操作属性”对话框，在“抬起功能”中选择“关闭用户窗口”选项，在右侧下拉列表框选择“AI”。

7. 策略编程

在工作台“运行策略”对话框，双击“循环策略”，弹出“策略组态：循环策略”窗口，策略工具箱自动加载（如果未加载，单击右键，在弹出的快捷菜单中选择“策略工具箱”选项）。

单击 MCGS 窗口工具条中的“新增策略行”按钮，在“策略组态：循环策略”窗口中出现新增策略行。单击选中策略工具箱中的“脚本程序”，将鼠标指针移动到策略块图标上，单击可添加“脚本程序”构件。

双击“脚本程序”策略块，进入“脚本程序”编辑窗口，在编辑区输入如下程序。

```
温度=数字量/16                    '将采集的数字量值转换为温度值
IF 温度>=50 THEN
   上限灯=1                       '上限灯颜色改变
ENDIF
IF 温度>30  AND 温度<50 THEN
   下限灯=0
   上限灯=0
ENDIF
IF 温度<=30 THEN
   下限灯=1                       '下限灯颜色改变
ENDIF
```

单击“确定”按钮，完成程序的输入。

关闭“策略组态：循环策略”窗口，保存程序，返回到工作台“运行策略”对话框，选择“循环策略”，单击“策略属性”按钮，弹出“策略属性设置”对话框，将“策略执行方式”的“定时循环时间”设置为“1000”ms，单击“确认”按钮完成设置。

7.7 设备调试与程序运行

1. 设备调试

在组态程序工作台“设备窗口”对话框，双击“设备窗口”图标，出现“设备组态：设备窗口”（见实训图 7-16）。

双击“设备 1--[三菱_FX 系列编程口]”，弹出“设备编辑窗口”对话框（见实训图 7-21）。

在右侧子窗口列表中，拖动下方滑动块，显示调试数据列。单击“启动设备调试”按钮，如果系统连接正常，可以观察到三菱 PLC 模拟量输入通道 2 输入的温度数字量值，当前值为 488.0，如实训图 7-22 所示。

实训图 7-22 “设备编辑窗口”对话框中显示通道 2 中的温度值

2. 程序运行

7-11

实验平台搭建完成并测试无误后，运行已编写的组态程序。

运行程序之前，PLC 与 PC 需正确连接，PLC 中需下载温度监控程序。

在 MCGS 工作台窗口，单击工具栏上“下载工程并进入运行环境”按钮，出现“下载配置”对话框，如实训图 7-23 所示。

单击“通讯测试”按钮，若通讯测试正常，单击“工程下载”按钮，若工程下载成功，单击“启动运行”按钮，出现程序运行画面。

PC 读取并显示三菱 PLC 检测的温度值，绘制温度变化曲线。当测量温度大于或等于上限值 50℃时，画面上限指示灯改变颜色，Y1 端子与 COM1 端子之间开关闭合，指示灯 L1 亮，否则开关打开，指示灯 L1 灭；当测量温度小于或等于下限值 30℃时，程序画面下限指示灯改变颜色，PLC 的 Y0 端子与 COM1 端子之间开关闭合，指示灯 L0 亮，否则开关打开，指示灯 L0 灭。

程序运行画面如实训图 7-24 所示。

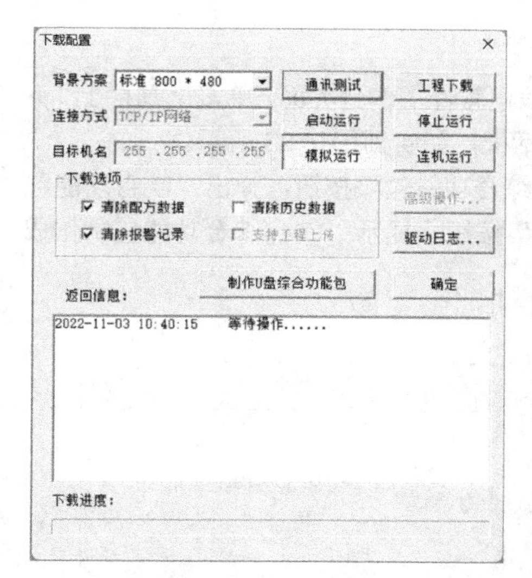

实训图 7-23　“下载配置”对话框

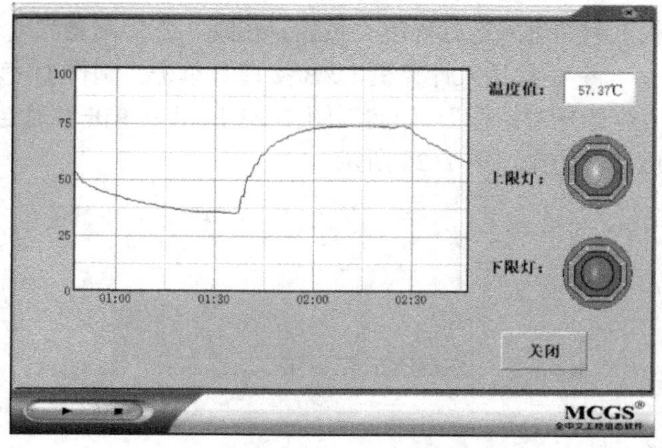

实训图 7-24　程序运行画面

3. 触摸屏运行显示

（1）组态程序下载

1）下载方式 1

7-12

使用 USB-B 型数据线缆将触摸屏的 USB2 接口与计算机 USB 接口相连。

打开工程文件“温度监控.MCE”，在 MCGS 工作台窗口，单击工具栏上“下载工程并进入运行环境”按钮，出现“下载配置”对话框，如实训图 7-25 所示。

单击“连机运行”按钮，连接方式选择“USB 通讯”，再单击“通讯测试”按钮。

若通讯测试正常，单击“工程下载”按钮，即可将打开的组态程序下载至触摸屏，如实训图 7-26 所示。

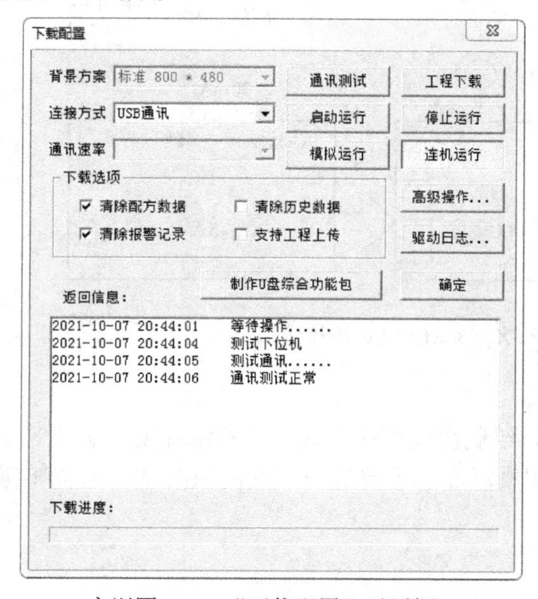

实训图 7-25　“下载配置”对话框

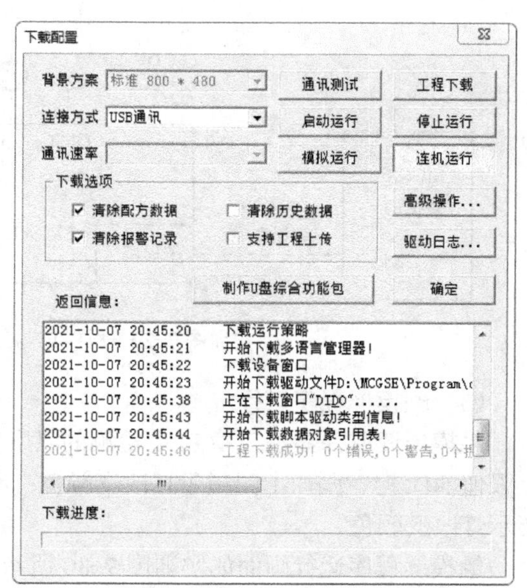

实训图 7-26　工程下载

2）下载方式2

打开工程文件“温度监控.MCE”，在MCGS组态编程软件工作台界面，单击工具栏上“下载工程并进入运行环境”按钮，出现“下载配置”对话框，如实训图7-25所示。

将U盘插入计算机USB接口。单击“制作U盘综合功能包”按钮，弹出“U盘功能包内容选择对话框”，如实训图7-27所示。单击“确定”按钮，提示“U盘综合功能包制作成功！”，如实训图7-28所示。

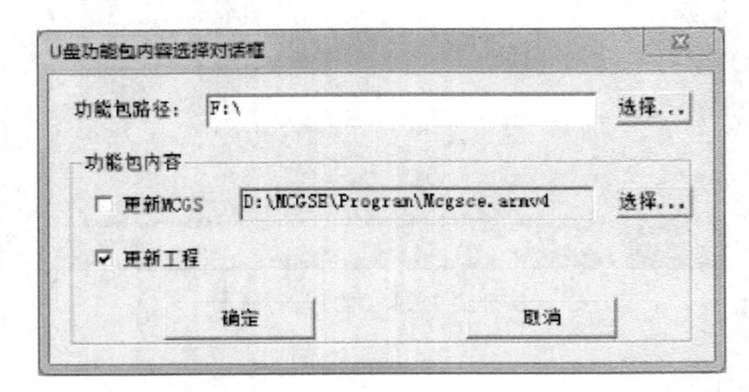

实训图7-27 U盘功能包内容选择对话框

实训图7-28 “U盘综合功能包制作成功!”提示

再将U盘插入触摸屏USB1接口，触摸屏上弹出“mcgs Tpc U盘综合功能包”提示信息，依次单击“是”→“用户工程更新”→“开始”→“开始下载”→“重启 TPC”等按钮，即可完成程序下载。

（2）实验线路连接

将MCGS-7062Ti触摸屏的串口用SC-09电缆与三菱FX_{3U}-32MR PLC的编程口连接起来，实验线路的连接如实训图7-29所示。

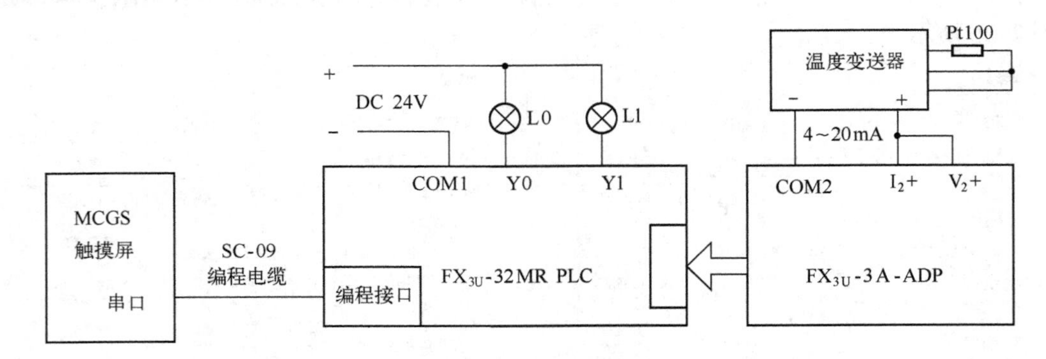

实训图7-29 触摸屏与三菱FX_{3U}-32MR PLC连接线

（3）触摸屏程序运行

触摸屏读取并显示三菱PLC检测的温度值，绘制温度变化曲线。当测量温度大于或等于上限值50℃时，画面上限指示灯改变颜色；当测量温度小于或等于下限值30℃时，画面下限指示灯改变颜色。

触摸屏程序运行画面如实训图7-30所示。

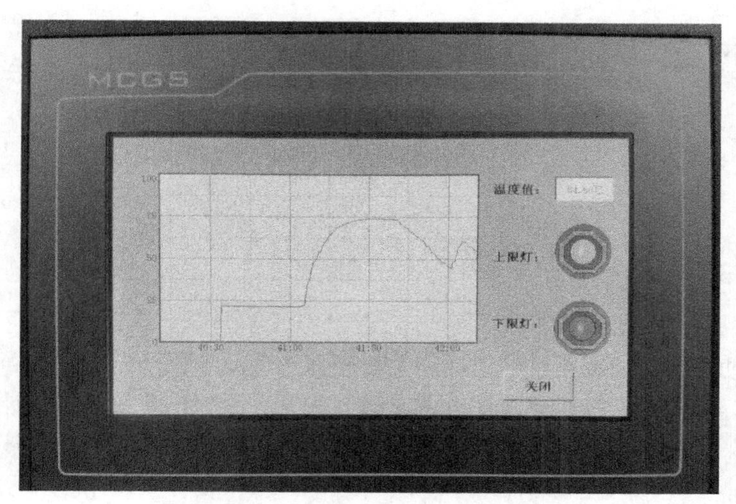

实训图 7-30　触摸屏程序运行画面

实训 8　自动感应门控制

8.1 学习目标

1）了解自动感应门控制系统的组成和主要硬件选型。

2）掌握 PC 与西门子 PLC 组成的开关量输入和开关量输出系统线路设计。

3）掌握 PC 与西门子 PLC 实现开关量输入和开关量输出的 MCGS 程序设计方法。

8.2 自动感应门控制系统

8-1

1. 自动感应门简介

自动感应门是指门的开、关控制是通过感应方式实现的。它的特点是当有人或物体靠近时，门会自动打开。自动感应门除了方便人进出外，还可以节约空调能源、降低噪声、防风、防尘等，它广泛用于银行、大型商场、酒店及企事业单位等场所。

自动感应门按开门方式主要分为平移式和旋转式，如实训图 8-1 所示。

实训图 8-1　自动感应门产品图

2. 自动感应门控制系统组成

某平移式自动感应门控制系统由接近传感器、检测电路、开关量输入装置、开关量输出装置、驱动电路、电动机、减速器和计算机等部分组成，如实训图 8-2 所示。

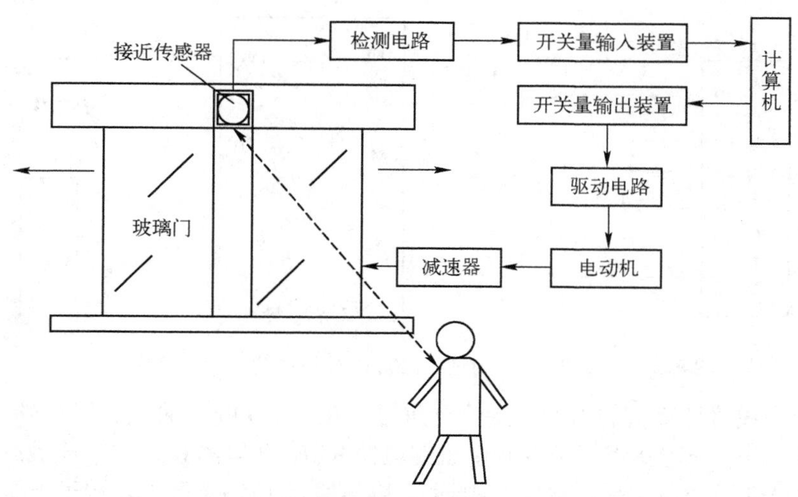

实训图 8-2　自动感应门控制系统组成示意图

系统设计中，接近传感器采用反射式红外光电接近开关，如实训图 8-3 所示。该传感器由光源和光敏元件组成。它对物体存在进行反应，不管人员移动与否，只要处于传感器的扫描范围内，它都会产生触点（开关）信号。

自动门工作时，安装在门上的光电接近开关的光源发射红外线，当有人接近时，红外线照射在人体并反射到接近开关的光电接收元件上，产生开门触点信号经检测电路转换成开关信号，通过开关量输入装置传给计算机。

计算机接收开关信号进行判断，通过开关量输出装置输出开关控制信号，送至电动机驱动电路，驱动电动机正向运行，通过减速器带动执行装置将门开启；当人离开后由计算机作出判断，通知电动机作反向运动，将门关闭。

自动感应门还设置了安全辅助装置，当门正关闭时，安装在门侧的红外传感器检测到有人进出，控制门停止关闭并打开，防止夹人。

开关量输入装置和开关量输出装置均选用西门子 S7-1200 PLC，如实训图 8-4 所示。

实训图 8-3　反射式红外光电接近开关

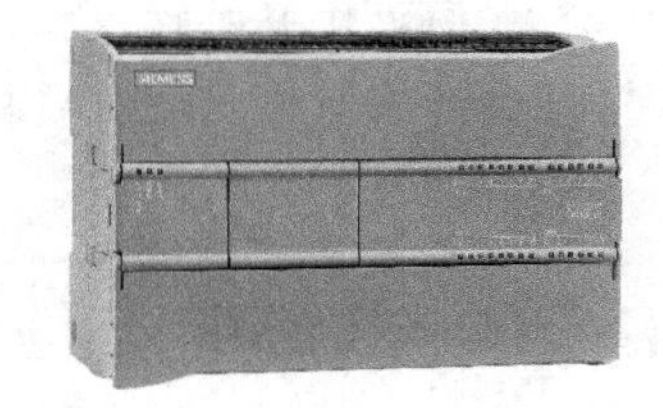

实训图 8-4　西门子 S7-1200 PLC

8.3 计算机与西门子 S7-1200 PLC 组成的自动门控制系统线路

计算机与西门子 S7-1200 PLC 组成的自动门控制系统线路如实训图 8-5 所示。

8-2

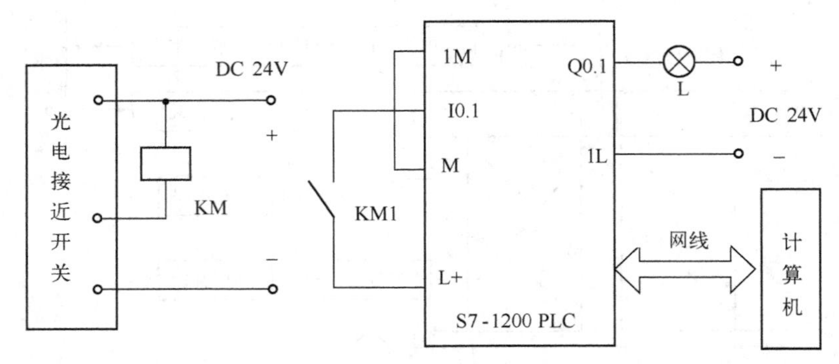

实训图 8-5 计算机与西门子 S7-1200 PLC 组成的自动门控制系统线路

首先使用网线将计算机的以太网接口与西门子 S7-1200 PLC 的 LAN 口连接起来。

实训图 8-5 中，光电接近开关控制电磁继电器 KM，继电器 KM 的常开触点 KM1 一端接 PLC 开关量输入端子 I0.1，另一端接 L+端子。用导线将 1M 端子和 M 端子连接。

当人或物体靠近光电接近开关时，继电器 KM 的常开触点 KM1 闭合。当人或物体离开光电接近开关时，继电器 KM 的常开触点保持打开状态。

PLC 的开关量输出端子 Q0.1 接电动机驱动电路（实验时，为便于操作，用指示灯 L 的亮灭代替电动机运转，来显示 PLC 开关量输出状态）。

测试中，可用导线将输入端子 I0.1 与 L 端子之间短接或断开产生开关量输入信号；可用 PLC 面板上提供的输出信号指示灯的亮灭来表示开关量输出状态（电动机运转状态）。

8.4 自动门控制程序设计任务

采用 MCGS（嵌入版）编写程序实现 PC 与西门子 PLC 自动门控制（开关量输入与开关量输出）。任务要求：当有人靠近自动门光电传感器时（即 PLC 开关量输入端口 I0.1 和 L+之间的开关闭合），画面中开关输入和输出指示灯颜色同时改变，计数器从 0 开始累加计数；同时，线路中 PLC 开关量输出端口 Q0.1 和 1L 之间的开关闭合，指示灯亮。

8.5 PC 端自动门控制程序设计

1. 建立新工程项目

工程名称：“感应门控制”。

窗口名称：“DI&DO”。

窗口标题：“开关量输入与输出”。

2. 制作图形画面

在工作台“用户窗口”对话框，双击新建的“DI&DO”窗口图标，进入画面开发系统。

1）通过工具箱“插入元件”工具为图形画面添加2个“指示灯”元件。

2）通过工具箱为图形画面添加1个“输入框”构件。

3）通过工具箱为图形画面添加3个“标签”构件，字符分别为“开关输入指示”“开关计数器”和“开关输出指示”。

设计的图形画面如实训图8-6所示。

实训图8-6　图形画面

3. 定义数据对象

在工作台“实时数据库”上，单击“新增对象”按钮，再双击新出现的对象，弹出“数据对象属性设置”对话框。

1）新增对象，在“基本属性”对话框，将“对象名称”改为“开关输入”，“对象类型”选择“开关”。

2）新增对象，在“基本属性”对话框，将“对象名称”改为“开关输出”，“对象类型”选择“开关”。

3）新增对象，在“基本属性”对话框，将“对象名称”改为“输入灯”，“对象类型”选择“开关”。

4）新增对象，在“基本属性”对话框，将“对象名称”改为“输出灯”，“对象类型”选择“开关”。

5）新增对象，在“基本属性”对话框，将“对象名称”改为“num”，“对象类型”选“数值”，“对象初值”设为“0”，“最小值”设为“0”，“最大值”设为“1000”。

建立的实时数据库如实训图8-7所示。

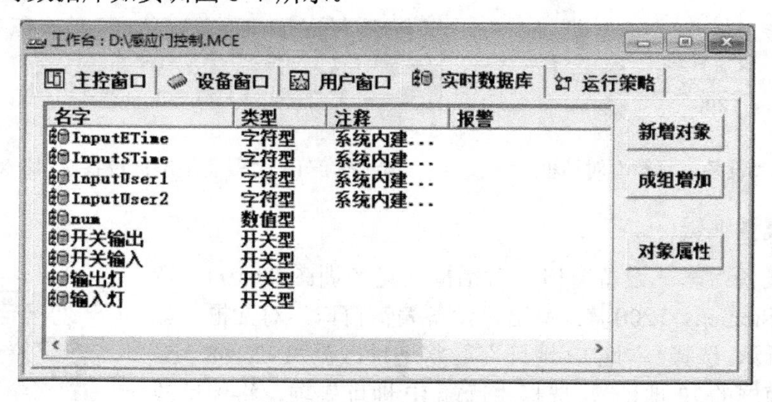

实训图8-7　实时数据库

4. 添加西门子 PLC 设备

在工作台“设备窗口”对话框，双击“设备窗口”图标，出现“设备组态：设备窗口”，单击工具条上的“工具箱”按钮，弹出“设备工具箱”对话框。

1）单击“设备管理”按钮，弹出“设备管理”对话框，如实训图 8-8 所示。在“可选设备”列表中依次选择“所有设备”→PLC→“西门子”→“Siemens_1200 以太网”→“Siemens_1200”，单击“增加”按钮，将“Siemens_1200”添加到右侧的选定设备列表中。单击“增加”按钮，选定设备添加到“设备工具箱”对话框中，如实训图 8-9 所示。

2）在“设备工具箱”对话框双击“Siemens_1200”，在“设备组态：设备窗口”中出现“设备 0--[Siemens_1200]”，设备添加完成，如实训图 8-10 所示。

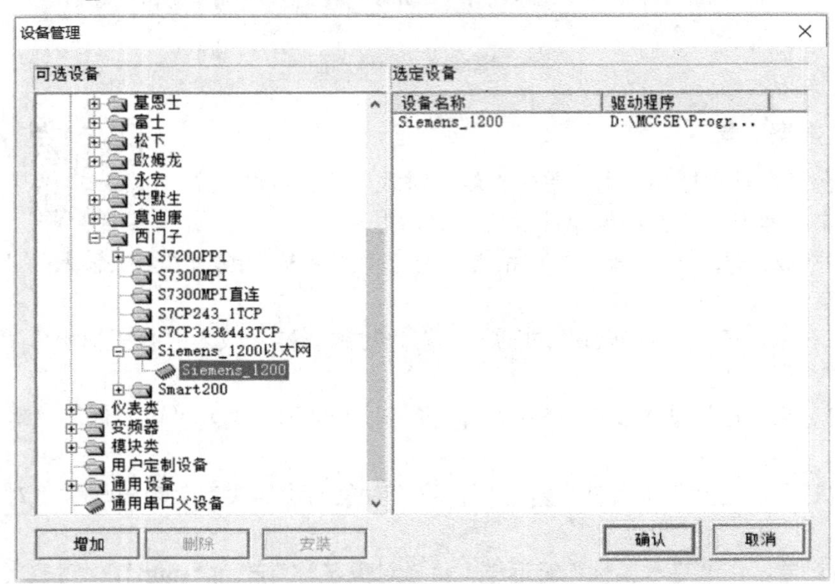

实训图 8-8 “设备管理”对话框

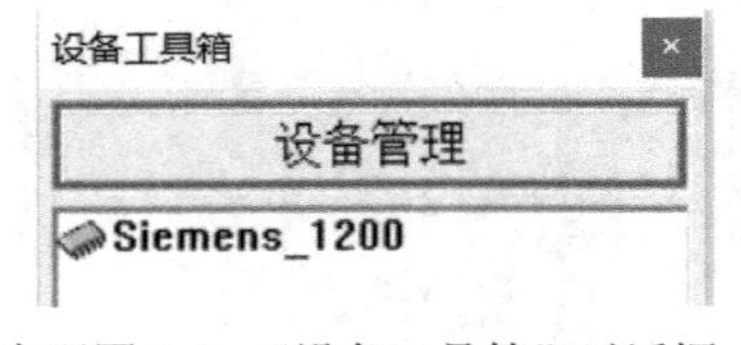

实训图 8-9 “设备工具箱”对话框

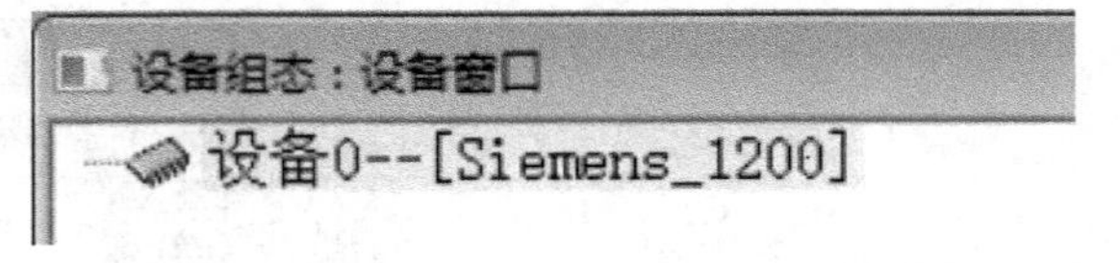

实训图 8-10 “设备组态：设备窗口”对话框

5. 设备属性编辑

8-7

1）在“设备组态：设备窗口”对话框（见实训图 8-10），双击“设备 0--[Siemens_1200]”，弹出“设备编辑窗口”对话框，如实训图 8-11 所示。选择“本地 IP 地址”项，将地址改为“192.168.0.5”（计算机或触摸屏的 IP 地址），选择“远端 IP 地址”项，将地址改为“192.168.0.1”（PLC 的 IP 地址）。

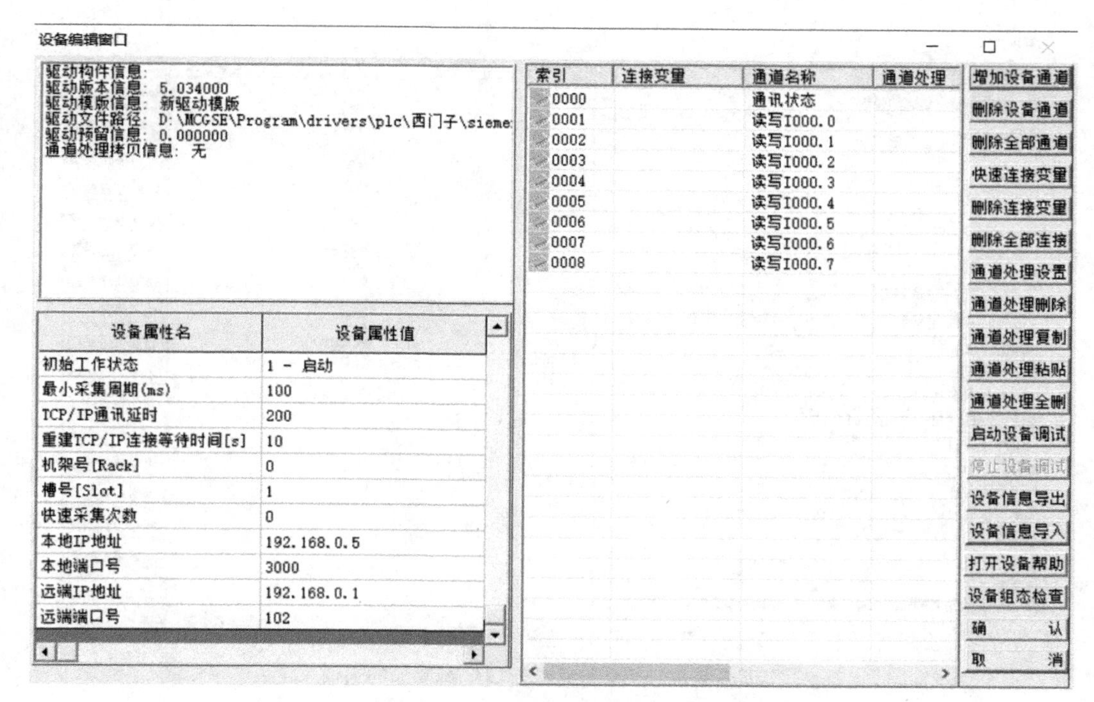

实训图 8-11　“设备编辑窗口”对话框

2）在“设备编辑窗口”对话框中，单击“增加设备通道”按钮，弹出“添加设备通道”对话框，如实训图 8-12 所示。

“通道类型”选择“Q 输出继电器”，“通道地址”设为“0”，“通道个数”设为“8”，“读写方式”选择“只写”。

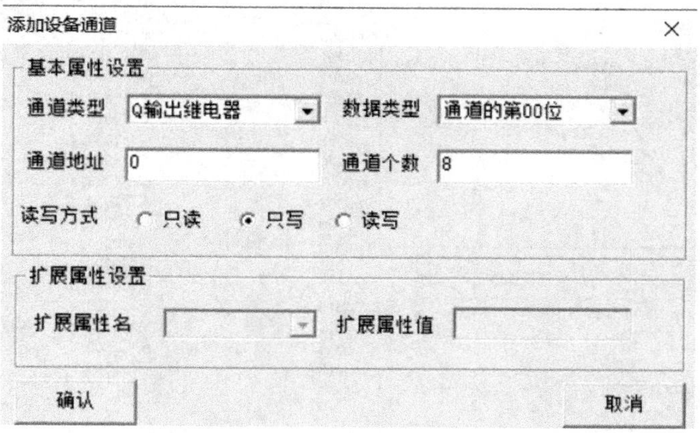

实训图 8-12　“添加设备通道”对话框

单击“确认”按钮，“设备编辑窗口”对话框中出现新增加的通道，如实训图 8-13 所示。

3）在“设备编辑窗口”对话框右侧子窗口，选择索引 0002 连接变量对应的单元格（通道名称“读写 I000.1”），单击右键，弹出“变量选择”对话框，双击要连接的数据对象“开关输入”。

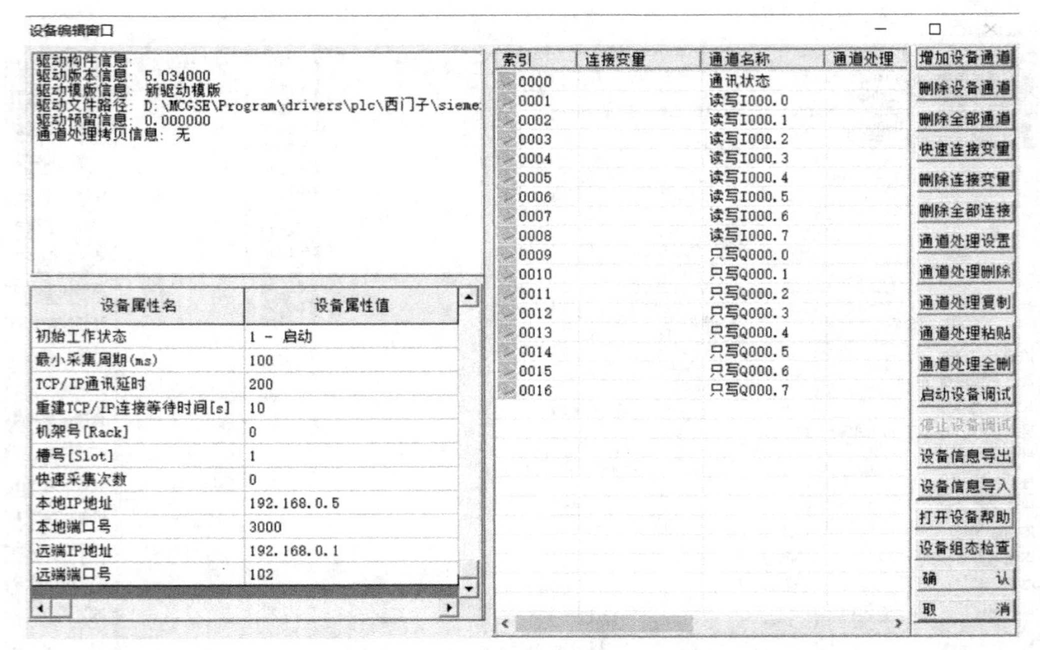

实训图 8-13 “设备编辑窗口”新增加的通道

选择索引 0010 连接变量对应的单元格（通道名称“只写 Q000.1”），单击右键，弹出“变量选择”对话框，选择要连接的数据对象“开关输出”。

单击“确认”按钮，在“设备编辑窗口”对话框，出现已连接的变量“开关输入”和“开关输出”，如实训图 8-14 所示。

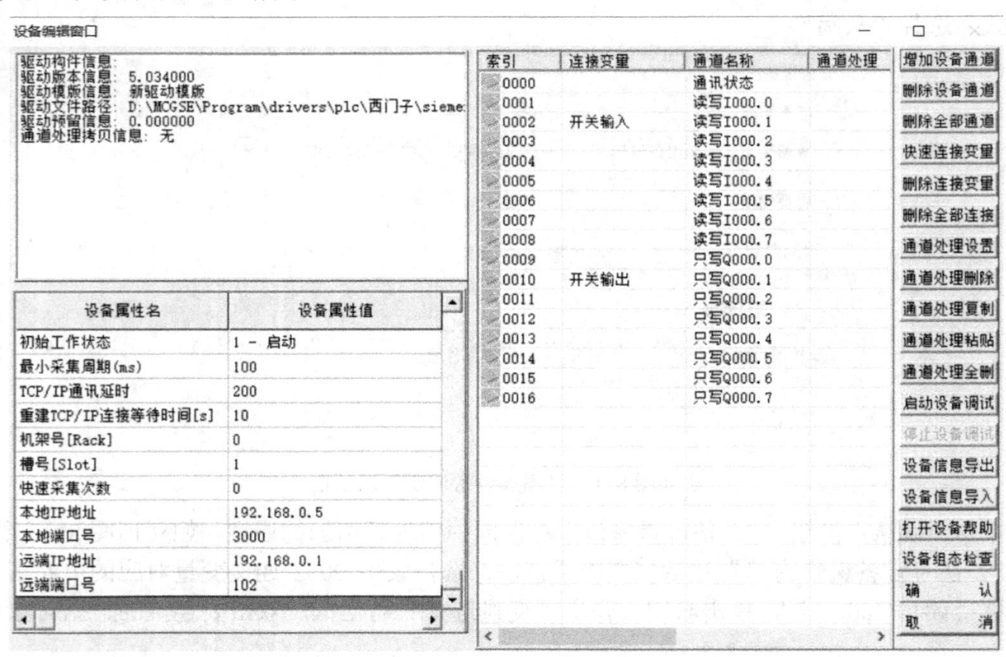

实训图 8-14 “设备编辑窗口”已连接的变量

6．建立动画连接

在工作台“用户窗口”对话框，双击“DI&DO”窗口图标进入开发系统。通过双击画面中各图形对象，将各对象与定义好的变量连接起来。

（1）建立“指示灯”元件的动画连接

双击画面中的开关输入指示灯，弹出“单元属性设置”对话框，选择“数据对象”对话框。“连接类型”选择“可见度”。单击右侧的“?”按钮，弹出“数据对象连接”对话框，双击数据对象“输入灯”，在“数据对象”对话框“可见度”行出现连接的数据对象“输入灯”。单击“确认”按钮完成开关输入指示灯的动画连接。

同样地对开关输出指示灯进行动画连接，数据对象连接选择“输出灯”。

（2）建立计数器显示“输入框”构件动画连接

双击画面中的“输入框”构件，出现“输入框构件属性设置”对话框。在“操作属性”对话框，将对应数据对象的名称设为“num”，将最小值设为 0，最大值设为 100。单击“确认”按钮完成“输入框”构件动画连接。

8-9

7．策略编程

在工作台“运行策略”对话框，单击“新建策略”按钮，出现“选择策略的类型”对话框（见实训图 8-15），选择“事件策略”，单击“确定”按钮，“运行策略”窗口出现新建的“策略 1”。

选中“策略 1”，单击“策略属性”按钮，弹出“策略属性设置”对话框，将“策略名称”改为“开关控制”，“关联数据对象”选择数据对象“开关输入”，“事件的内容”选择“数据对象的值有改变时，执行一次”，如实训图 8-16 所示。

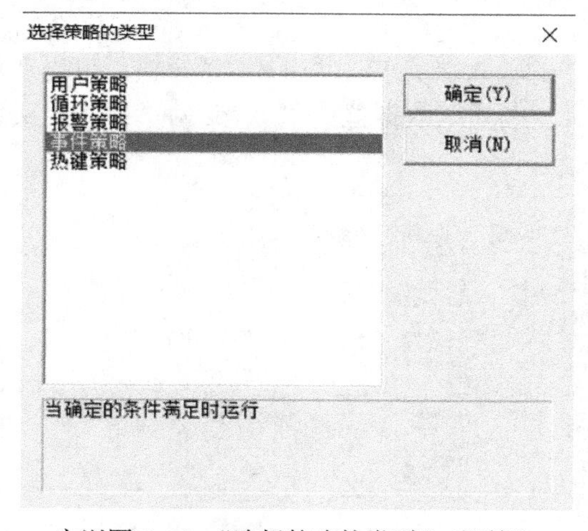

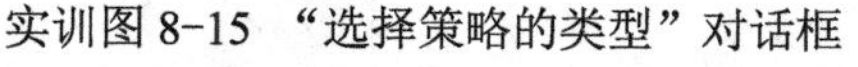
实训图 8-15　“选择策略的类型”对话框

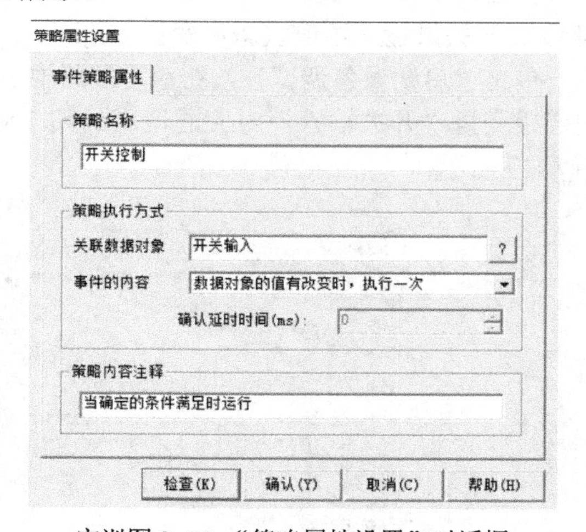

实训图 8-16　“策略属性设置”对话框

在工作台“运行策略”对话框，双击“开关控制”事件策略，弹出“策略组态：开关控制”窗口。

单击 MCGS 窗口中工具条上的“新增策略行”按钮，在“策略组态：开关控制”窗口中出现新增的策略行。

单击选中策略工具箱中的“脚本程序”，将鼠标指针移动到策略块图标上，单击可添加

“脚本程序”构件。双击“脚本程序”策略块，进入“脚本程序”编辑窗口，在编辑区输入如下程序（注释不需要输入）。

```
If 开关输入=1 Then           '开关 KM1 闭合
     输入灯=1                 '开关输入指示灯颜色改变
     num=num+1                '计数器数字加 1
    输出灯=1                  '开关输出指示灯颜色改变
    开关输出=1                'PLC 开关输出端子 Q0.1 置 1
Else                          '开关 KM1 打开
     输入灯=0                 '开关输入指示灯颜色改变
     输出灯=0                 '开关输出指示灯颜色改变
   开关输出=0                 'PLC 开关输出端子 Q0.1 置 0
Endif
```

单击“确定”按钮，完成程序的输入。

8.6 设备调试与程序运行

8-10

1. 设备调试

在组态程序工作台“设备窗口”对话框，双击“设备窗口”图标，出现“设备组态：设备窗口”。双击“设备 0--[Siemens_1200]”，弹出“设备编辑窗口”对话框（见实训图 8-14）。

在右侧子窗口列表中，拖动下方滑动块，显示调试数据列。如果系统连接正常，可以观察 PLC 开关量输入通道状态值变化。

单击“启动设备调试”按钮，将线路中 PLC 的输入端子 I0.1 与 L+端子短接，可以观察到连接变量“开关输入”对应通道（只读 I000.1）的调试数据值由“0”变为“1”，如实训图 8-17 所示。

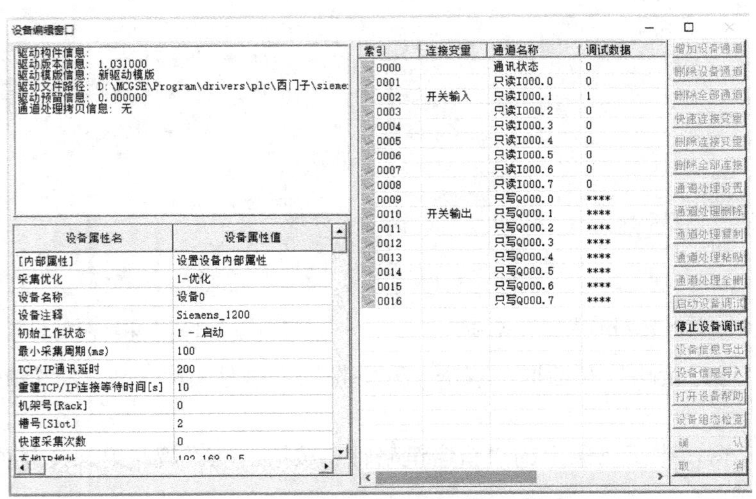

实训图 8-17 开关量输入调试

2．程序运行

实验平台搭建完成并测试无误后，运行已编写的组态程序。

在 MCGS 工作台窗口，单击工具栏上“下载工程并进入运行环境”按钮，出现“下载配置”对话框，如实训图 8-18 所示。

下载配置
背景方案　标准 800 * 480　通讯测试　工程下载
连接方式　TCP/IP网络　启动运行　停止运行
目标机名　255 .255 .255 .255　模拟运行　连机运行
下载选项
清除配方数据　清除历史数据　高级操作...
清除报警记录　支持工程上传　驱动日志...
返回信息：　制作U盘综合功能包　确定
2022-11-03 10:40:15　等待操作......
下载进度：

实训图 8-18　“下载配置”对话框

单击“通讯测试”按钮，若通讯测试正常，单击“工程下载”按钮，若工程下载成功，单击“启动运行”按钮，出现程序运行画面。

当人或物体靠近光电接近开关时，继电器 KM 的常开触点 KM1 闭合时（或用导线将 PLC 输入端子 I0.1 与 L+端子短接），画面中开关输入指示灯改变颜色，开关计数器从 0 开始累加计数；同时，线路中 PLC 开关输出指示灯 L 亮（代表自动门电动机运转），画面中开关输出指示灯改变颜色。

程序运行画面如实训图 8-19 所示。

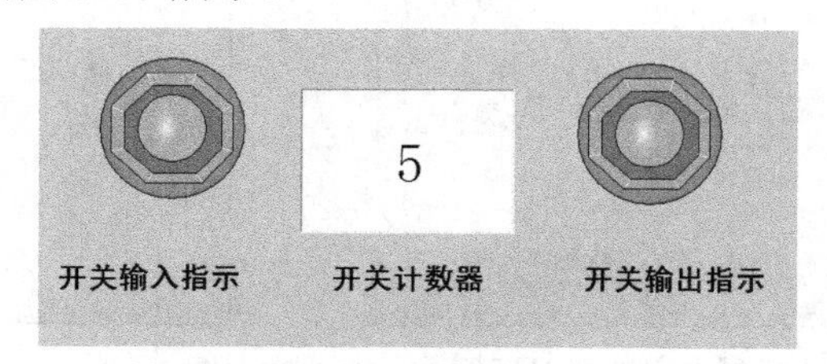

实训图 8-19　程序运行画面

3．触摸屏运行显示

（1）组态程序下载

1）下载方式 1

使用 USB-B 型数据线缆将触摸屏的 USB2 口与计算机 USB 接口相连。

打开工程文件“感应门控制.MCE”，在MCGS工作台窗口，单击工具栏上“下载工程并进入运行环境”按钮，出现“下载配置”对话框，如实训图8-20所示。

单击“连机运行”按钮，连接方式选择“USB通讯”，再单击“通讯测试”按钮。若通讯测试正常，单击“工程下载”按钮，即可将打开的组态程序下载至触摸屏，如实训图 8-21 所示。

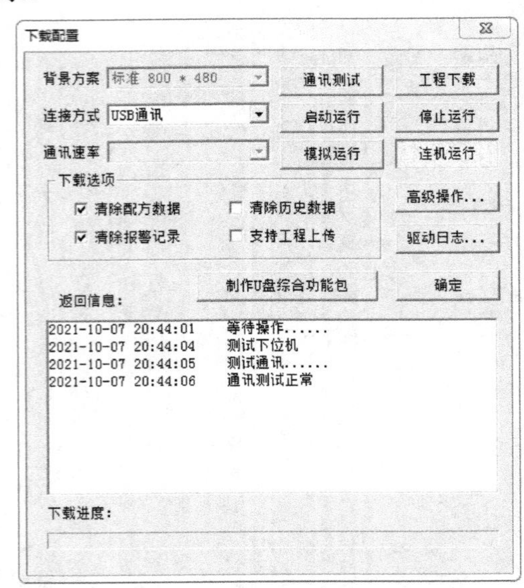

实训图8-20 “下载配置”对话框

实训图8-21 工程下载

2）下载方式2

打开工程文件“感应门控制.MCE”，在MCGS组态编程软件工作台界面，单击工具栏上“下载工程并进入运行环境”按钮，出现“下载配置”对话框，如图实训8-20所示。

将U盘插入计算机USB接口。单击“制作U盘综合功能包”按钮，弹出“U盘功能包内容选择对话框”，如实训图8-22所示。单击“确定”按钮，提示“U盘综合功能包制作成功！”，如实训图8-23所示。

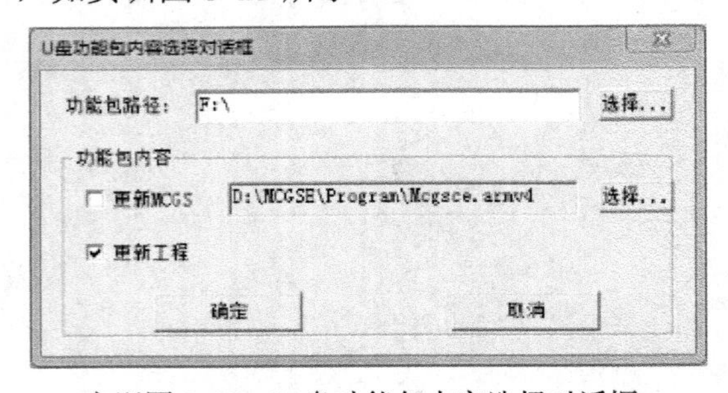

实训图8-22 U盘功能包内容选择对话框

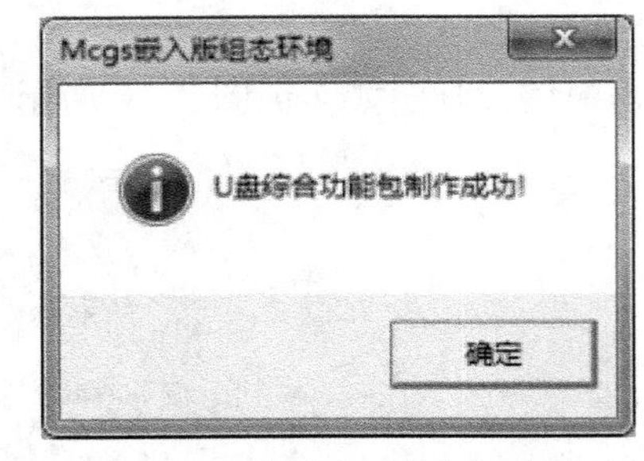

实训图8-23 U盘综合功能包制作成功的提示

再将U盘插入触摸屏USB1接口，触摸屏上弹出“mcgs Tpc U盘综合功能包”提示信息，依次单击“是”→“用户工程更新”→“开始”→“开始下载”→“重启 TPC”等按钮，即可完成程序下载。

（2）实验线路连接

使用网线将MCGS-7062Ti触摸屏的LAN口与西门子S7-1200 PLC的LAN口连接起来，

实验接线如实训图 8-24 所示。

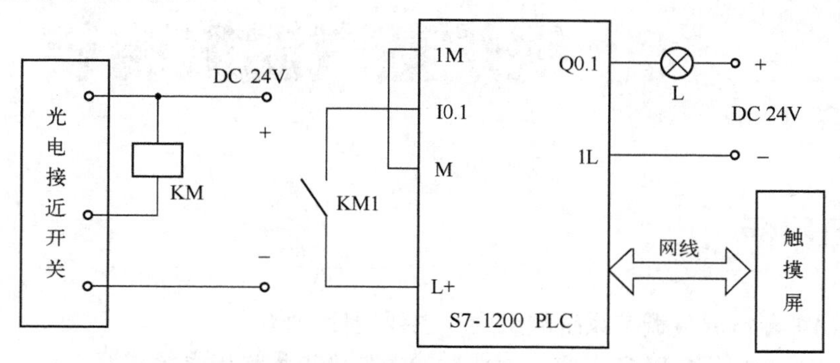

实训图 8-24　触摸屏与西门子 S7-1200 PLC 的接线

（3）触摸屏程序运行

当人或物体靠近光电接近开关时，继电器 KM 的常开触点 KM1 闭合（或用导线将 PLC 输入端子 I0.1 与 L+端子短接），触摸屏画面中开关输入指示灯改变颜色，开关计数器从 0 开始累加计数；同时，线路中 PLC 开关输出指示灯 L 亮（代表自动门电动机运转），触摸屏画面中开关输出指示灯改变颜色。

触摸屏程序运行画面如实训图 8-25 所示。

实训图 8-25　触摸屏程序运行画面

实训 9 锅炉蒸汽温度调节

9.1 学习目标

1）了解锅炉蒸汽温度调节系统的组成和主要硬件选型。
2）掌握 PC 与西门子 PLC 组成的模拟量输入与模拟量输出系统线路设计。
3）掌握 PC 与西门子 PLC 实现模拟量输入与模拟量输出的 MCGS 程序设计方法。

9.2 锅炉蒸汽温度调节系统

9-1

1．锅炉工作参数调节的意义

锅炉是发电厂等企业的主要生产设备，是一种能量转换设备，向锅炉输入的能量有燃料中的化学能、电能、高温烟气的热能等形式，而经过能量转换向外输出的是具有一定热能的蒸汽或高温水。实训图 9-1 所示是某锅炉产品图。

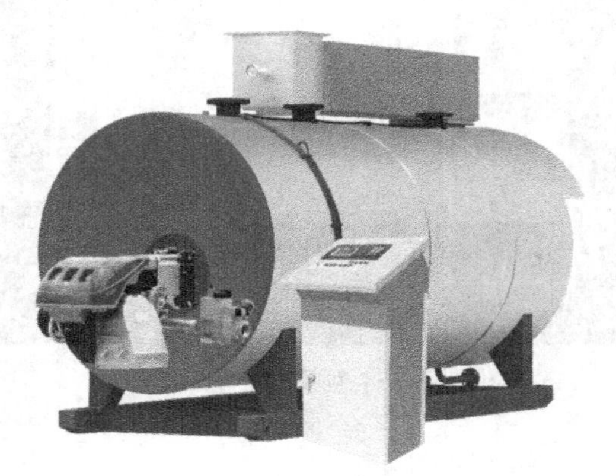

实训图 9-1　某锅炉产品图

锅炉中产生的热水或蒸汽可直接为工业生产和人民生活提供所需热能，也可通过蒸汽动力装置转换为机械能，或再通过发电机将机械能转换为电能，多用于火力发电厂、船舶、机车和工矿企业。

锅炉工作时需要承受很高的压力、温度，常常会因为设计、制造和安装等不合理因素或者在使用管理不当的情况下造成事故。发生的事故往往后果严重，类似爆炸等，会造成严重的人身伤亡。

为了预防这些锅炉事故，必须从锅炉的设计、制造、安装、监控、使用、维修和保养等环节着手，严格按照规章制度和标准进行，以防发生事故。

其中，锅炉监控的任务是保证汽轮机及其他设备的蒸汽参数值（压力、温度等）符合一定的要求，使锅炉安全运行。

2．锅炉蒸汽温度调节系统的组成

锅炉是一个复杂的系统，有多个被调量和相应的调节变量。被调量主要是主蒸汽压力、主蒸汽温度、汽包水位、过剩空气系数和炉膛负压等。相应的调节变量有燃料量、减温水流量、给水流量、送风量和吸风量等。

这些被调量之间是相互关联的，改变其中一个调节变量会同时影响几个被调量。理想的锅炉自动调节系统应当是在受到某种扰动作用后能同时协调控制有关的调节机构，改变有关的调节变量，使所有被调量都保持在规定的范围内，使生产工况迅速恢复稳定。

通常锅炉主要有以下三个调节系统：

1）给水自动调节系统。汽包水位为被调量，给水流量为调节变量。

2）蒸汽温度自动调节系统。蒸汽温度为被调量，减温水流量为调节变量。

3）燃烧过程自动调节系统。它有三个被调量：主蒸汽压力、过剩空气系数和炉膛负压，相应的调节变量为燃料量、送风量和吸风量。

其中，锅炉蒸汽温度调节系统主要由计算机、温度传感器、信号调理器、模拟量输入装置、模拟量输出装置、驱动电路和调节阀等部分组成，其结构框图如实训图 9-2 所示。

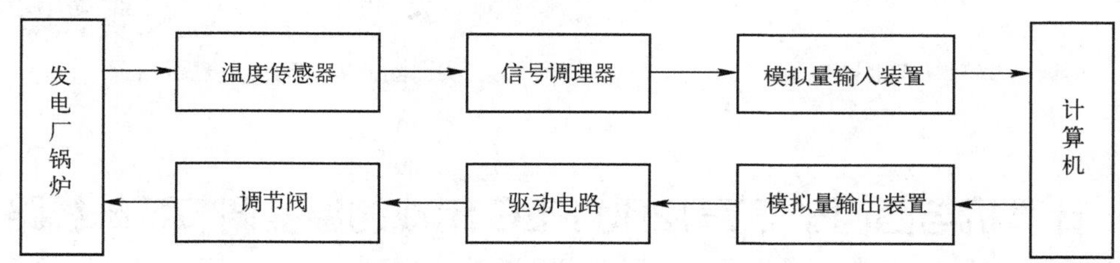

实训图 9-2　锅炉蒸汽温度调节系统结构框图

温度传感器检测过热蒸汽温度，经信号调理器转换为电压或电流信号，然后通过模拟量输入装置（主要是进行 A-D 转换）送入计算机。

计算机程序采集反映过热蒸汽温度参数的电压信号，经分析、处理和判断，可显示测量值、绘制变化曲线、生成数据报表等；当超过设定值时发出声光报警信号，生成报警信息列表等。

计算机根据程序设定或条件判断，发出控制指令，通过模拟量输出装置（主要是进行 D-A 转换），将计算机输出的数字信号转换为可以推动水流量调节阀动作的模拟量电压或电流信号；通过驱动装置改变调节阀的阀门开度大小即可改变进入锅炉的水流量大小，从而达到调节锅炉蒸汽温度的目的。

锅炉蒸汽温度调节系统是一个典型的闭环控制系统。

系统设计中，模拟量输入装置和模拟量输出装置均选用西门子 S7-1200 PLC，如实训图 9-3 所示。该型号 PLC 自带模拟量输入通道，能直接采集反映温度的电压信号。配合模拟量输出模块 SM 1232 AQ（见实训图 9-4 所示），可以输出电压信号实现调节阀控制。

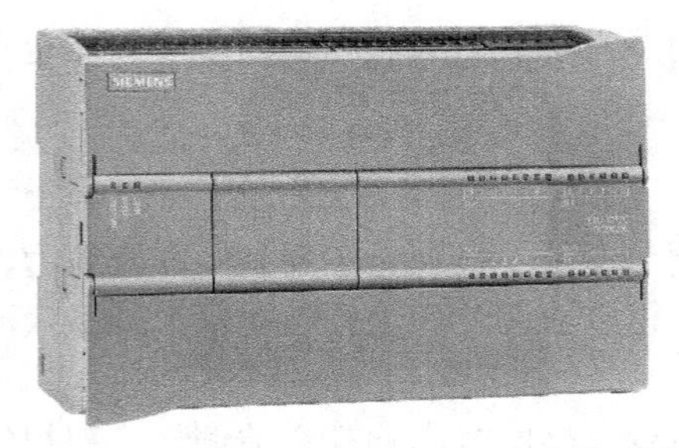

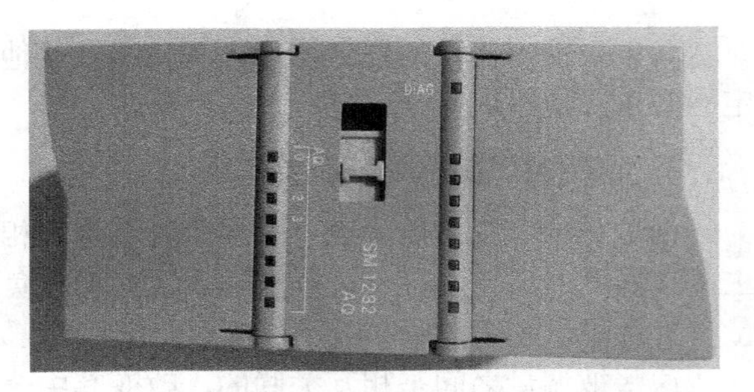

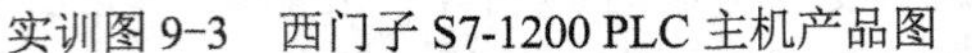

实训图 9-3 西门子 S7-1200 PLC 主机产品图　　实训图 9-4 模拟量输出模块 SM 1232 AQ 产品图

为便于实验室环境下开展实验，温度传感器可选用 Pt100 热电阻，如实训图 9-5 所示；信号调理器可选用与 Pt100 热电阻配套的 WB 温度变送器，如实训图 9-6 所示，该温度变送器传输距离远，抗干扰能力强，可输出范围为 4～20mA 的标准电流信号。

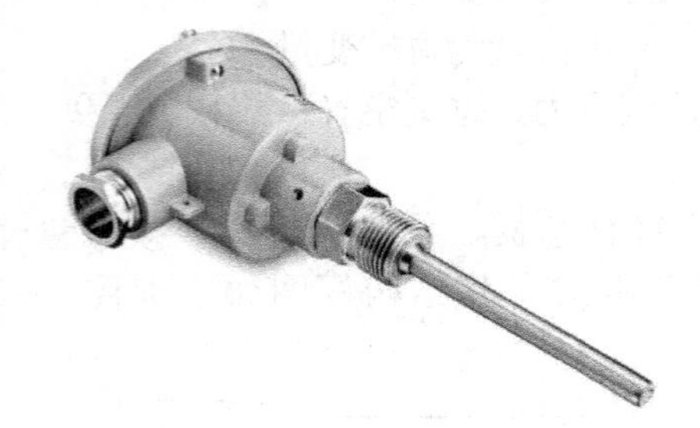

实训图 9-5 Pt100 热电阻

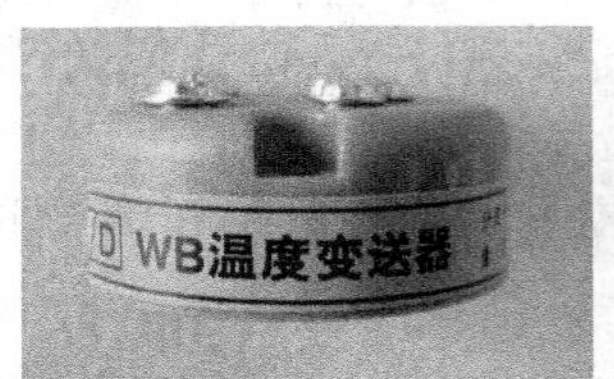

实训图 9-6 WB 温度变送器

9.3 计算机与西门子 S7-1200 PLC 组成的温度调节系统线路

计算机与西门子 S7-1200 PLC 组成的温度调节系统线路如实训图 9-7 所示。

9-2

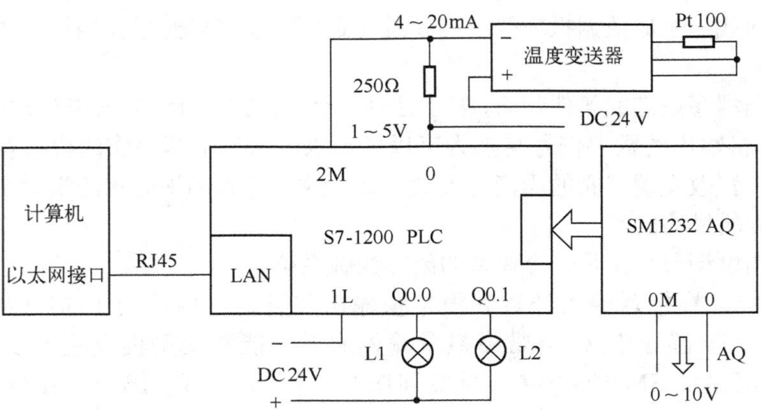

实训图 9-7 计算机与西门子 S7-1200 PLC 组成的温度调节系统线路

首先使用网线将计算机的以太网接口与西门子 S7-1200 PLC 的 LAN 口连接起来。

温度传感器Pt100热电阻检测温度变化，通过温度变送器（测量范围为0～200℃）转换为4～20mA电流信号，经过250Ω电阻转换为1～5V电压信号，送入PLC模拟量输入0通道（2M和0端子）。测量温度与输出电压的换算关系为“温度值=（电压值-1）*50”。

根据PLC模拟量输入特性，输入电压0～10V对应数字量值0～27648，输入电压与数字量值的换算关系为“电压值=数字量值/2764.8”，那么，测量温度与数字量值的换算关系为“温度值=（数字量值/2764.8-1）*50”。

计算机发送到PLC的数值（范围为0～10，反映输出电压大小）经模拟量输出扩展模块转换为数字量值（0～27648），再由输出0通道（0M和0端子）输出0～10V电压值。

实际测试时，不需要连线，直接用万用表测量输出电压。

9.4 温度检测与控制程序设计任务

本实训采用上位机、下位机的结构，PLC完成温度的检测、报警和调节阀的控制，PC完成温度的显示、变化曲线绘制及报警指示。具体任务要求：

1）采用TIA Portal V15.1软件编写PLC程序，实现西门子S7-1200 PLC温度采集；当测量温度小于或等于下限值时，Q0.0端子与1L之间开关闭合，指示灯L1亮，否则开关打开，指示灯L1灭；当测量温度大于或等于上限值时，Q0.1端子与1L之间开关闭合，指示灯L2亮，否则开关打开，指示灯L2灭。

2）采用MCGS（嵌入版）编写程序，实现计算机与西门子S7-1200 PLC温度监测。任务要求：计算机读取PLC检测的温度值并显示，绘制温度变化曲线；当测量温度小于下限值时，界面中下限指示灯改变颜色；当测量温度大于上限值时，界面中上限指示灯改变颜色，同时，向模拟量输出扩展模块输出电压值。

9.5 PLC端温度采集与报警程序设计

为了使S7-1200 PLC能够进行温度采集与报警，需要编写PLC程序。

1．PLC梯形图

首先将反映温度大小的电压数字量值（在寄存器IW64中）送给寄存器MD20，如实训图9-8所示。

当MD20中的值（即当前温度的电压数字量值）小于或等于设定的下限温度值30℃（对应的数字量值为4423.68）时，Q0.0端子置1；当MD20中的值大于或等于设定的上限温度值50℃（对应的数字量值为5529.60）时，Q0.1端子置1；当MD20中的值大于30℃且小于50℃时，Q0.0和Q0.1端子置0；如实训图9-9所示。

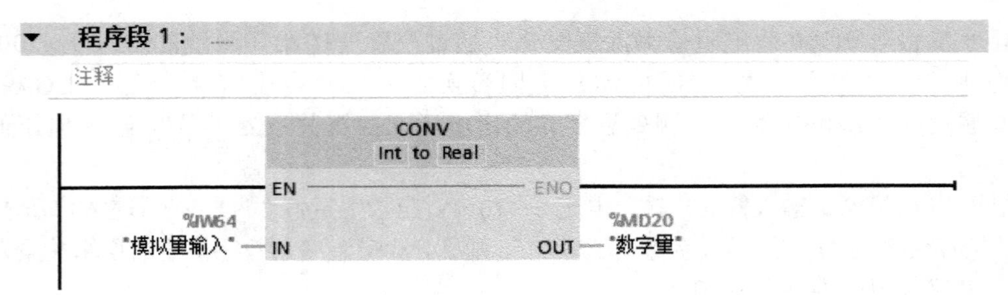

实训图 9-8 采集电压数字量值的程序

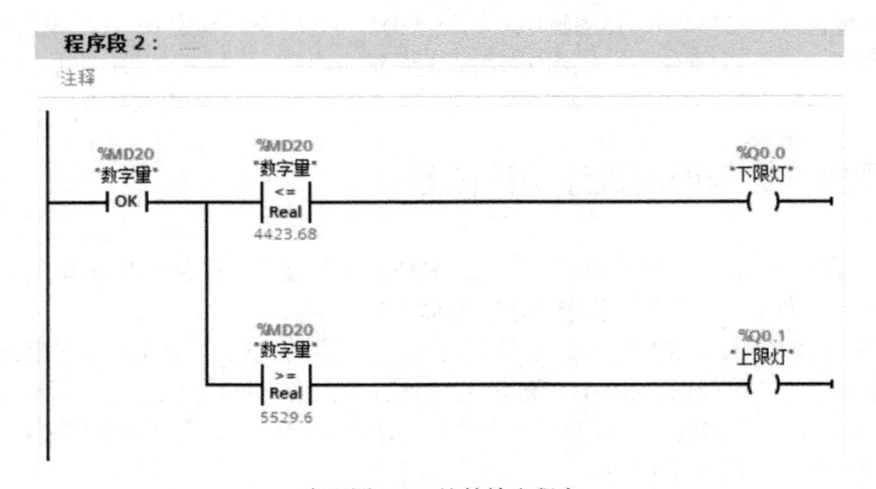

实训图 9-9 比较输出程序

上位机利用组态程序读取寄存器 MD20 的数字量值，然后根据温度与数字量值的对应关系计算出温度测量值。

2．程序下载

PLC 程序编写完成后需将其下载到 PLC 才能正常运行，步骤如下：

1）接通 PLC 主机电源，运行 TIA Portal V15.1 编程软件，打开温度监控程序。

2）依次执行菜单“在线”→“下载到设备”命令，打开“扩展下载到设备”对话框，单击“开始搜索”按钮，搜索到指定的 PLC 单击“下载”即可开始下载程序。

3）程序下载完毕，单击“启动 CPU”按钮，即可进行温度的采集。

3．程序监控

PLC 程序写入后，可以进行实时监控，步骤如下。

1）接通 PLC 主机电源，运行 TIA Portal V15.1 编程软件，打开温度监控程序。

2）依次执行菜单“在线”→“监视”命令，即可开始监控程序的运行，如实训图 9-10 所示。

3）监控完毕，依次执行菜单“在线”→“监控”命令，即可停止监控程序的运行。注意：对程序监控完成后必须停止监控功能，否则影响上位机程序的运行。

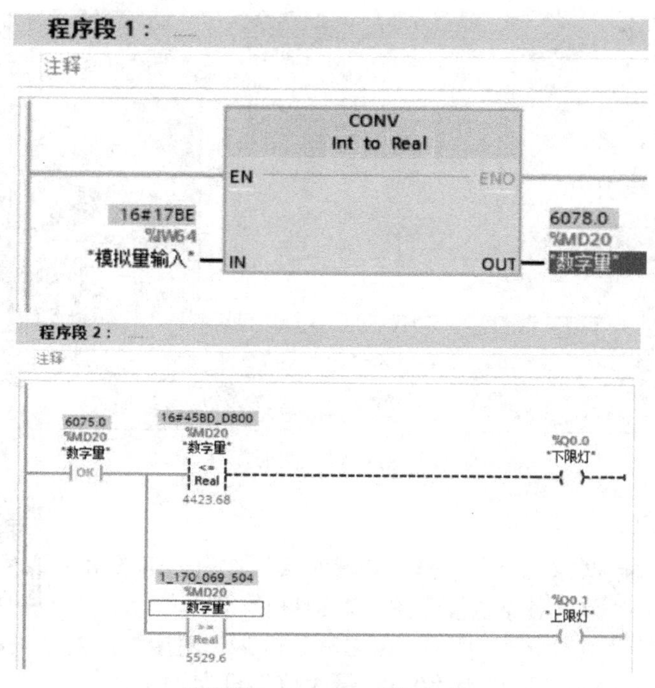

实训图 9-10　PLC 程序监控

9.6 PC 端温度检测与控制程序设计

9-3

1. 建立新工程项目

工程名称：“温度监控”。

窗口名称：“AI”。

窗口标题：“模拟量输入与模拟量输出”。

2. 制作图形画面

在工作台“用户窗口”对话框，双击新建的“AI”窗口，进入动画组态界面。

9-4

1）通过工具箱为图形画面添加 1 个“实时曲线”构件。

2）通过工具箱为图形画面添加 3 个“标签”构件，字符分别是“温度值：”“下限灯：”和“上限灯：”。

3）通过工具箱为图形画面添加 1 个“输入框”构件。选择工具箱中的“输入框”构件图标，然后将鼠标指针移动到画面中，在画面空白处单击并拖动鼠标，画出一个适当大小的矩形框，出现“输入框”构件。

4）通过工具箱为图形画面添加 2 个“指示灯”元件。

5）通过工具箱为图形画面添加 1 个“按钮”构件，将标题改为“关闭”。

设计的图形画面如实训图 9-11 所示。

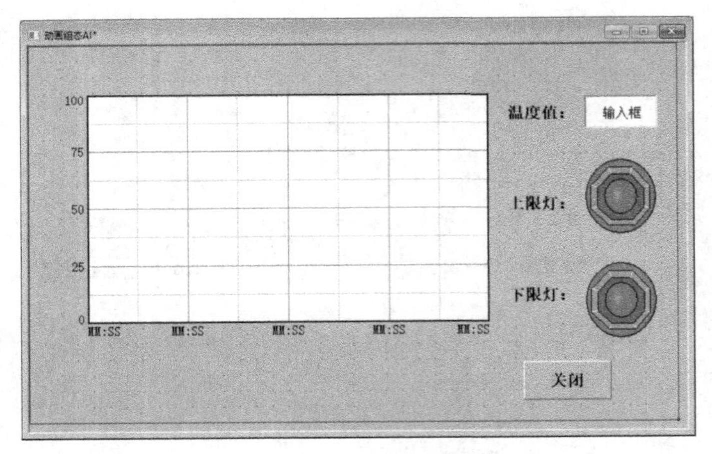

实训图 9-11 图形画面

3. 定义数据对象

在工作台“实时数据库”上，单击“新增对象”按钮，再双击新出现的对象，弹出“数据对象属性设置”对话框。

1）在“基本属性”对话框，将“对象名称”改为“温度”，“对象类型”选择“数值”，小数位数设为“1”，“最小值”设为“0”，“最大值”设为“200”。

2）新增对象，在“基本属性”对话框，将“对象名称”改为“上限灯”，“对象类型”选择“开关”。

3）新增对象，在“基本属性”对话框，将“对象名称”改为“下限灯”，“对象类型”选择“开关”。

4）新增对象，在“基本属性”对话框，将“对象名称”改为“输入数字量”，“对象类型”选择“数值”。“最小值”设为“0”，“最大值”为“13824”（输入电压5V对应的工程数字量值）。

5）新增对象，在“基本属性”对话框，将“对象名称”改为“输出数字量”，“对象类型”选择“数值”。“最小值”设为“0”，“最大值”设为“13824”（输出电压5V对应的工程数字量值）。

6）新增对象，在“基本属性”对话框，将“对象名称”改为“输入电压”，“对象类型”选择“数值”。“小数位数”设为“2”，“最小值”设为“0”，“最大值”设为“5”。

7）新增对象，在“基本属性”对话框，将“对象名称”改为“输出电压”，“对象类型”选择“数值”。“小数位数”设为“2”，“最小值”设为“0”，“最大值”设为“10”。

建立的实时数据库如实训图 9-12 所示。

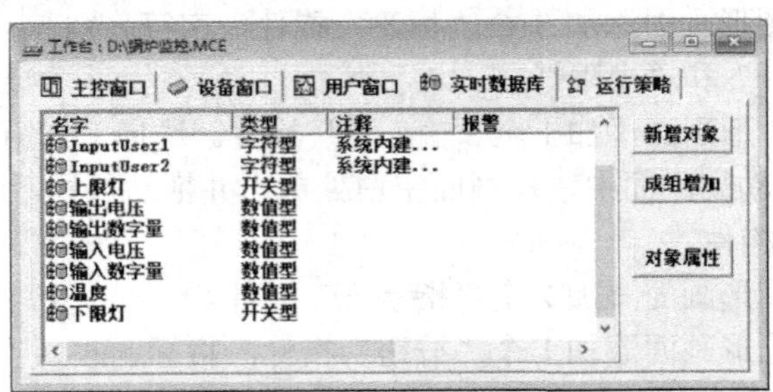

实训图 9-12 实时数据库

4．添加 PLC 设备

在工作台“设备窗口”对话框，双击“设备窗口”图标，出现“设备组态：设备窗口”，单击工具条上的“工具箱”按钮，弹出“设备工具箱”对话框。

1）单击“设备管理”按钮，弹出“设备管理”对话框，如实训图 9-13 所示。在可“选设备”列表中依次选择“所有设备”→PLC→“西门子”→“Siemens_1200 以太网”→“Siemens_1200”，单击“增加”按钮，将“Siemens_1200”添加到右侧的选定设备列表中，如实训图 9-13 所示。单击“确认”按钮，选定设备添加到“设备工具箱”对话框中，如实训图 9-14 所示。

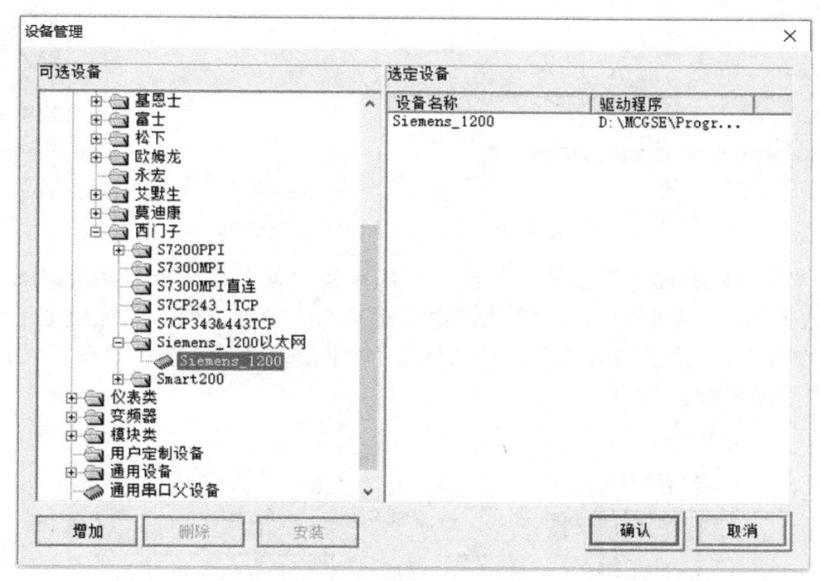

实训图 9-13　“设备管理”对话框

2）在“设备工具箱”对话框双击“Siemens_1200”，在“设备组态：设备窗口”中出现“设备 0--[Siemens_1200]”，设备添加完成，如实训图 9-15 所示。

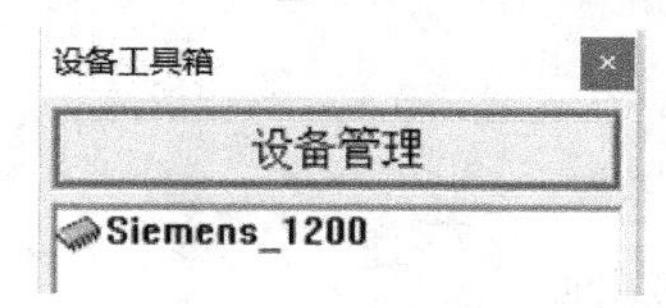

实训图 9-14　“设备工具箱”对话框

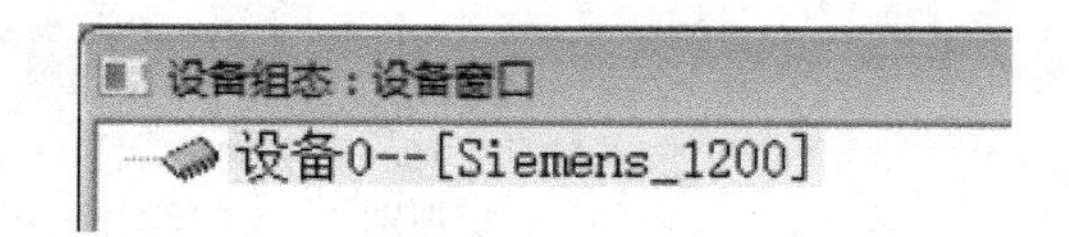

实训图 9-15　“设备组态：设备窗口”对话框

5．设备属性编辑

在工作台“设备窗口”对话框，双击“设备窗口”，出现“设备组态：设备窗口”。

1）双击“设备 0-[Siemens-1200]”，弹出“设备编辑窗口”对话框，如实训图 9-16 所示。选择“本地 IP 地址”项，将地址改为“192.168.0.5”（计算机或触摸屏的 IP 地址），选择“远端 IP 地址”，将其改为“192.168.0.1”（PLC 的 IP 地址）。

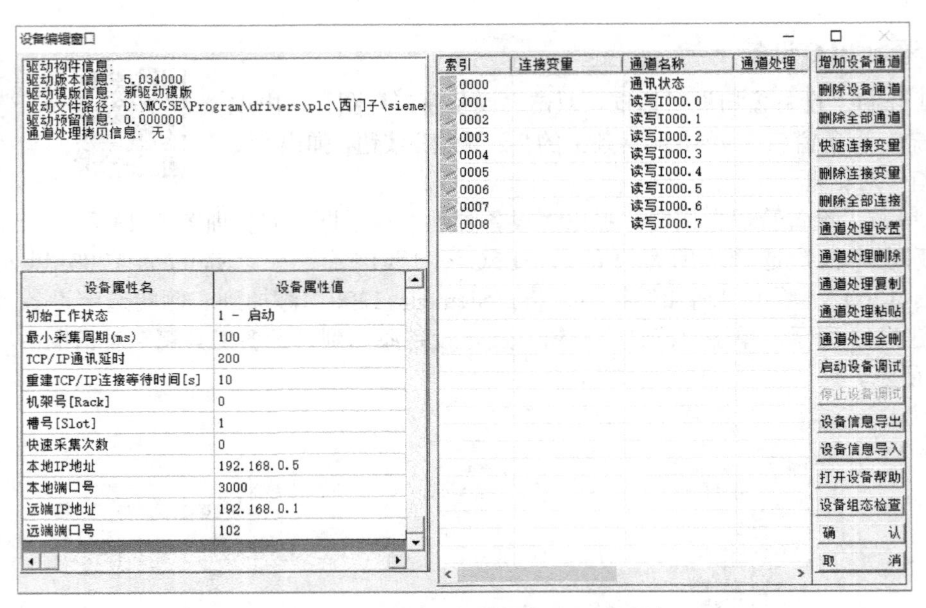

实训图 9-16 “设备编辑窗口”对话框

2）单击“增加设备通道”按钮，弹出“添加设备通道”对话框，如实训图 9-17 所示。“通道类型”选择“M 内部继电器”，“数据类型”选择“32 位浮点数”，“通道地址”设为“20”，“通道数量”设为“1”。“读写方式”选择“读写”，单击“确认”按钮。在“设备编辑窗口”增加通道名称“读写 MDF020”。

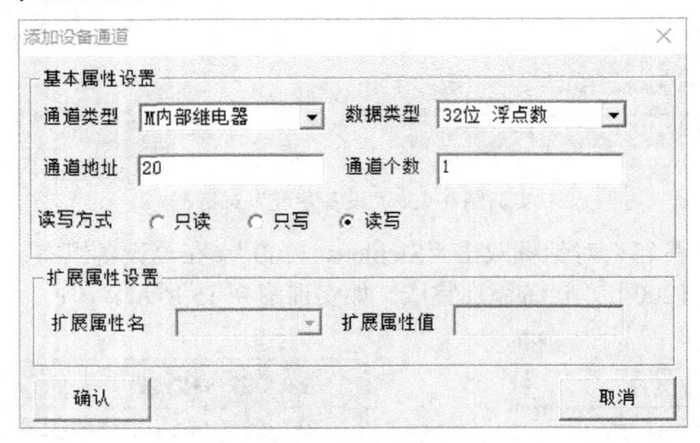

实训图 9-17 “添加设备通道”对话框

同理，单击“增加设备通道”按钮，弹出“添加设备通道”对话框，“通道类型”选择“M 内部继电器”，“数据类型”选择“32 位浮点数”，“通道地址”设为“26”，“通道数量”设为“1”，“读写方式”选择“读写”，单击“确认”按钮。在“设备编辑窗口”增加通道名称“读写 MDF026”。

3）在“设备编辑窗口”对话框，选择索引 0009 连接变量对应的单元格（通道名称“读写 MDF020”），单击右键，弹出“变量选择”对话框，双击要连接的数据对象“输入数字量”，完成对象连接，如实训图 9-18 所示。

在“设备编辑窗口”对话框，选择索引 0010 连接变量对应的单元格（通道名称“读写

MDF026”)，单击右键，弹出“变量选择”对话框，双击要连接的数据对象“输出数字量”，完成对象连接，如实训图 9-18 所示。

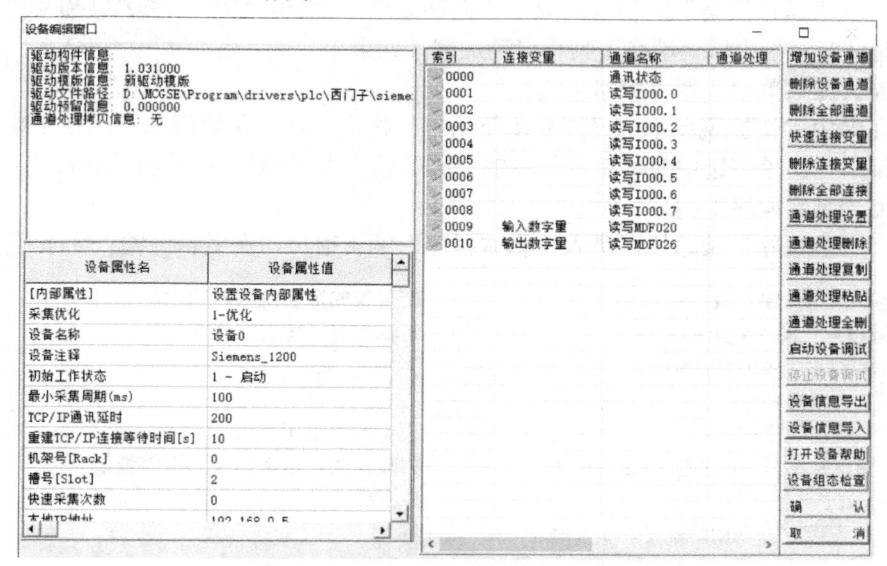

实训图 9-18 “设备编辑窗口”已连接的变量

6. 建立动画连接

在工作台“用户窗口”对话框，双击“AI”窗口进入动画组态界面。通过双击界面中各图形对象，将各对象与定义好的数据连接起来。

(1) 建立“实时曲线”构件的动画连接

双击界面中的“实时曲线”构件，弹出“实时曲线构件属性设置”对话框。

在“画笔属性”对话框，“曲线 1 表达式”选择数据对象“温度”。

在“标注属性”对话框中，“时间单位”选择“秒钟”，“X 轴长度”设为“2”，“Y 轴标注最大值”设为“100”。

(2) 建立“输入框”构件动画连接

双击画面中信息提示“输入框”构件，出现“输入框构件属性设置”对话框。在“操作属性”对话框，将“对应数据对象的名称”设为“温度”，将数值输入的取值范围“最小值”设为“0”，“最大值”设为“200”。注意：“可见度属性”对话框，“表达式”为空。

(3) 建立“指示灯”元件的动画连接

双击界面中“指示灯”元件，弹出“单元属性设置”对话框。选择“数据对象”对话框，“连接类型”选择“可见度”。单击右侧的“?”按钮，弹出“变量选择”对话框，双击数据对象“上限灯”，在“数据对象”对话框“可见度”行出现连接的数据对象“上限灯”。

单击“确认”按钮完成上限“指示灯”元件的数据连接。

同样建立下限指示灯元件的数据连接，选择数据对象“下限灯”。

(4) 建立“按钮”构件的动画连接

双击“关闭”按钮对象，出现“标准按钮构件属性设置”对话框。选择“操作属性”对话框，在“抬起功能”中选择“关闭用户窗口”项，在右侧下拉列表框选择“AI”。

7. 策略编程

在工作台“运行策略”对话框，双击“循环策略”，弹出“策略组态：循环策略”窗口，策略工具箱自动加载（如果未加载，右击在弹出的快捷菜单中选择“策略工具箱”）。

右击在弹出的快捷菜单中选择“新增策略行”按钮，在“策略组态：循环策略”窗口中出现新增策略行。单击选中策略工具箱中的“脚本程序”，将鼠标指针移动到策略块图标上，单击可添加“脚本程序”构件。

双击“脚本程序”策略块，进入“脚本程序”编辑窗口，在编辑区输入如下程序。

```
输入电压=输入数字量/2764.8                '把采集的数字量值转换为电压值
温度= (输入电压-1) *50                    '将输入电压值转换为温度值
IF 温度>=50 THEN
   上限灯=1
   输出电压=5                             '设定输出电压值为5V
 输出数字量=输出电压*2764.8               '将设定的电压值转换为数字量值
ENDIF
IF 温度>30 AND 温度<50 THEN
   下限灯=0
   上限灯=0
ENDIF
IF 温度<=30 THEN
   下限灯=1
ENDIF
```

程序的含义是：利用公式“输入电压 = 输入数字量/2764.8”把采集的数字量值转换为电压值，利用公式“温度 =（输入电压-1）*50”把电压值转换为温度值；当温度大于等于设定的上限值，上限灯改变颜色，同时设定输出电压值，利用公式“输出数字量 = 输出电压*2764.8”将设定输出电压值转换为输出数字量值，传送给扩展模块寄存器，然后转换为电压值输出（程序中设为5V）。

单击“确定”按钮，完成程序的输入。

关闭“策略组态：循环策略”窗口，保存程序，返回到工作台“运行策略”对话框，选择“循环策略”，单击“策略属性”按钮，弹出“策略属性设置”对话框，将“策略执行方式”的“定时循环时间”设置为“1000”ms，单击“确认”按钮完成设置。

9.7 PLC端电压输出程序设计

1. PLC梯形图

为了使S7-1200 PLC能够正常与计算机进行模拟量输出通信，需要在PLC中运行一段程序。PLC梯形图程序如实训图9-19所示。

在上位机程序中输入数值（范围为0～10V）并转换为数字量值（范围为0～27648），发送到PLC寄存器MD26中。

程序段 3：
注释
CONV
Real to Int
EN
ENO
%MD26
"输出数字量"
IN
OUT
%QW96
"模拟量输出"

实训图 9-19　PLC 电压输出梯形程序

在下位机程序中，将寄存器 MD26 中的输出数字量值送给输出寄存器 QW96。PLC 自动将数字量值转换为对应的电压值（范围为 0～10V）在模拟量输出通道输出。

2. 程序下载

PLC 程序编写完成后需将其下载到 PLC 才能正常运行，步骤如下：

1）接通 PLC 主机电源。运行 TIA Portal V15.1 编程软件，打开温度监控程序。

2）依次执行菜单“在线”→“下载到设备”命令，打开“扩展下载到设备”对话框，单击“开始搜索”按钮，搜索到指定的 PLC 后单击“下载”即可开始下载程序。

3. 程序监控

PLC 程序写入后，可以进行实时监控，步骤如下：

1）接通 PLC 主机电源，运行 TIA Portal V15.1 编程软件，打开温度监控程序。

2）依次执行菜单“在线”→“监视”命令，即可开始监控程序的运行，如实训图 9-20 所示。

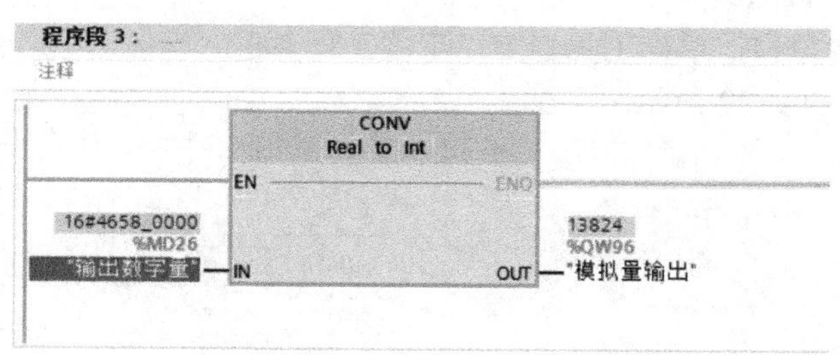

实训图 9-20　PLC 程序监控

寄存器 QW96 右边的数字如 13824 就是输出到模拟量输出通道的电压值（5V）。

3）监控完毕，依次执行菜单“在线”→“监控”命令，即可停止监控程序的运行。

9.8 设备调试与程序运行

1. 设备调试

9-10

在组态程序工作台“设备窗口”对话框，双击“设备窗口”图标，出现“设备组态：设备窗口”（见实训图 9-15）。

双击“设备 0-[Siemens-1200]”，弹出“设备编辑窗口”对话框（见实训图 9-18）。

在右侧子窗口列表中，拖动下方滑动块，显示调试数据列。单击“启动设备调试”按钮，如果系统连接正常，可以观察到西门子 PLC 模拟量输入通道 0 输入的温度数字量值，当前值为 3754.0，如实训图 9-21 所示。

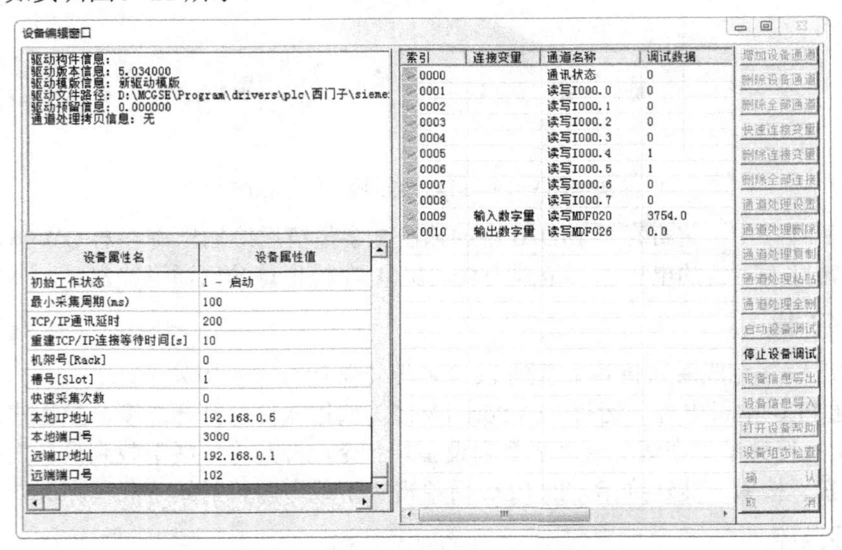

实训图 9-21 “设备编辑窗口”对话框

2. 程序运行

运行程序之前，PLC 与计算机需正确连接，温度监控程序需下载至 PLC，然后运行程序。

在 MCGS 工作台窗口，单击工具栏上“下载工程并进入运行环境”按钮，出现“下载配置”对话框，如实训图 9-22 所示。

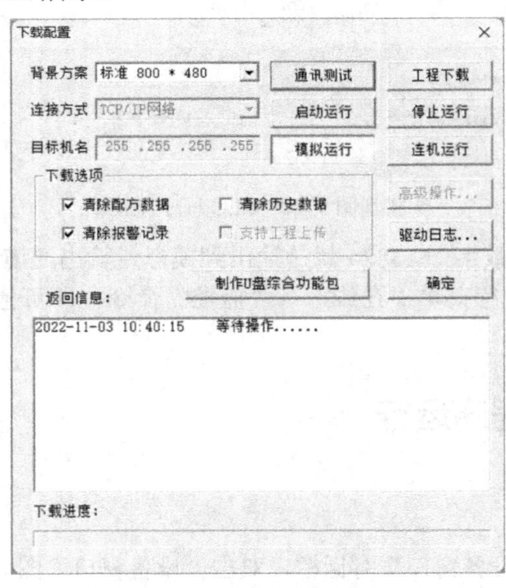

实训图 9-22 “下载配置”对话框

单击“通讯测试”按钮，若通讯测试正常，单击“工程下载”按钮，若工程下载成功，单击“启动运行”按钮，出现程序运行画面。

计算机读取并显示 PLC 检测的温度值，绘制温度变化曲线；当测量温度小于或等于下限值时，界面中下限指示灯改变颜色，线路中 Q0.0 端子与 1L 之间开关闭合，指示灯 L1 亮；当测量温度大于或等于上限值时，界面中上限指示灯改变颜色，同时，线路中的 Q0.1 端子与 1L 之间开关闭合，指示灯 L2 亮；同时，向扩展模块输出电压值 5V。

程序运行画面如实训图 9-23 所示。

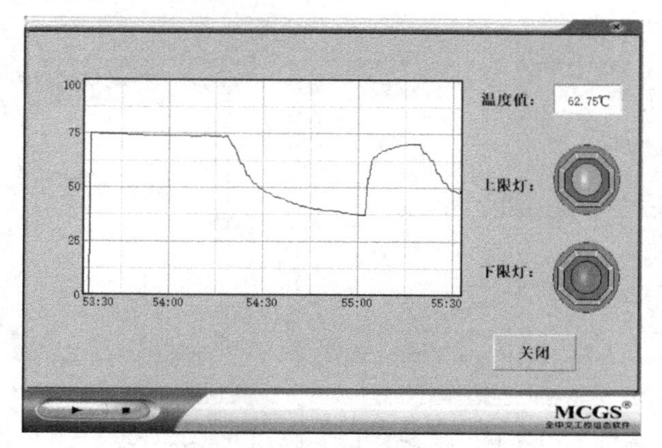

实训图 9-23 程序运行画面

3. 触摸屏运行显示

9-12

（1）组态程序下载

1）下载方式 1

使用 USB-B 型数据线缆将触摸屏的 USB2 接口与计算机 USB 接口相连。

打开工程文件“温度监控.MCE”，在 MCGS 工作台窗口，单击工具栏上“下载工程并进入运行环境”按钮，出现“下载配置”对话框，如实训图 9-24 所示。

单击“连机运行”按钮，“连接方式”选择“USB 通讯”，再点击“通讯测试”按钮。若通讯测试正常，单击“工程下载”按钮，即可将打开的组态程序下载至触摸屏，如实训图 9-25 所示。

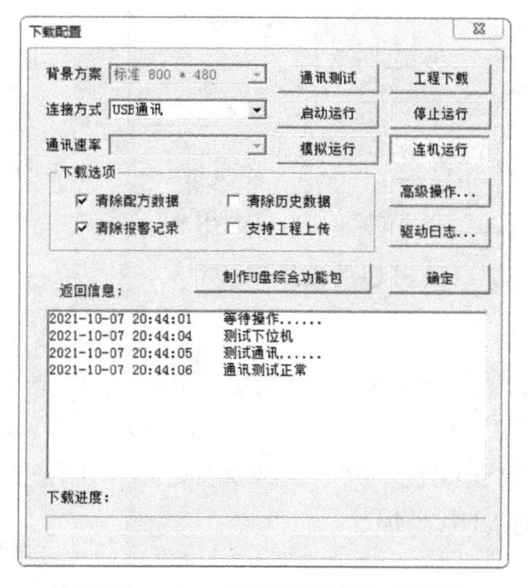

实训图 9-24 “下载配置”对话框

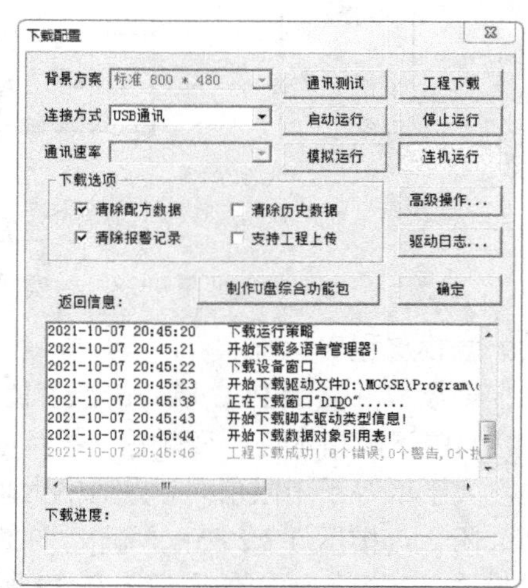

实训图 9-25 工程下载

2）下载方式2

打开工程文件“温度监控.MCE”，在MCGS工作台窗口，单击工具栏上“下载工程并进入运行环境”按钮，出现“下载配置”对话框，如图实训9-24所示。

将U盘插入计算机USB接口。单击“制作U盘综合功能包”按钮，弹出“U盘功能包内容选择对话框”，如实训图9-26所示。单击“确定”按钮，提示“U盘综合功能包制作成功!”，如实训图9-27所示。

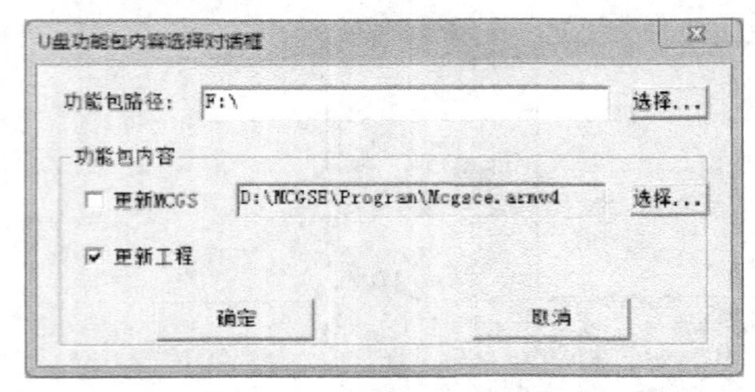

实训图9-26 U盘功能包内容选择对话框

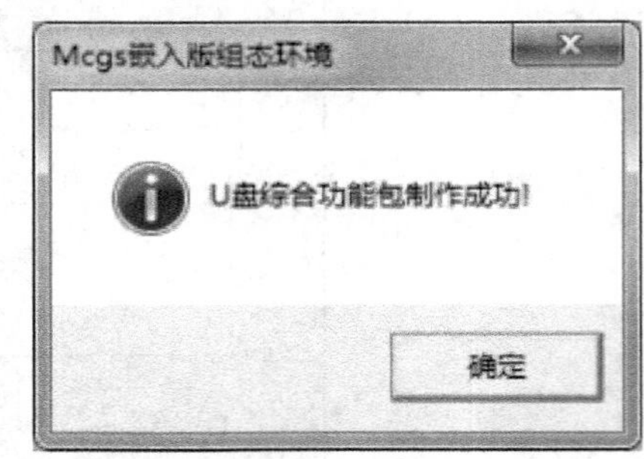

实训图9-27 U盘综合功能包制作成功的提示

再将U盘插入触摸屏USB1接口，触摸屏上弹出“mcgs Tpc U盘综合功能包”提示信息，依次单击“是”→“用户工程更新”→“开始”→“开始下载”→“重启TPC”，即可完成程序下载。

（2）实验线路连接

使用网线将MCGS-7062Ti触摸屏的LAN接口与西门子S7-1200 PLC的LAN接口连接起来，实验接线如实训图9-28所示。

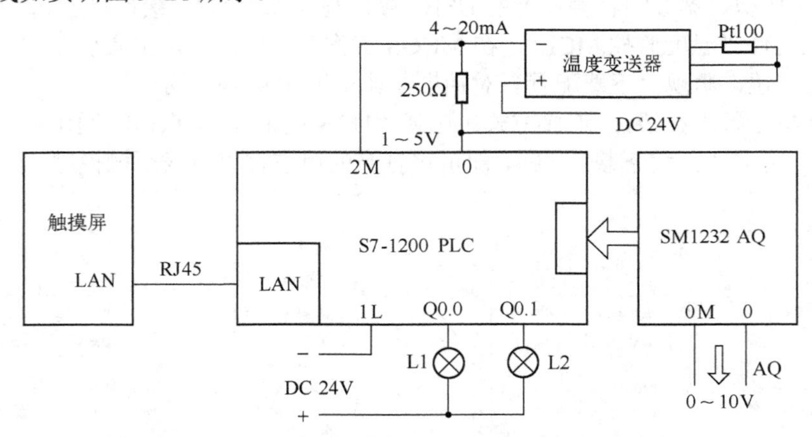

实训图9-28 触摸屏与西门子S7-1200 PLC的接线

（3）触摸屏程序运行

触摸屏读取并显示PLC检测的温度值，绘制温度变化曲线；当测量温度小于或等于下限值时，界面中下限指示灯改变颜色，线路中Q0.0端子与1L之间开关闭合，指示灯L1亮；当测量温度大于或等于上限值时，界面中上限指示灯改变颜色，同时，线路中的Q0.1端子与1L之间开关闭合，指示灯L2亮；同时，向扩展模块输出电压值。

触摸屏程序运行画面如实训图9-29所示。

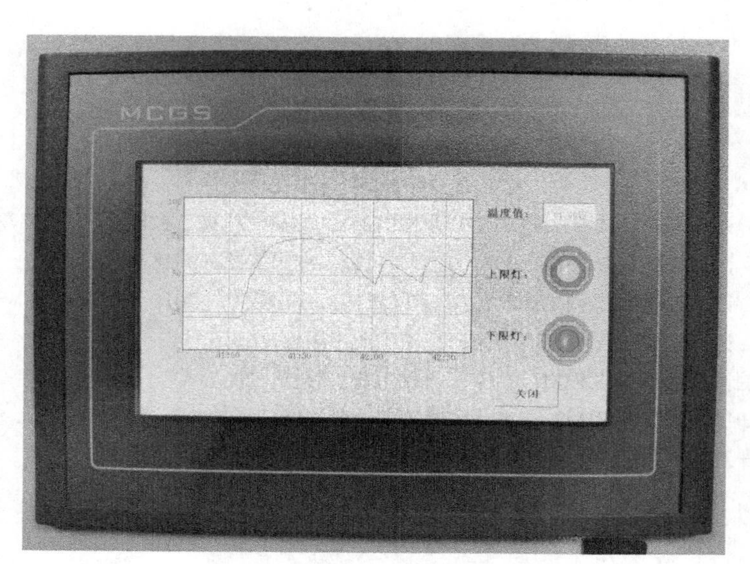

实训图 9-29　触摸屏程序运行画面

参 考 文 献

[1] 李江全. 计算机控制技术：MCGS 实现[M]. 2 版. 北京：机械工业出版社，2017.

[2] 刘士荣. 计算机控制系统[M]. 2 版. 北京：机械工业出版社，2018.

[3] 于海生. 计算机控制技术[M]. 2 版. 北京：机械工业出版社，2016.

[4] 廖道争. 计算机控制技术[M]. 北京：机械工业出版社，2016.

[5] 刘川来. 计算机控制技术[M]. 北京：机械工业出版社，2017.

[6] 王琦. 计算机控制技术[M]. 上海：华东理工大学出版社，2009.

[7] 李华. 计算机控制系统[M]. 2 版. 北京：机械工业出版社，2016.

[8] 李江全，等. 计算机控制技术[M]. 2 版. 北京：机械工业出版社，2014.